区域国别学丛书

韩国海洋政策研究

李雪威　著

山东大学出版社
SHANDONG UNIVERSITY PRESS
·济南·

图书在版编目(CIP)数据

韩国海洋政策研究/李雪威著.—济南:山东大学出版社,2024.4

ISBN 978-7-5607-8104-4

Ⅰ.①韩…　Ⅱ.①李…　Ⅲ.①海洋开发－政策－研究－韩国　Ⅳ.①P74

中国国家版本馆 CIP 数据核字(2024)第 029581 号

责任编辑　陈佳意
封面设计　杜　婕

韩国海洋政策研究

HANGUO HAIYANG ZHENGCE YANJIU

出版发行		山东大学出版社
社　　址		山东省济南市山大南路 20 号
邮政编码		250100
发行热线		(0531)88363008
经　　销		新华书店
印　　刷		济南新科印务有限公司
规　　格		720 毫米×1000 毫米　1/16
		14.75 印张　245 千字
版　　次		2024 年 4 月第 1 版
印　　次		2024 年 4 月第 1 次印刷
定　　价		61.00 元

"区域国别学丛书"
编委会

总　序

　　区域国别学一级学科的设立对于我国的区域国别研究、学科建设和人才培养有着重大的意义。

　　认识世界需要从认识区域和国别开始。国家是世界构成的基础，每个国家都处在一定的区域，区域和国别间既有紧密的联系，也有各自的特质。区域国别学是一个交叉学科体系，无论从对象、方法，还是理论与实践都具有不同于其他学科的特征。

　　区域国别学需要区域学理论构建。区域是所在国家的地缘载体，在区域范围内，各国间有着长久、多样和特殊的联系。从本质上说，区域是相关国家的共处、共生之地。如今，在各个区域层次上都发展起了以区域为载体的多种形式的合作与治理机制，像欧盟、东盟等已经具有不同特征的区域管理与治理功能。

　　区域国别学需要国别学理论构建。现代民族国家制度是由《联合国宪章》所确立的。各国都经历了很长的历史演变，不同的历史时期有着不同的存在和发展形式。二战后，现代民族国家构建得到普遍的发展，各国实现独立自主基础上的现代民族国家的构建和治理。世界各国在政治制度、国家治理、社会经济发展、对外关系等方面都各具特色。

　　区域国别研究需要学科交叉方法。以往区域国别研究主要是单学科导向的，得到了很大的发展，但交叉学科导向的区域国别研究由于缺乏学科的支撑，没有得到很好的发展。单学科导向的研究把区域与国别问题分割成不同的学科主题，有助于专门的研究。但区域国别问题具有很强的综合性，仅有单学科导向往往不能认识问题的全貌和特性，甚至可能会形成错误的定论以及政策取向。比如，对经济的分析，在很多情况下需要考虑政治、社会以及外部因素,如果不考虑,就有可能得出偏颇的结论,与经济的实际运行相差甚远。学科交叉是科学发展本身的必然趋势,无论是自然科学,还是人文社会科学,越来越多的问题都需要用交叉学科知识和学科交叉方法来进行观察、分析与认定。这就是为何要设立交叉学科门类和在交叉学科门类下设立以交叉学科为定位的学科。区域国别学一级学科的设立,为用交叉学科方法研究世界区域国别提供了学科支撑。

设立交叉学科门类下的区域国别学既是学科发展的需要,也是国家发展的需要。长期以来,区域国别研究领域有影响力的认知、理论和政策大都来自西方国家,特别是欧美大国。近代以来,西方大国崛起后基于对外扩张的需要,加强了对区域国别的研究,形成了基于其价值观认定和利益定位的区域国别认知和理论。一方面,这些认知和理论成为其制定对外政策的根据和引导,为其实施对外扩张、殖民、控制、干预提供支持;另一方面,通过多种形式的话语传播,西方大国也获得了话语权。

我国的区域国别研究有着很长的历史和雄厚的基础。特别是改革开放以后,我国的区域国别研究得到快速的发展,为我国深入了解世界、走向世界做出了贡献。区域国别学一级学科的设立使我国的区域国别研究和人才培养进入一个新的发展时期。有了学科支撑,就可以对研究、教学进行科学的布局,将使我国的区域国别研究和人才培养得到更好的发展。

从提升国际话语权的角度来看,向世界推介具有中国特色的区域国别学成果,可以大大提升我们的国际影响力,有助于我们在国际交往中获得更大的话语权。中国特色的区域国别学理论和体系构建,要广泛吸收国外已有的优秀成果,继承中国优秀传统思想文化,立足当代,面向未来。中华民族伟大复兴是中国人民的伟大事业,对于世界的发展有着巨大的影响。中国人对世界的认知以及在世界的话语权等,不但不能缺失,而且还必须有区别于他者的立场,在传统与现代、东方与西方、当今与未来等重大问题上,推出更符合世界可持续发展、和合共处的理念与方略。

构建中国特色的区域国别学体系是一项大工程,需要动员和组织国内高校和研究机构力量一起做。同时,作为一项系统工程,区域国别学学科体系构建需要做好顶层设计,进行统筹与合理规划,把体系构建与服务国家战略、新时代人才培养紧密结合起来,与提升我国在国际上的话语权紧密联系起来,使我国区域国别学学科的建设在实践中得到更好的发展,发挥更大的作用。

　　我们推出"区域国别学丛书"的目的在于为推动我国的区域国别学学科建设做出努力,本丛书由山东大学出版社出版,本项工作得到教育部国别和区域工作秘书处的支持,在此深表感谢。

"区域国别学丛书"编委会

2024 年元月

目　录

第一章　韩国走向海洋的航路与观念基础

朝鲜半岛形状狭长,北部与亚欧大陆相连,西、南、东三面被海洋环抱,西部隔黄海与中国相望,南部跨朝鲜海峡与日本为邻,东濒日本海,这一自然地理位置使朝鲜半岛与海洋的关系十分密切。在走向海洋的过程中,海上航路的开辟和拓展是必要的客观基础,海上实践活动随之日益丰富,海洋观念得以演变和发展。

第一节　韩国海上航路的历史变迁

与陆地相比,海洋自然环境的特点是流动性大、不安定因素多,朝鲜半岛周边海域的特点直接影响着半岛居民对海洋进行探索的能力和范围。随着航海和造船技术的提高以及对外往来的增多,朝鲜半岛的海上活动日益活跃,从"随波逐流"的漂流式航行过渡到近海沿岸航行,继而探索更为便捷的跨海航行,逐步实现朝鲜半岛海上航路的多样化。

一、沿岸航路的探索与利用

史前时代朝鲜半岛就有居民沿海而居,他们顺应自然条件的变化"兴渔盐之利,行舟楫之便"。与古代中国中原地区和周边势力往来的迫切需求是朝鲜半岛走向海洋的重要驱动力,在航海和造船技术不发达时期,沿岸航路的形成与拓展实现了朝鲜半岛海上航行的安全性。

（一）朝鲜半岛西南沿岸航路的形成与变化

朝鲜半岛西南沿岸航路的形成深受东亚航海模式的变化、西南海岸自然条件和海洋文化的形成与发展、东亚地缘环境等因素的影响,西南海岸所

1

具备的这些特殊条件使其海上活动比东海岸更为活跃。

东亚航海模式的变化有助于东亚沿岸航路(包括西南沿岸航路)的形成。据考古发掘证实,公元前1000年以后,特别是距今2500年以来,东亚海上交往的重心由日本海沿岸区域的"北部交流圈"向环黄海、东海区域的"南部交流圈"转移,且后者与前者相比无论在深度上还是广度上都是压倒性的。①笔者认为,实现这一转移的一个不可忽视的基础性因素是黄海、东海海上航路的形成与日常化利用。在未具备造船能力之前,沿岸居民往往乘独木舟或桴筏顺应海流、潮汐、季风、海岸等自然条件的变化出海,方向性和安全性都毫无保障。在掌握造船技术之初,人们的航海能力仍然有限,航海者在海上主要依据陆地形状、高山等地貌特点判断方向,保持视认距离的沿岸航路是最为安全的海上通道。东亚航海模式由此从"随波逐流"的"桴筏漂流式"转变为有方向、有组织、更为安全的舟船沿岸航行,这为朝鲜半岛以及整个东亚地区沿岸航路的形成创造了条件。

朝鲜半岛西南海岸海流、潮汐、季风、海岸等自然条件具备了实现沿岸航路日常化的可能性。发源于菲律宾北部地区的黑潮到达朝鲜半岛西南海岸后出现两条分支:一条沿朝鲜半岛西海岸北上,一条沿南海岸东流。这一海流的动向影响着海上航行的方向。潮汐的运动对沿岸航行十分重要。在朝鲜半岛西海岸,涨潮时海水流向北方,落潮时海水流向南方,东海岸受潮流涨落的影响不大。在朝鲜半岛南海岸,涨潮时海水由东北方流向西南方,落潮时海水从西南方流向东北方。南海岸因海流与潮汐的相互作用而成为水流多变的地区。例如,南海岸的海流始终固定地向着东北方向流动,但在涨潮时会与向西南流动的潮流相撞,此处海水会停止流动甚至出现逆行;反之,落潮时潮流在同向海流的带动下成倍加速②,会对沿岸航行产生大幅影响。风向会使海洋流向发生改变,人类很早就利用季风开展航海活动。东亚属于季风性气候,春季到夏季吹南风,从中国南部海岸可以到达朝鲜半岛或日本列岛,从日本列岛可以到达朝鲜半岛;秋季到冬季吹北风,从朝鲜半

---

① 由中国东北地区、俄罗斯的日本海沿岸、朝鲜半岛以及日本列岛的东北部和北海道构成"北部交流圈";由中国东南部沿海、山东,特别是长江入海口的江浙一带与朝鲜半岛的西海岸、日本的九州地区构成"南部交流圈"。参见金健人:《古代东北亚海上交流史分期》,《社会科学战线》2007年第1期,第134页。

② 参见[韩]郑镇述:《古代韩日航路研究》,《战略21》(Strategy 21)2005年第16号,第125页。

岛北部可以到达中国的中部或南部海岸,从朝鲜半岛可以到达日本列岛。从海岸条件来看,朝鲜半岛西南海域是浅海,西南海岸属于地形复杂的里亚式海岸,海岸线曲折,水浅且港湾、岛屿众多。这里散布的数千个岛屿将浩瀚的海洋分隔成众多的"湖泊",人们乘船出海,抵达较近的岛屿,在此稍事休整,再泛舟"湖"上驶向下一个岛屿。这些岛屿恰是航路沿线的休息站,有助于人们通过逐岛航行和沿岸航行安全地实现远距离航海。

朝鲜半岛西南地区海洋文化的形成与发展也是西南沿岸航路形成的重要驱动力。朝鲜半岛北部与大陆相连,主要受农耕文化、草原游牧文化、山林狩猎文化的影响,南部则主要受海洋文化的影响。海洋、岛屿、江河是海洋文化形成与发展的三大要素①,朝鲜半岛西临黄海,西南海岸岛屿众多,荣山江等河流将沿海地区与内陆地区连成一体,共同构成这一地区海洋文化形成与传播的网络。西南地区位于半岛西部沿岸航路和南部沿岸航路的交汇处,自然条件和地理位置最为优越,具备首先形成海洋文化的天然条件。海洋文化的开放性既可以使其沿贯通西南地区的荣山江等河流向内陆地区传播,又可以沿西海岸向北、沿南海岸向东开展海上交流,海洋文化的发展与沿岸航路的形成相辅相成。而东海岸则受到上述条件的限制,海洋文化形成较晚。

东亚地缘环境推动着西南沿岸航路的开拓与利用。古代东亚各国的社会生产力处在不同的发展阶段,民族众多,文化各异,这种经济发展水平的差异性和民族、文化的多样性,促使东亚各国往来密切、互通有无。古代东亚文明的核心在中国中原地区,从夏、商和西周时代开始,中原文化主要通过陆路经东北地区传播到朝鲜半岛,再向日本列岛次第传播。但从东汉末期至隋朝统一的近四百年时间里,古代中国大陆除西晋有过短暂的统一外,一直处于分裂割据状态;朝鲜半岛在新罗统一之前也长期陷于政治动荡、政权林立的局面,致使中国中原王朝与朝鲜半岛的陆路交通屡屡受阻,海洋遂成为往来的重要通道。随着古代东亚地区核心文明与边缘文明生生不息的双向流动,西南沿岸航路逐步顺海岸延伸,向北与中国、向南与日本列岛的沿岸航路相连,形成环绕黄海的东亚沿岸航路。

---

① 参见[韩]姜凤龙的《刻在海洋上的韩国史》(바다에새겨진한국사,하어미디어,2005,26면)。

学界对西南沿岸航路的认识较为一致,大体上认为这一航路在公元前后已经开通,3世纪时进入活跃期,其具体航路在多部史书中都有明确记载。《三国志》卷三十《魏书·东夷传》较早记载了西南沿岸航路的大致路线:"从郡至倭,循海岸水行,历韩国,乍南乍东,到其北岸狗邪韩国,七千余里,始度一海,千余里至对马国……又南渡一海千余里,名曰瀚海,至一大国……又渡一海,千余里至末卢国……"[①]文中所述航路是:郡(带方郡)—韩国—南行—东行—狗邪韩国—大海—对马国—倭。这条航路的南段是由朝鲜半岛西海岸到达南海岸,途经丽水、露梁水道、泗川勒岛、统营弥勒岛南岸、见乃梁、巨济岛北岸、加德岛北岸、洛东江河口、釜山多大浦、对马岛北岸(佐护、佐须奈、大浦、鳄浦、丰浦)、对马岛西海岸、豆酘湾(浅海湾—小船越—三浦湾)、壹岐岛,到达九州北部东松浦半岛。据《隋书》卷八十一《东夷传》记载:"明年(608年),上遣文林郎裴清使于倭国。度百济,行至竹岛,南望躭罗国,经都斯麻国,迥在大海中。又东至一支国,又至竹斯国,又东至秦王国,其人同于华夏,以为夷洲,疑不能明也。又经十余国,达于海岸。自竹斯国以东,皆附庸于倭。"[②]从文中记载可知,隋朝遣使倭国的路线是经百济、济州岛北部的竹岛(独岛)、对马岛、壹岐岛到达筑紫,由此顺着沿岸航路向东到达倭国各处。7世纪,在南海岸又新开通了隋唐时期的遣使航路,即从巨济岛南岸的港口或比珍岛等岛屿、猪仇里浦、秋蜂岛、多大浦至对马岛的航路。[③]

西南沿岸航路的北段可一直通往山东半岛,即唐人贾耽所说的登州路。《新唐书》卷四十三下《地理志》对此有详细记载:"登州东北海行,过大谢岛、龟歆岛、末岛、乌湖岛三百里。北渡乌湖海,至马石山东之都里镇二百里。东傍海壖,过青泥浦、桃花浦、杏花浦、石人汪、橐驼湾、乌骨江八百里。乃南傍海壖,过乌牧岛、贝江口、椒岛,得新罗西北之长口镇。又过秦王石桥、麻田岛、古寺岛、得物岛,千里至鸭渌江唐恩浦口。"[④]文中记述了从山东半岛登州出发,经辽东半岛、鸭绿江口、大同江口,至黄海南道(长口镇)的沿岸航路,由此可经海路或陆路到达唐恩浦。韩国学者因这一沿岸航路途经老铁

① (晋)陈寿撰,(南朝宋)裴松之注:《三国志》,中华书局1973年版,第854页。
② (唐)魏徵、令狐德棻:《隋书》,中华书局1973年版,第1827页。
③ 参见[韩]郑镇述:《古代韩日航路研究》,《战略21》(Strategy 21)2006年第16号,第152、149页。
④ (宋)欧阳修、宋祁:《新唐书》,中华书局1975年版,第1147页。

山水道①称其为"老铁山水道航路",亦称"北部沿岸航路"②,又称"西海北部沿岸航路"③;中国学者称其为"北路航线""北路北线"④,又称"北道"⑤;日本学者称其为"沿岸航路""沿海航路""辽东沿海路"⑥。这是在航海技术和造船技术不发达的情况下,航海者规避横渡黄海航行的风险、沿岸而行的迂回航路。

　　西南沿岸航路是朝鲜半岛西南诸势力开展经济、政治、军事等海上活动的重要通道。史前时代,黄海沿岸居民就可以利用沿岸航路行舟楫之便,兴渔盐之利。春秋战国时期,朝鲜半岛北部的古朝鲜就经海路与山东半岛的商业大国齐国进行"文皮"贸易。⑦公元前 2 世纪初,准王被卫满所逼率众沿朝鲜半岛西海岸南迁时利用的就是这条航路。公元前 109 年,汉武帝派遣楼船水师,从齐浮渤海,沿岸而行,攻打王险城。卫满朝鲜灭亡后,西南沿岸航路恢复畅通,环黄海海上贸易重获生机。汉武帝就地设立乐浪郡、玄菟郡、真番郡、临屯郡四郡,到东汉末年四郡合并为乐浪郡、带方郡。3 世纪,乐浪郡、带方郡作为海上贸易枢纽,主导着古代中国、朝鲜半岛和日本列岛间的沿岸航路贸易。在乐浪、带方贸易体系中,朝鲜半岛西海岸中部的汉江流域、西南海岸的荣山江流域、南海岸的洛东江流域都是西南沿岸航路的重要交通枢纽。汉江流域萝村土城发现西晋年代灰釉钱文陶器片⑧,与乐浪郡存续时间大体一致的全罗南道海南郡谷里贝冢遗迹(公元前 3 世纪末至 4 世纪前叶)、庆尚南道泗川勒岛遗迹(公元前 3 世纪至 3 世纪)出土了大量中国

---

①　参见[韩]孙兑铉的《韩国海运史》(한국해운사,위드스토리,2011,24 면)。

②　[韩]权德永:《新罗遣唐使的罗唐间往来航路考察》,《历史学报》1996 年第 149 卷,第 13 页。

③　[韩]郑镇述:《对张保皋时代航海技术和韩中航路的研究》,《张保皋与未来对话》,海军士官学校海洋研究所,2002 年,第 209 页。

④　孙泓:《东北亚海上交通道路的形成和发展》,《深圳大学学报》(人文社会科学版)2010 年第 5 期,第 132 页。

⑤　周裕兴:《从海上交通看中国与百济的关系》,《东南文化》2010 年第 1 期,第 73 页。

⑥　参见[日]今西龙:《新罗史研究》,近泽书店 1933 年版,第 345—366 页;[日]内藤隽辅:《朝鲜史研究》,东洋史研究会 1961 年版,第 369—478 页。

⑦　在古朝鲜沿海沿江地区发现大量古代中国的明刀钱和五铢钱等货币,表明海路可能是当时贸易活动的重要通道。参见张政烺等:《五千年来的中朝友好关系》,开明书店 1951 年版,第 9 页;[韩]金德洙:《环黄海经济圈和东北亚的地域开发》,《产业开发研究》1998 年第 17 辑,第 138 页;陈炎:《海上丝绸之路对世界文明的贡献》,《今日中国》2001 年第 12 期,第 50 页。

⑧　参见[韩]林永珍:《萝村土城年代与性格:百济初期文化的考古学的再照明》,第 11 次韩国考古学全国大会发言要旨,1987 年,第 32 页。

货泉、五铢钱、汉镜、铁器、陶器等文物,表明这些地方曾是乐浪、带方贸易体系的重要海运中心。[1]

4世纪上半叶,乐浪郡、带方郡没落后,一度繁荣的西南沿岸航路贸易大幅萎缩。4世纪下半叶,朝鲜半岛海上贸易主导权转移到汉江下游兴起的百济手中。近肖古王时期,百济在朝鲜半岛南部迅速扩张势力。369年,百济向南消灭了残存的马韩部落。371年,百济北进平壤城,占据了朝鲜半岛中部和北部海上交通要道。为了拓展海上贸易,除了汉江流域外,百济还在沿岸航路沿线的辽西郡和晋平郡[2]、庆南海岸地区(加耶的卓淳国)、西南海岸地区(海南古县里和白浦湾一带)[3]以及日本列岛(九州岛)设立了海运中心,这些海运中心相互连接成海洋运输网络,形成百济主导的沿岸航路贸易体系。5世纪中叶,高句丽扼守朝鲜半岛中部以北地区,控制西部沿岸航路北段,阻挠百济、加耶、倭等南部势力与中国往来。6世纪新罗占领汉江流域后,高句丽与百济转而联手在西海岸封锁新罗,使原本安全系数较高的沿岸航行变得风险重重,直至新罗统一朝鲜半岛后,西南沿岸航路才恢复畅通。

(二)朝鲜半岛东部沿岸航路的利用

朝鲜半岛东部海域水深且海岸线平直,岛屿和港湾较少,因此,东海岸航海条件不如西南海岸优越。朝鲜半岛东部沿岸航路的形成和变化与新罗的发展壮大密切相关。新罗(由辰韩发展而来)久居朝鲜半岛东南部,地理位置远离大陆,对外关系较为孤立。6世纪前,新罗的海洋活动主要集中在朝鲜半岛东部海域,在东海岸地区拓展势力范围,并通过东部沿岸航路与东海岸势力、西北势力继而与中国大陆势力实现往来。

《三国史记》之《新罗本纪》中记载了新罗早期与分布在东海岸地区的音

---

[1] 参见[韩]崔梦龙:《上古史的西海交涉史研究》,《国史馆论丛》1989年第3卷,第20—21页。

[2] 据《宋书》《梁书》记载,百济略有辽西、晋平二郡。参见(南朝梁)沈约:《宋书》,中华书局1974年版,第2393页;(唐)姚思廉:《梁书》,中华书局1973年版,第804页。但学界对于辽西郡、晋平郡的具体位置存在争议,有在今辽河以西之说,有在今临津江之说,也有在今大同江之说,均在沿岸航路沿线地带。参见杨军:《4—6世纪朝鲜半岛研究》,吉林大学出版社2015年版,第47页。

[3] 乐浪、带方贸易体系时期,加耶地区的狗邪韩国是海运中心,百济贸易体系时期将海运中心改为加耶的卓淳国。参见[韩]李贤惠:《4世纪加耶社会的交易体系变化》,《韩国古代史研究》1988年第1辑,第174页。乐浪、带方贸易体系时期,荣山江一带海运中心是在海南郡谷里,后因郡谷里势力反对百济,百济将海运基地改为郡谷里附近的古县里和白浦湾一带。参见[韩]姜凤龙:《古代东亚沿岸航路和荣山江、洛东江流域的动向》,《东西文化》2010年第36辑,第30—31页。

汁伐(安康)、悉直(三涉)、沙道城(盈德)、比列忽(安边)、何瑟罗(江陵或蔚珍)的关系,以及新罗在东部海岸与倭、高句丽、靺鞨的竞相角逐。①

①婆娑尼师今　二十三年(102)　秋八月,音汁伐国与悉直谷国争疆,诣王请决。……王怒,以兵伐音汁伐国,其主与众自降。悉直、押督二国王来降。

②二十五年(104)　秋七月,悉直叛。发兵讨平之。徙其余众于南鄙。

③阿达罗尼师今　九年(162)　巡幸沙道城,劳戍卒。

④助贲尼师今　四年(233)　五月,倭兵寇东边。秋七月,伊餐于老与倭人战沙道,乘风纵火焚舟,贼赴水死尽。

⑤儒礼尼师今　九年(292)　夏六月,倭兵攻陷沙道城,命一吉餐大谷领兵救完之。十年(293)　春二月,改筑沙道城,移沙伐州豪民八十余家。

⑥基临尼师今　三年(300)　二月,巡幸比列忽,亲问高年及贫穷者,赐谷有差。

⑦奈勿尼师今　四十二年(397)　秋七月,北边何瑟罗旱。蝗。年荒民饥。曲赦囚徒,复一年租调。

⑧讷祇麻立干　三十四年(450)　秋七月,高句丽边将猎于悉直之原,何瑟罗城主三直出兵掩杀之。

⑨慈悲麻立干　十一年(468)　春,高句丽与靺鞨袭北边悉直城。秋九月,征何瑟罗人。年十五已上,筑城於泥河。

⑩照知麻立干　三年(481)　春二月,幸比列城,存抚军士,赐征袍。三月,高句丽与靺鞨入北边,取狐鸣等七城,又进军於弥秩夫。我军与百济、加耶援兵分道御之。贼败退,追击破之泥河西,斩首千余级。

上述记载呈现出新罗早期在东海岸地区的发展态势。由①和②可知,2世纪,音汁伐国已经完全投降于新罗,悉直投降后在104年有过反叛。由③可知,162年,阿达罗尼师今巡幸沙道城,表明沙道城已经归新罗所有。由

---

① 参见[高丽]金富轼著,孙文范等校勘:《三国史记》,吉林文史出版社2003年版,第12—44页。

⑥和⑩可知,基临尼师今于300年、照知麻立干于481年巡幸比列忽,表明新罗对比列忽的控制。由⑦可知,397年奈勿尼师今因何瑟罗旱灾而调租,表明此地已是新罗的领地。由⑧可知,450年高句丽边将到悉直狩猎,遭到何瑟罗城主出兵驱逐,表明何瑟罗隶属于新罗。上述记载体现出4—5世纪,新罗势力范围已扩大至东海岸的比列忽、何瑟罗、悉直等地。在这一过程中,新罗与倭、高句丽、靺鞨在东海岸地区展开激烈角逐,由④和⑤可知,倭兵数次从海上袭击沙道城,新罗出兵将其击退,并于293年改筑沙道城,将沙伐州八十余家豪民搬迁于此,以巩固海防。由⑨和⑩可知,468年高句丽和靺鞨袭击悉直,481年甚至入侵至庆尚北道的弥秩夫,新罗联合百济、加耶将其击退。新罗在东海岸的势力日益壮大,具备了日常化利用东部沿岸航路的条件,与高句丽在东海岸地区的冲突日渐深化。

《三国史记》《三国志》《三国遗事》等史书也描绘出新罗早期通过东部沿岸航路与朝鲜半岛西北地区的古朝鲜、带方郡、乐浪郡、高句丽,与中原地区的秦、西晋、前秦以及南部的倭实现往来的状况。

⑪朝鲜遗民分居山谷之间为六村……是为辰韩六部。①

⑫儒理尼师今　十四年(37)　高句丽王无恤,袭乐浪灭之。其国人五千来投,分居六部。②

⑬初,右渠未破时,朝鲜相历谿卿以谏右渠不用,东之辰国,时民随出居者二千余户,亦与朝鲜贡蕃不相往来……(辰)锴因将户来(来)出诣含资县,县言郡,郡即以锴为译,从芩中乘大船入辰韩,逆取户来。降伴辈尚得千人,其五百人已死。锴时晓谓辰韩:"汝还五百人。若不者,乐浪当遣万兵乘船来击汝。"辰韩曰:"五百人已死,我当出赎直耳。"乃出辰韩万五千人,弁韩布万五千匹,锴收取直还。③

⑭辰韩在马韩之东,其耆老传世,自言古之亡人避秦役来适韩国,马韩割其东界地与之……今有名之为秦韩者。④

---

① [高丽]金富轼著,孙文范等校勘:《三国史记》,吉林文史出版社2003年版,第1页。
② [高丽]金富轼著,孙文范等校勘:《三国史记》,吉林文史出版社2003年版,第7页。
③ (晋)陈寿撰,(南朝宋)裴松之注:《三国志》,中华书局1973年版,第851页。
④ (晋)陈寿撰,(南朝宋)裴松之注:《三国志》,中华书局1973年版,第852页。

　　据上述记载可知,⑪朝鲜遗民迁移至辰韩,形成辰韩六部。⑫乐浪被高句丽消灭后,有五千乐浪人迁移至辰韩,分居于辰韩六部。⑬朝鲜相历谿卿因右渠不听其谏言而离开朝鲜奔赴辰国,当时有二千户居民随之迁移。⑭辰韩人自称先辈是为躲避秦国劳役而到达韩国,故也被称为秦韩。史书中明确记载了上述人口迁移的事实,但并未对这些人口迁移至辰韩的路径做出详细说明。据《三国志》《后汉书》等记载,东海岸势力如沃沮、濊等随着朝鲜半岛西北地区政治势力的更迭,先后隶属于古朝鲜、临屯郡、玄菟郡、乐浪、高句丽。可见,西北势力与东海岸势力之间的往来通道是十分畅通的。因此,古朝鲜、乐浪等移民是可以先到达东海岸,再沿东部沿岸航路南下至辰韩的。秦国人也可以沿着这一通道到达辰韩。280 年,新罗代表辰韩通过带方郡和乐浪郡向西晋派遣使臣。377 年,新罗通过高句丽向前秦派遣使臣,都可以利用东部沿岸航路实现。⑬则明确记载了锸赴辰韩的方式是“乘大船”,锸威胁辰韩时也声称乐浪将派兵乘船攻击辰国。尽管上述迁移不排除利用西部沿岸航路、南部沿岸航路绕行的可能性,但西北地区、东海岸地区、东部沿岸航路却是更为便捷的通道。

　　《三国遗事》卷一《纪异第二·奈勿王·金堤上》更为明确地记载了东部沿岸航路的利用。“堤上帝前受命,径趋北海之路。变服入句丽,进于宝海所,共谋逸期。先以五月十五日归泊于高城水口而待。期日将至,宝海称病,数日不朝,乃夜中逃出,行到高城海滨。王知之,使数十人追之,至高城而及之。然宝海在句丽,常施恩于左右。故其军士悯伤之,皆拔箭镞而射之,遂免而归。”①堤上奉新罗王之命入高句丽搭救质子宝海,从高句丽与新罗的地理位置看,堤上利用的“北海之路”即东部沿岸航路。宝海逃出高句丽后也是沿东部沿岸航路南行,至高城海岸被追兵赶上,士兵感恩于宝海的日常恩惠,射出之箭都拔掉箭头,宝海得以继续沿岸南行返回新罗。

　　东部沿岸航路也是高句丽、新罗、倭之间的海上通道。乐浪、带方贸易体系瓦解后,西南沿岸航路贸易一度萧条,这一变化推动了倭与新罗的贸易往来。据考古发现,进入 4 世纪,在朝鲜半岛庆南一带和日本列岛的古坟随葬品中,从中国中原地区输入的物品急剧减少,甲胄等北方制造的物品随之

---

　　①　[高丽]一然著,孙文范等校勘:《三国遗事》,吉林文史出版社 2003 年版,第 47 页。

增加。朝鲜半岛庆州月城路古坟群出土的 4 世纪日本石钏,福冈县宗像市久瀧下遗址出土的 4 世纪上半叶朝鲜半岛铁铤,福冈县早良区西新町遗址出土的朝鲜半岛陶质陶器,都表明在乐浪、带方贸易体系瓦解之后,形成了高句丽—新罗—倭贸易通道①,东部沿岸航路自然成为这一贸易体系的重要海上航路。4 世纪中叶以后,新罗主要与日本争夺洛东江流域,百济主要与高句丽争夺临津江与汉江流域,百济与倭结盟,新罗向高句丽求援,形成百济、倭同盟对抗新罗、高句丽同盟的新局面。② 5 世纪,从上述⑧⑨⑩可见,新罗与高句丽在东海岸地区的冲突加剧,转而联合百济、加耶共同抗敌。6 世纪初,新罗已基本实现了对东海岸地区的控制。

二、跨海航路的开辟与兴盛

随着航海和造船技术的发展,朝鲜半岛与中国和日本之间不断开辟出跨海航路,大大提高了海上航行的效率和多样性。特别是与中国跨海航路的开通对朝鲜半岛的对外交往和海上贸易具有重要意义,其规模是沿岸航行时代无法比拟的。

(一)朝鲜半岛与中国跨海航路的开辟

迄今为止,学界关于统一新罗前朝鲜半岛与中国跨海航路的开通时间一直存在争论,主要集中于黄海中部横渡航路。黄海中部横渡航路总体上来说是指中国山东半岛与朝鲜半岛西海岸之间的航路,韩国学者称其为黄海横渡航路、黄海中部横渡航路、西海横渡航路等③;中国学者称其为黄海南线或北路南线④,也称"黄海航线"⑤,又称"北南道"⑥;日本学者称其为山东

---

① 参见[韩]李贤惠:《4 世纪加耶社会的交易体系变化》,《韩国古代史研究》1988 年第 1 辑,第 168—169 页。
② 参见杨军:《任那考论》,《史学集刊》2015 年第 4 期,第 53—63 页。
③ 参见[韩]孙兑铉的《韩国海运史》(한국해운사,위드스토리,2011,25 면);[韩]尹明喆:《高句丽海洋交涉史研究》,韩国成均馆大学博士学位论文,1993 年,第 167—178 页;[韩]申滢植:《统一新罗史研究》,三知院 1990 年版,第 306 页。
④ 参见孙光圻:《中国航海历史的繁荣时期——隋唐五代(589—960 年)》,《世界海运》2011 年第 7 期,第 54 页。
⑤ 孙泓:《东北亚海上交通道路的形成和发展》,《深圳大学学报》(人文社会科学版)2010 年第 5 期,第 133 页。
⑥ 周裕兴:《从海上交通看中国与百济的关系》,《东南文化》2010 年第 1 期,第 73 页。

直行航路、黄海横渡航路等。① 目前,学者们对黄海中部横渡航路正式开通与日常化利用的起始时间莫衷一是,所持观点差异性较大,时间跨度从史前时代至 7 世纪中叶。

学者们关于 5 世纪前黄海中部横渡航路已经开通的观点比较分散。有的学者认为,黄海中部横渡航路史前时代就已经存在②;有的学者认为,这条航路上古时期就已开通,高丽时期成为主要航路③;有的学者认为,3 世纪初,公孙氏割据辽东地区,设立带方郡的目的就是摆脱沿岸航路,利用黄海中部航路④;有的学者认为,3 世纪上半期魏明帝景初年间,黄海中部航路就已经开通利用。⑤

4 世纪初,乐浪郡、带方郡先后没落,朝鲜半岛掀起长达 3 个世纪的群雄角逐。4 世纪至 6 世纪中期,高句丽与百济在西海岸展开激烈的拉锯战。4 世纪中后期,百济占据上风,一度控制西南沿岸航路,主导海上贸易。5 世纪,高句丽大举南下,427 年迁都平壤,475 年占领汉江流域,控制了黄海中部以北沿岸航路,百济向中国中原政权遣使朝贡日渐艰难。很多学者认为,这一时期百济迫于高句丽势力在黄海北部的威胁,开始尝试开辟跨越黄海的遣使航路,主要史料依据是《三国史记》卷二十五《百济本纪第三·盖卤王》对 472 年盖卤王首次遣使北魏的记载。"十八年(472) 遣使朝魏。上表曰:'臣立(李本:《魏书》作建,盖避丽祖讳)国东极,豺狼隔路,虽世承灵化,莫由奉藩,瞻望云阙,驰情罔极。凉风微应,伏惟皇帝陛下,协和天休,不胜系仰之情。谨遣私署冠军将军驸马都尉弗斯侯长史余礼、龙骧将军带方太守司马张茂等,投舫波阻,搜径玄津,托命自然之运(正本作侔,它本均作

① 参见[日]今西龙:《新罗史研究》,近泽书店 1933 年版,第 345—366 页;[日]内藤隽辅:《朝鲜史研究》,东洋史研究会 1961 年版,第 369—478 页。

② 参见[韩]金亨根:《对海上王张保皋的海上航路推定的研究》,《韩国航海学会志》2011 年第 25 卷第 1 号,第 83 页。

③ 参见[韩]金庠基:《丽宋贸易小考》,《东方文化交流史论考》,乙酉文化社 1984 年版,第 79 页。

④ 参见[韩]尹明喆:《高句丽海洋交涉史研究》,韩国成均馆大学博士学位论文,1993 年,第 146 页;[韩]金在瑾:《张保皋时代的贸易和航路》,《张保皋的新研究:以清海镇活动为中心》,莞岛文化院 1985 年版,第 125 页。

⑤ 参见孙光圻:《中国古代航海史》,海洋出版社 1989 年版,第 186 页;[韩]金在瑾:《张保皋的新研究》,莞岛文化院 1992 年版,第 125 页;[日]今西龙:《新罗史研究》,近泽书店 1933 年版,第 361 页;[日]内藤隽辅:《朝鲜史研究》,东洋史研究会 1961 年版,第 385—408 页。

运),遣进万一之诚。冀神祇垂感,皇灵洪覆,克达天庭,宣畅臣志,虽旦闻夕
没,永无余恨。'……安等至高句丽,琏称昔与余庆有仇,不令东过。安等于
是皆还,仍下诏切责之。后使安等从东莱浮海,赐余庆玺书,褒其诚节。安
等至海滨,遇风飘荡,竟不达而还。"①

由上述记载可知,472 年,盖卤王向北魏遣使上表,痛陈高句丽切断沿岸
航路、无法派遣朝贡使节的事实,将阻挠百济与北魏往来的高句丽比作豺
狼。文中提到的"搜径玄津"是指探寻北魏与百济间的海上捷径,据此推测,
百济意图开辟不经高句丽势力范围、抄近道直达北魏的海上航路。这次遣
使很可能是因为 469 年北魏占据了山东半岛,百济使团能够走从黄海南道
至山东半岛的捷径。从百济希冀神灵护佑到达天庭可知,此次横渡黄海遣
使北魏存在很大的风险。百济遣使北魏后,北魏显祖遣使邵安与百济使臣
一同返回,并下诏书令高句丽长寿王护送,但邵安一行人达到高句丽后,长
寿王却称与盖卤王有仇,不令东过,众人皆还。高句丽对北魏使臣尚且如此
态度,更不可能让存在竞争关系的百济顺利利用沿岸航路。因此,百济此次
遣使北魏很可能利用的是黄海中部横渡航路。② 475 年,北魏遣使邵安再次
携带赐予百济王的玺书从东莱(今山东莱州)浮海,结果却遇风飘荡,不达而
还。鉴于沿岸航路难以通行,邵安此次很可能意欲横渡黄海,结果遭遇海上
大风失败而还。

汉城失守后,百济将首都迁至锦江流域的熊津(今韩国公州),后再次向
南迁都至泗沘(今韩国扶余郡)。学者们对百济南迁后的遣使航路存在不同
观点。有的学者主张,黄海中部横渡航路是百济南迁后向南朝遣使的主要
航路。③ 据《三国史记》卷二十六《百济本纪第四·文周王、东城王》记载:"二
年(476)三月,遣使朝宋,高句丽塞路,不达而还。""六年(484)秋七月,遣内
法佐平沙若思如南齐朝贡,若思至西海中,遇高句丽兵,不进。"④当时高句丽
已占领汉江流域,从百济遣使朝贡在黄海中部受到高句丽的阻挠可知,百济

---

① [高丽]金富轼著,孙文范等校勘:《三国史记》,吉林文史出版社 2003 年版,第 303—305 页。
② 参见[韩]郑守一:《海上丝绸之路与韩中海上交流:东北亚海路考——以罗唐海路和丽宋海路为中心》,《文明交流研究》2011 年第 2 卷,第 31 页。
③ 参见[韩]李道学:《百济的交易网及其体系的变迁》,《韩国学报》1991 年第 63 辑,第 93 页。
④ [高丽]金富轼著,孙文范等校勘:《三国史记》,吉林文史出版社 2003 年版,第 309、310 页。

使臣很可能是要走黄海中部横渡航路。但也有学者认为,6世纪前,黄海中部横渡航路还未实现日常化,沿岸航路仍是主要贸易航路。① 不可否认的是,横渡黄海对百济来说并非轻而易举之事,这一点从《隋书》的一段记载中可以有所了解。据《隋书》卷八十一《东夷传》记载:"平陈之岁,有一战船漂至海东躭牟罗国,其船得还,经于百济,昌资送之甚厚,并遣使奉表贺平陈。高祖善之,下诏曰:'百济王既闻平陈,远令奉表,往复至难,若逢风浪,便致伤损。百济王心迹淳至,朕已委知。相去虽远,事同言面,何必数遣使来相体悉。自今以后,不须年别入贡,朕亦不遣使往,王宜知之。'使者舞蹈而去。"② 从百济使者得知"不须年别入贡"而用舞蹈表达喜悦之情可知,直到泗沘时代,对于百济来说,跨越黄海航行仍是存在巨大风险的。中国从秦汉至隋朝虽然能造大船,但大都是用于近海作战的战舰(如汉代的楼船、隋朝的"五牙"战舰等),远洋海船造船力和远洋航行能力还不强大。③ 从"朕亦不遣使往"推测,跨海航行对隋朝也是相当艰难的。可见,当时跨越黄海航路虽然作为遣使航路而存在,但因其风险较高,还难以实现日常化通行,即便隋朝、唐朝初年攻打高句丽的大型军事活动也仍主要依靠沿岸航路。

有的学者认为百济已经可以斜渡黄海与南朝实现往来。④ 但从当时百济的航海能力来看,横渡黄海已经颇为艰难,斜渡黄海则是更加冒险的海上活动。⑤ 目前,主张张保皋之前中韩间黄海南部斜渡航路已经开通的观点都还没有明确的证据,多数学者认为黄海南部斜渡航路是在统一新罗之后、张保皋时期正式开通的。⑥ 也有学者认为,黄海南部斜渡航路是在张保皋时期

---

① 参见[韩]姜凤龙:《8—9世纪东北亚海里的扩大与贸易体制的变动》,《历史教育》2001年第77辑,第3—13页。

② (唐)魏徵、令狐德棻:《隋书》,中华书局1973年版,第1819页。

③ 参见陈炎:《略论海上丝绸之路》,《历史研究》1982年第3期,第165页。

④ 参见[韩]李道学:《百济的交易网及其体系的变迁》,《韩国学报》1991年第63辑,第93页。

⑤ 参见[韩]郑镇述:《张保皋时代的航海技术与韩中航路研究》,《战略21》(Strategy 21)2006年第16号,第208页。

⑥ 参见[韩]郑守一:《张保皋与清海镇》,慧庵出版社1996年版,第252—254页;[韩]郑镇述:《张保皋时代的航海技术与韩中航路研究》,《战略21》(Strategy 21)2006年第16号,第229页;[韩]崔根植:《道里记登州海行道的探讨和张保皋交关船的航路》,《史丛》1999年第49辑,第23页;[韩]姜凤龙:《8—9世纪东北亚航路的拓展与贸易体制的变动》,《历史教育》2001年第77辑,第13页;[韩]李基东:《罗末丽初与南中国各政权的交涉》,《历史学报》1997年第155辑,第9页。

开通,1074 年以后成为主航路。① 还有学者认为,张保皋时期已经可以在东中国海(东海)自由航海,具备利用东海斜渡航路的能力。②

及至 6 世纪中叶,新罗已从朝鲜半岛东、南、西三面向海洋大举扩张,占领郁陵岛,吞并加耶,控制汉江流域,逐步从远离黄海的边缘地带向黄海沿岸要塞地区挺进,获得了与中国往来的直接通道。然而,新罗赴唐之路并非畅通无阻。据《三国史记》卷四《新罗本纪第四·真平王》记载:"四十七年(625)冬十一月,(新罗)遣使大唐朝贡。因讼高句丽塞路,使不得朝,且数侵入。"据《三国史记》卷五《新罗本纪第五·善德王》记载,642 年,新罗遣使上书:"(百济)又与高句丽谋,欲取党项城,以绝(新罗)归唐之路。"③从上文可知,新罗朝贡之路既有高句丽在北阻挠,又有百济与高句丽南北夹击,百济与高句丽甚至共谋攻打党项城,以断绝新罗赴唐的可能。党项城附近的渡口即党项津(后又称唐城津、唐恩浦、唐城浦),是新罗赴唐的主要港口。从新罗王都庆州至党项津的陆路被称为唐恩浦路(党项津路、唐城津路),是新罗横贯东西的陆路交通干线。据《三国史记》卷三十四《地理志一·新罗》记载:"(新罗)本国界内置三州:王城东北当唐恩浦路曰尚州,王城南曰良州,西曰康州。"④可见,唐恩浦路是从庆州出发经过尚州到达党项津的。从山东半岛向新罗出发的港口较多,有成山浦、赤山浦、乳山浦、芝罘岛、黄县浦等。⑤

关于这一时期唐朝与党项津间海上航路的具体走向,学者们也各持己见。7 世纪,为遏制新罗的扩张,百济与高句丽联手封锁海路,新罗陷入孤立的境地。为打破高句丽和百济的封锁,642 年,善德女王派遣金春秋赴高句丽请援,但高句丽却将其作为人质扣押,要求新罗返还占领的土地。647 年,逃离高句丽的金春秋又赴倭求援,但倭与百济早已结盟,拒绝帮助新罗。新罗最后将希望寄托于唐朝,这也促使新罗决心放弃沿岸航路,尝试开辟横渡

① 参见[韩]金在瑾:《张保皋时代的贸易和航路》,《张保皋的新研究:以清海镇活动为中心》,莞岛文化院 1985 年版,第 130 页。

② 参见[韩]崔根植:《9 世纪张保皋贸易船的指南器使用可能性研究》,《国际高丽学会首尔支会论文集》2000 年第 2 号,第 89 页。

③ [高丽]金富轼著,孙文范等校勘:《三国史记》,吉林文史出版社 2003 年版,第 62,67 页。

④ [高丽]金富轼著,孙文范等校勘:《三国史记》,吉林文史出版社 2003 年版,第 420 页。

⑤ 参见[韩]权德永:《古代韩中外交史:遣唐使研究》,一潮阁 1997 年版,第 194—196,205—207 页。

黄海的新航路。据《三国史记》卷五《新罗本纪第五·真德王》记载,648 年,金春秋突破高句丽和百济的海上封锁线到达唐朝,获得唐太宗提供军事援助的承诺。"春秋还至海上,遇高句丽逻兵。"①家臣温君解假扮金春秋被杀害,金春秋乘坐小船回国。关于此次金春秋赴唐所走航路,学者们意见并不统一。有学者主张,金春秋是利用辽东半岛、鸭绿江河口、浿江口的沿岸航路回国,因路过高句丽控制海域,所以遭遇高句丽巡逻兵。新罗初期与遣使唐朝一直利用的是沿岸航路。②也有学者认为,因高句丽与新罗的敌对关系,金春秋利用沿岸航路较为困难,很可能是利用黄海中部横渡航路。这一航路部分路段经过高句丽海上势力范围,故而会遭到高句丽的袭扰。可能从黄海道丰川(椒岛)横渡黄海③,或从黄海道沿岸、大青岛、白翎岛、长口镇等地横渡黄海。④

如前所述,学者们关于黄海中部横渡航路正式开通时间众说纷纭,虽然各种观点都存在合理成分,但还缺少史实印证。目前,有明确史料记载的开通时间是 660 年唐朝苏定方横渡黄海作战。苏定方率军从成山出发,横渡黄海,途径德积岛,在今天的锦江河口的尾资津登陆。唐军跨海作战正式开通了从山东半岛到朝鲜半岛西海岸的黄海中部横渡航路,新罗赢得了泛舟黄海的新契机。

7 世纪中后期,新罗实现了统一,但在统一过程中新罗与倭国和唐朝都有过交锋。663 年,新罗在白江口海战中攻破支持百济的倭国。之后,倭国将国号变更为现在的日本,公然表示对新罗的敌对态度。唐朝与新罗因争夺势力范围,关系恶化直至爆发战争。698 年,黄海北岸渤海国兴起,建国后渤海国迅速南下,与积极北上的新罗形成对峙状态。与此同时,南部积极备战新罗的日本与渤海国结成政治、军事联盟,共同攻打新罗。新罗为对抗渤海国强化北部地区的防御,从此进入与渤海国长达 60 年的对立时期。⑤可见,新罗尽管统一朝鲜半岛,但却陷入东亚国际关系中比较孤立的窘境,这

---

① ［高丽］金富轼著,孙文范等校勘:《三国史记》,吉林文史出版社 2003 年版,第 71 页。
② 参见［韩］权德永:《对新罗遣唐使罗唐间往复行路的考察》,《历史学报》1996 年第 149 辑,第 14 页。
③ 参见韩国史研究会:《古代韩中关系史研究》,三知院 1987 年版,第 282 页。
④ 参见［韩］郑镇述:《韩国海洋史(古代篇)》,京仁文化社 2009 年版,第 76—77 页。
⑤ 参见［韩］韩圭哲:《渤海的对外关系》,《韩国史》1994 年第 10 卷,第 100 页。

一时期东亚地区的航线开拓与和平的贸易活动都陷入停滞状态。进入 8 世纪,东亚国际关系开始解冻。唐朝与新罗实现和解,735 年,唐朝承认了新罗对朝鲜半岛大同江以南领土的控制。新罗与日本虽然关系敌对,但官方正式关系并未中断。[①] 随着黄海沿岸政治局势的稳定,战争期间已经正式开通的黄海中部横渡航路开始活跃起来,成为朝鲜半岛对外往来的重要海上通道。

8 世纪以后,随着黄海横跨航路、黄海斜跨航路、东中国海(东海)斜跨航路以及沿岸航路的广泛使用,东亚诸多航路与"南海路"衔接起来,与世界航路连成一体。当时起始于古代中国,连接亚洲、非洲和欧洲的古代商业贸易路线——丝绸之路已经在对外贸易中发挥重要作用。狭义的丝绸之路一般是指陆上丝绸之路,广义上讲又分为陆上丝绸之路和海上丝绸之路。人们通常所指的丝绸之路是穿越中亚、翻过帕米尔高原、抵达西亚的线路。若再往北走,则是北路,往南走是"南海路"。"南海路"即海上丝绸之路,西起罗马东到中国东南沿海一带,是从地中海、红海经阿拉伯海到达印度洋和西太平洋的东西方文化交流和贸易往来的海上通道。绸缎是陆上丝绸之路的流通商品,海上丝绸之路则流通陶瓷器皿和香料。因此,"南海路"又被称为"陶瓷路"或"香料路"。[②] 丝绸之路不仅是中国联系东西方的"国道",也是整个古代东亚经济及文化交流的国际通道。

(二)朝鲜半岛与日本跨海航路的多样化

顺应海流、季风等自然条件的变化,朝鲜半岛南部与日本列岛之间形成西南航路、东部航路、东南部航路等多条跨海航路。黑潮的一条分支朝鲜暖流经对马岛分成东、西两个水道,经东水道的海流向东,到达日本本州西海岸;经西水道的海流一条经釜山沿东海岸北上,一条向东流淌至能登半岛,与东水道汇合,沿日本本州西海岸北上,形成反旋回流,在朝鲜半岛东海岸与里曼寒流共同南下,在朝鲜半岛东南部与北上的朝鲜暖流相汇。朝鲜半岛东部地区受季风影响,吹南风时,可以从日本列岛到达朝鲜半岛;吹北风时,可以从朝鲜半岛到达日本列岛。对马岛、壹岐岛等岛屿也发挥了中间休

[①] 668—779 年,新罗派遣日本使 47 次,日本派遣新罗使 24 次。703 年,日本圣德王曾向新罗派遣 204 人的大规模使节团。日本白凤文化时期,新罗向日本派遣 14 次访学僧人。参见[韩]尹明喆:《张保皋时代的海洋活动和东亚地中海》,学研文化社 2002 年版,第 26、37 页。

[②] 参见[韩]郑守一:《新罗西域交流史》,檀国大学出版社 1992 年版,第 490 页。

息站的作用。

随着朝鲜半岛与日本往来不断增多,公元前后西南沿岸航路已向南跨海延伸至日本对马岛、壹岐岛、九州北部等地区,在东亚海上贸易中发挥着重要作用。汉四郡时期,西南航路是倭经朝鲜半岛与中国往来的主要通道。百济攻陷马韩后,挺进加耶地区,继而与倭国开展直接贸易,形成百济—加耶—倭贸易通道。① 4—5 世纪,百济、加耶、倭地区广泛分布着素环形刀,由此可知,当时朝鲜半岛南部跨海航路贸易非常活跃。② 金海大城洞 13 号坟出土的巴形铜器、14 号坟出土的箭筒、18 号坟出土的纺锤车形石制品等倭产制品也被认为是 4—5 世纪加耶与倭进行贸易往来的证据。③ 进入 5 世纪,高句丽势力大举南下,百济竭力拉倭加入反高句丽联盟,与倭往来频繁,海上航路日益多样化,或者从锦江、荣山江罗州、海南和康津等地出发,到达九州西北部海岸;或者由济州岛向东到达五岛列岛,由此分南、北两路,向北东进到达九州北部唐津等地,向南东进通常在有明海附近的长崎、熊本、佐贺登陆,再沿着周边各条江河逆流而上行至内陆。④

东部航路是从朝鲜半岛东南地区至日本本州北部沿岸地区的航路。从东海岸的庆州等港口出发,顺着里曼寒流到达北纬 35 度附近,在此与对马暖流汇合,向东横渡到本州海岸的山阴地区,即出云、隐歧、伯耆等岛根半岛附近,再至北陆地区,即越前、加贺、越中等能登半岛附近。有的学者认为,这一航路早在史前时代就已经广为利用。⑤ 有的学者根据考古发现认为,山阴和北陆地区出土的铜铎产于公元前后的 2—3 个世纪的朝鲜半岛,证明当时这一航路的存在。⑥ 还有的学者认为,这一航路是 1 世纪新罗势力进入日

①　参见[韩]李贤惠:《4 世纪加耶社会的交易体系变化》,《韩国古代史研究》1988 年第 1 辑,第 173 页。

②　参见[韩]禹在柄:《从 3—5 世纪百济地区的素环头刀看百济、加耶、倭的贸易体系》,《韩国史学报》2008 年第 33 号,第 433 页。

③　参见[韩]禹在柄:《4—5 世纪倭与百济、加耶间贸易通道与古代航路》,《湖西考古学》2002 年第 6、7 合辑,第 171—176 页。

④　参见[韩]尹明喆:《韩国海洋史》,学研文化社 2008 年版,第 129 页。

⑤　参见[日]中田熏:《古代日韩交涉史》,创文社 1956 年版,第 119—154 页。

⑥　据考古发现,公元前后的 2—3 个世纪产于朝鲜半岛的铜铎在本州东部分布在加贺、越前、美浓、三河、远江境内,在本州西部分布在石见、安艺、赞歧、阿波、土佐等境内。古式铜铎大都分布在山阴、北海道地区,新式铜铎分布在内陆的畿内、南海等地。参见[日]木宫泰彦:《日支交通史》上卷,金刺芳流堂 1926 年版,第 1—30 页。

本时形成的,从蔚山湾或迎日湾出发,利用季风和海流到达出云地区。从出云至朝鲜半岛的航路则利用九州北岸对马暖流的反流,经壹岐岛、对马岛,到达朝鲜半岛东南海岸。① 在航海和造船技术不发达的远古时期,从朝鲜半岛利用海流漂流到日本列岛已经相当困难,沿同一航路从日本列岛返回朝鲜半岛东南部几乎是不可能的,可见,当时东部横渡航路仍然是利用海流漂流的自然航路。从朝鲜半岛东南地区到达山阴地区最为合理的航路是经对马岛、壹岐岛,到达九州北部,然后沿本州海岸到达长门、石见、出云、敦贺等地。② 尽管 9 世纪时统一新罗已经能够从东海岸直航到达山阴地区,但因这条沿岸航路最为安全,仍然被广为利用。

东南部航路总体上是从朝鲜半岛东南地区出发,经对马岛至九州北部的航路。青铜器时代,朝鲜半岛的无纹陶器文化就已经从海路传播至日本列岛。《三国志》卷三十《魏书·东夷传》中也明确记载了古代朝鲜半岛与日本列岛间的海上直接贸易:"(牟辰)国出铁,韩、濊、倭皆从取之。诸市买皆用铁,如中国用钱,又以供给二郡。"又云:对马岛"乘船南北市籴"。③ 由此可见,3 世纪时朝鲜半岛东南地区与日本列岛间已经开通海上航路进行铁和粮食贸易。考古发现也证明弥生时代(约公元前 300—250 年)朝鲜半岛东南部与日本列岛之间的海上往来。在九州北部的唐津湾至博多湾地区出土细形铜剑、铜矛、铜戈等铜器,这些铜器都是从朝鲜半岛传播而来,经对马岛、壹岐岛或冲岛传入九州北部,再沿海岸向东北传播。④ 在朝鲜半岛南部地区的庆尚南道泗川勒岛、金海会岘里贝塚、金海池内洞瓮棺墓、釜山朝岛贝塚等遗迹中发现了日本弥生时代的陶器,镇海熊川贝塚出土的土师器、庆州金铃塚的珠文镜、金海良洞里古坟的筒形铜器等也都是弥生时代从日本传入朝鲜半岛的。⑤

东南部航路按出发地点和航线不同,又可以划分为西路、中路、东路。西路即前述带方使臣航路南海岸的东段,即从洛东江河口、多大浦至对马岛

---

① 参见[韩]尹明喆:《从海洋条件看古代韩日关系史》,《日本学》1995 年第 14 辑,第 67—105 页。

② 参见[韩]郑镇述:《古代韩日航路研究》,《战略 21》(Strategy 21)2006 年第 16 号,第 162 页。

③ (晋)陈寿撰,(南朝宋)裴松之注:《三国志》,中华书局 1973 年版,第 853、854 页。

④ 参见《世界考古学大系》第 2 卷,平凡社 1975 年版,第 80—83 页。

⑤ 参见[日]柳田康雄:《朝鲜半岛的日本系遗物》,《九州的古坟文化与朝鲜半岛》,学生社 1989 年版,第 7—27 页。

北岸,再经对马岛西海岸、壹岐岛到达九州北部。中路也是新罗与倭往来的重要通道。据《日本书纪》卷十三《允恭天皇》记载:"新罗王闻天皇既崩,惊愁之,贡上调船八十艘及种种乐人八十。是泊对马而大哭。到筑紫,亦大哭。泊于难波津,则皆素服之,悉捧御调,且张种种乐器。自难波至于京,或哭泣,或歌舞,遂参会于殡宫也。"①从文中记载可知,新罗使臣所走航路应当是从庆州出发,经对马岛西海岸、壹岐岛,到达九州北部的筑紫,即东松浦半岛,后驶入濑户内海,经大阪的难波津到达飞鸟、奈良等地。②中路早期出发地为朝鲜半岛东南地区的庆州,后南移至阿珍浦、蔚山(栗浦、丝浦)等地,吞并加耶后,金海也成为出发地之一。东路从朝鲜半岛东南部的牟辰地区出发,经对马岛东海岸、远瀛(冲岛)、中瀛(大岛),到达筑前的宗像,也是朝鲜半岛东南部势力与倭往来的通道。据考古发现,公元前后的2—3个世纪的铜矛在九州北部博多湾沿岸出土最多,其次是对马岛、筑后、丰后,而壹岐岛、松浦地区较少,证明经对马岛东海岸的航路已经开通。③

第二节　朝鲜半岛海洋意识的兴衰

古代朝鲜半岛海上航路是东方海上丝绸之路的重要组成部分。统一新罗前,朝鲜半岛海上航路已初具规模,顺应海流、潮汐、季风、海岸等自然条件变化,在半岛西南形成西南沿岸航路。随着黄海北岸势力更迭以及高句丽、百济、新罗在朝鲜半岛争霸态势日趋激烈,西南沿岸航路时常受阻,极大地推动了跨海航路的探索与开辟。朝鲜半岛东部航海条件虽不如西南地区优越,但在海洋实践中也形成了东部沿岸航路、东部横渡航路、东南部航路等多条海上航路。

一、统一新罗前的海洋意识

朝鲜半岛地形南北狭长,西、南、东三面环海,这一地理特点使朝鲜半岛

---

① 参见[日]黑板胜美、国史大系编修会编:《新订增补国史大系·日本书纪》前篇,吉川弘文馆1987年版,第349页。

② 参见[韩]孙兑铉的《韩国海运史》(한국해운사,위드스토리 2011,23면);[韩]郑镇述:《韩国海洋史(古代篇)》,京仁文化社2009年版,第112页。

③ 参见[日]木宫泰彦:《日支交通史》上卷,金刺芳流堂1926年版,第1—30页。

与海洋的关系十分密切。统一新罗之前,朝鲜半岛居民利用和拓展海洋生存空间的能力十分有限,尽管也在尝试跨海航行,但总体来看,日常化的海洋活动仍主要在沿岸狭长的地理空间中展开,人们对海洋的认知也带有鲜明的沿岸性特征。

(一)朴素的海洋通道意识

统一新罗之前,朝鲜半岛势力林立,竞相称霸。他们纷纷向中原王朝朝贡,并在中国大陆和日本列岛之间架起互通的桥梁。海洋是朝鲜半岛对外交往的重要通道,尤其是陆路交通因群雄割据受阻之时,海洋通道的重要性更为突显。航海者早期的海上活动主要依据陆地形状、高山等地貌特征判断方向,顺应海流、潮汐、季风的运动规律沿岸而行①,因而形成利用沿岸航路的海洋通道意识。

史书中对海上活动的记载反映了沿岸通道意识的普遍存在。《三国志》最早记载了朝鲜半岛黄海沿岸的海上活动:"侯准既僭号称王,为燕亡人卫满所攻夺,将其左右宫人走入海,居韩地,自号韩王。"②准王率众南迁利用的就是半岛西部沿岸航路。这一航路沿岸北上,经"老铁山水道"可到达山东半岛,这是朝鲜半岛与中国往来的重要海上通道。《三国志》也记载了半岛西南沿岸的海上活动:"王遣使诣京都、带方郡、诸韩国,及郡使倭国,皆临津搜露……"③从"皆临津搜露"可知,倭与带方郡、诸韩之间使节往来皆利用水路,从地理位置上判断,应是西南沿岸航路。《三国志》还明确记载了该条航线:"从郡至倭,循海岸水行,历韩国,乍南乍东,到其北岸狗邪韩国……千余里至对马国……"④可见,较早时期人们对带方郡—韩国—狗邪韩国—对马国—倭航路已具有清晰的认知。

半岛东南部的新罗与东部沿岸势力和西北势力的海上往来,主要利用东部沿岸航路。据《三国志》记载:"(辰)锚……从芐中乘大船入辰韩……锚时晓谓辰韩:'汝还五百人。若不者,乐浪当遣万兵乘船来击汝。'"⑤可见,锚

① 参见[韩]郑镇述:《古代韩日航路研究》,《战略 21》(Strategy 21)2006 年第 16 期,第 125 页。
② (晋)陈寿撰,(南朝宋)裴松之注:《三国志》,中华书局 1973 年版,第 850 页。
③ (晋)陈寿撰,(南朝宋)裴松之注:《三国志》,中华书局 1973 年版,第 856 页。
④ (晋)陈寿撰,(南朝宋)裴松之注:《三国志》,中华书局 1973 年版,第 854 页。
⑤ (晋)陈寿撰,(南朝宋)裴松之注:《三国志》,中华书局 1973 年版,第 851 页。

赴辰韩的方式是"乘大船",锸威胁辰韩时也声称乐浪将派兵乘船攻击辰韩。
尽管上述活动不排除利用西南沿岸航路绕行的可能性,但西北地区—东海
岸地区—东部沿岸航路却是更为便捷的通道。《三国遗事》对东部沿岸航路
的利用也有记载:"堤上帝前受命,径趋北海之路……先以五月十五日归泊
于高城水口而待。"①堤上赴高句丽搭救新罗质子宝海,从地理位置上看,他
走的"北海之路"应是东部沿岸航路;从宝海途经高城可知,也是利用这一
航路。

　　人们对沿岸航路的高度依赖性促成沿岸通道意识的形成。尽管统一新
罗之前存在随波逐流的跨海漂流式航行、冒险式航行,学界也有百济利用跨
海航路朝贡等观点②,但当时跨海航行还存在巨大风险,尚未实现日常化通
行。③ 与广阔海洋巨大的通航潜力相比,沿岸航路对海洋的利用还极不充
分,但在这漫长的历史时期内,沿岸航路作为日常化海上通道,在半岛对外
交往中的主导作用却是毋庸置疑的。

　　(二)开展沿岸贸易的海洋经济意识

　　海洋通道意识影响海洋经济意识。在沿岸航行时代,朝鲜半岛海上经
济活动也具有鲜明的沿岸性,主要是利用沿岸航路开展沿岸贸易。北部的
古朝鲜很早就利用沿岸航路与山东半岛的齐国进行"文皮"贸易。④ 南部的
沿岸贸易活动也非常活跃。据《三国志》记载:"(牟辰)国出铁,韩、濊、倭皆
从取之。诸市买皆用铁,如中国用钱,又以供给二郡。"⑤中国二郡在黄海北
岸,马韩在半岛西南海岸,牟辰在东南海岸,濊在东海岸,倭与半岛隔海峡相
望,可见铁贸易很可能是在沿岸航路沿线展开的。《三国志》还记载了对马
国与对岸国家"乘船南北市籴"⑥,"又有州胡在马韩之西海中大岛上,其

---

　　① [高丽]一然著,孙文范等校勘:《三国遗事》,吉林文史出版社 2003 年版,第 47 页。

　　② 参见[韩]李道学:《百济的交易网及其体系的变迁》,《韩国学报》1991 年第 63 辑,第 93 页

　　③ 据《隋书》记载,高祖因"往复至难"令百济"不须年别入贡",百济使者得知"舞蹈而去"。可见,直
到泗沘时代,百济跨越黄海航行仍存在巨大风险。参见(唐)魏徵、令狐德棻:《隋书》,中华书局 1973 年
版,第 1819 页。

　　④ 在古朝鲜沿海沿江地区发现大量古代中国的明刀钱和五铢钱等货币,表明海路可能是当时贸易
活动的重要通道。参见[韩]金德洙:《环黄海经济圈和东北亚的地域开发》,《产业开发研究》1998 年第 17
期,第 138 页;陈炎:《海上丝绸之路对世界文明的贡献》,《今日中国》2001 年第 12 期,第 50 页。

　　⑤ (晋)陈寿撰,(南朝宋)裴松之注:《三国志》,中华书局 1973 年版,第 853 页。

　　⑥ (晋)陈寿撰,(南朝宋)裴松之注:《三国志》,中华书局 1973 年版,第 854 页。

人……好养牛及猪……乘船往来,市买中韩"[1],这些记载都反映了半岛沿岸地区的贸易活动。可见,沿岸航路的利用已使沿岸贸易意识被广为接受。

最初的沿岸贸易活动是无组织的、分散的。3世纪,随着西南沿岸航路进入活跃期,沿岸贸易呈现出组织化、体系化的特点。沿岸贸易体系并非一成不变,会随沿岸贸易主导权的更替而瓦解、重构。朝鲜半岛较早形成的是中国汉朝主导的乐浪、带方贸易体系,在汉江流域、荣山江流域、洛东江流域下游地区都设有海运中心。[2] 4世纪上半叶,乐浪、带方贸易体系瓦解,这一变化推动了倭与新罗的贸易往来,沿东海岸开辟了高句丽—新罗—倭的贸易通道。

4世纪下半叶,百济迅速强大,海洋经济意识随之提升,建立起由其主导的百济—加耶—倭贸易体系。百济将洛东江一带的海运中心由乐浪、带方时期的狗邪韩国改为卓淳国[3],将荣山江一带的海运中心由海南郡谷里改为其附近的古县里和白浦湾一带[4],还在日本列岛设立海运中心,形成西南沿岸贸易运输网络。据《北史》记载:"新罗、百济皆以倭为大国,多珍物,并仰之,恒通使往来。"[5]这一记载表明新罗与百济具有海洋经济意识,也反映了半岛东西贸易体系的竞争态势。据《宋书》《梁书》记载,百济略有辽西、晋平二郡。[6] 尽管学界对于辽西郡、晋平郡的具体位置存在争议,有今辽河以西之说,也有今临津江或大同江一带之说[7],但均在沿岸航路沿线地带。百济积极的海洋经济意识还表现为它在3—4世纪时已与中国江南地区实现海上贸易往来。[8] 尽管据推测百济利用跨海航路遣使朝贡,但受到航海条件的

① (晋)陈寿撰,(南朝宋)裴松之注:《三国志》,中华书局1973年版,第852页。

② 参见[韩]崔梦龙:《上古史的西海交涉史研究》,《国史馆论丛》1989年第3期,第20—21页。

③ 参见[韩]李贤惠:《4世纪加耶社会的贸易体系变化》,《韩国古代史研究》1988年第1期,第174页。

④ 参见[韩]姜凤龙:《古代东亚沿岸航路和荣山江、洛东江流域的动向》,《东西文化》2010年第36期,第30—31页。

⑤ (唐)李延寿:《北史》,中华书局1974年版,第3137页。

⑥ 参见(南朝梁)沈约:《宋书》,中华书局1974年版,第2393页;(唐)姚思廉:《梁书》,中华书局1973年版,第804页。

⑦ 参见杨军:《4—6世纪朝鲜半岛研究》,吉林大学出版社2015年版,第47页。

⑧ 参见周裕兴:《从海上交通看中国与百济的关系》,《东南文化》2010年第1期,第72页。

限制,百济频繁的海上贸易活动仍主要集中于沿岸航路沿线一带。①

(三)争夺沿岸要塞的海防意识

在沿岸航行时代,沿岸航路既是和平的贸易通道,也是外敌进攻的军事通道。因此,据守沿岸要塞是巩固海防、实现沿岸航行和沿岸贸易的必要条件。汉江流域位居半岛西部沿岸航路的中枢地带,汉江流域及黄海道沿岸地区是经黄海赴中国的交通要塞,乃称霸半岛必争之地。各方势力在此竞相角逐,或早或晚都认识到汉江流域对自身兴衰存亡的重大意义——得之制人,失之制于人。激烈的争夺导致汉江流域数度易主,差异化的海洋意识导致沿岸航路或通畅,或阻塞,沿岸贸易时而兴盛,时而萎缩。

卫满朝鲜赶走准王后,切断沿岸航路,垄断海上贸易。公元前 109 年,汉武帝灭掉卫满朝鲜,就地设郡,积极促进海上贸易。公元前 18 年,百济建国。在选址建都之时,百济便有大臣言明汉江流域的重要性:"惟此河南之地,北带汉水,东据高岳,南望沃泽,西阻大海。其天险地利,难得之势,作都于斯,不亦宜乎?"②百济在要塞之地建都,积极开展海上贸易,实力迅速增强,4 世纪下半叶,掌握半岛海上贸易主导权。

4 世纪末至 6 世纪中叶,高句丽、百济、新罗对汉江流域展开激烈争夺。4 世纪末 5 世纪初,高句丽开始大举南下。为了阻止高句丽进攻,守住汉江流域,472 年,盖卤王向北魏遣使上书:"臣立(李本:《魏书》作建,盖避丽祖讳)国东极,豺狼隔路,虽世承灵化,莫由奉藩……"③盖卤王痛陈因高句丽阻隔无法向北魏朝贡的事实,将高句丽比作豺狼,希望获得北魏的援助。475 年,高句丽占领汉城,控制沿岸航路,切断百济的朝贡之路。6 世纪,新罗争夺沿岸要塞的意识显著增强。新罗认识到黄海是与中国实现往来的重要舞台,半岛中部肥沃的汉江流域是沿岸航路时代最具战略意义的交通要塞。在征服于山国、收复金官加耶之后,新罗夺取汉城,实现了与中国的直接往来,为日后统一半岛创造了有利条件。

---

① 高句丽控制沿岸航路,阻挠百济向中国遣使朝贡,有学者认为百济就此开辟了跨海航路。跨海航路虽然可能被作为遣使航路,但当时跨海航行仍面临巨大风险,还未能实现日常化通行,百济频繁的贸易活动主要在沿岸航路沿线展开。参见[韩]姜凤龙:《8—9 世纪东北亚海路的扩大与贸易体制的变动》,《历史教育》2001 年第 77 辑,第 3—13 页。

② [高丽]金富轼著,孙文范等校勘:《三国史记》,吉林文史出版社 2003 年版,第 275 页。

③ [高丽]金富轼著,孙文范等校勘:《三国史记》,吉林文史出版社 2003 年版,第 303 页。

因高句丽扼守汉江流域及黄海道沿岸地区,阻断新罗与百济朝贡之路,唐朝建立后,新罗与百济纷纷向唐朝上书寻求支持。625年,"(新罗)遣使大唐朝贡。因讼高句丽塞路,使不得朝,且数侵入"①。626年,"(百济)讼高句丽梗道路,不许来朝上国"②。新罗与百济也向唐朝反映彼此仇视和相互侵掠的事实。642年,新罗遣使上书称:"(百济)又与高句丽谋,欲取党项城,以绝(新罗)归唐之路。"③党项城位于汉江流域下游,其附近的渡口即党项津(后又称唐城津、唐恩浦、唐城浦),是新罗与唐朝往来的交通要塞。对党项城的争夺表明百济、高句丽沿岸要塞意识的增强。在扼守沿岸要塞的过程中,新罗积极与唐朝联合,并最终实现半岛统一。

二、统一新罗—高丽时期的海洋意识

统一新罗赴唐陆路交通受到渤海国的阻挠,因此,积极向海洋拓展生存空间,开启了统一新罗直至高丽王朝的全盛时期。在这几百年的时间里,朝鲜半岛虽然有过王朝的没落和短暂的分裂,但对海洋的认知却不断深化,海洋通道意识、海洋经济意识、海洋防卫意识都大为提升。

（一）利用跨海航路的海洋通道意识

在沿岸航行时代,沿岸航路因安全系数较高而被广为利用。但它绕行远,航程长,耗时多,效率低。因此,随着黄海东西两岸的频繁往来,对摆脱迂回的沿岸航路、开通便捷的跨海航路的需求日益提升,特别是沿岸航路受阻之时,这种诉求更加迫切。例如,高句丽南下之后,百济上书北魏称"投舫波阻,搜径玄津"④,即意图探寻避开高句丽势力范围、直达北魏的海上捷径;新罗为打破高句丽和百济的海上封锁,尝试开辟横渡黄海航路;等等。660年,唐军横渡黄海作战,正式开通黄海中部横渡航路,即从山东半岛横渡黄海到达朝鲜半岛西海岸的航路。海洋不再是天然屏障,而是连接黄海东西两岸的通道,这大大提升了统一新罗的海洋通道意识,形成跨海通道意识。

统一新罗除了东部海域的北部被渤海国控制以外,广泛活跃在东亚各

---

① ［高丽］金富轼著,孙文范等校勘:《三国史记》,吉林文史出版社 2003 年版,第 62 页。
② ［高丽］金富轼著,孙文范等校勘:《三国史记》,吉林文史出版社 2003 年版,第 323 页。
③ ［高丽］金富轼著,孙文范等校勘:《三国史记》,吉林文史出版社 2003 年版,第 67 页。
④ ［高丽］金富轼著,孙文范等校勘:《三国史记》,吉林文史出版社 2003 年版,第 303 页。

个海域。其跨海通道意识主要表现为它在既有航路的基础上广泛利用多样化的跨海航路。例如,黄海中部横渡航路、黄海南部斜渡航路(全罗北道附近海岸—连云港、明州)、东海斜渡航路(西南海岸—黑山岛—明州)等。当时,这些航路多数已实现日常化利用[①],但从朝鲜半岛至浙江省斜渡航路的日常化问题仍存在争议。[②]

高丽王朝海上活动能力很强,海洋通道意识更为普及。高丽王朝时期的黄海中部横渡航路又分为两条:高丽前期主要利用开京—碧澜渡—瓮津—登州的航路;高丽前期至上半叶主要利用开京—碧澜渡—瓮津—密州的航路。黄海斜渡航路是开京—碧澜渡—黄海斜渡—明州的航路,高丽中期以后较多利用。东海斜渡航路已正式开通,宋朝政治经济中心南移后较多利用。[③]

统一新罗—高丽时期海洋通道意识的提升还表现在跨海航路与"南海路"的连接上。这一时期,西起罗马东到中国东南海岸一带的海上丝绸之路已经开通。海上丝绸之路即"南海路",又被称为"陶瓷路"或"香料路"。[④] 8 世纪以后,随着黄海、东海航路的广泛开拓与利用,朝鲜半岛对外航路已与"南海路"相互衔接,成为世界海上交通网络的重要组成部分。

(二)开展跨海贸易的海洋经济意识

统一新罗—高丽时期,随着跨海航路的不断拓展,贸易活动也出现新变化:一是贸易主体发生变化,在官方贸易之外,民间贸易广泛兴起;二是贸易活动辐射范围发生变化,由沿岸带状分布拓展至跨海扇形分布;三是贸易对象有所变化,除中国、日本外,也与波斯人、大食人(阿拉伯人)等有贸易往来。这一时期的海上贸易规模是沿岸航行时代无法比拟的,跨海贸易意识已被普遍接受。

8 世纪,统一新罗官方贸易占据主导地位,其从事者是遣唐使和遣日本使。8 世纪后期,东亚三国都出现皇权(王权)瓦解的征兆,官方贸易衰退,民

---

① 参见[韩]崔根植:《9 世纪张保皋贸易船的指南器使用可能性研究》,《国际高丽学会首尔支会论文集》2000 年第 2 号,第 89 页。

② 参见[韩]郑镇述:《张保皋时代的航海技术与韩中航路研究》,《战略 21》(Strategy 21)2006 年第 16 号,第 208 页。

③ 参见[韩]尹明喆:《韩国海洋史》,学研文化社 2008 年版,第 307 页。

④ 参见[韩]郑守一:《新罗西域交流史》,檀国大学出版社 1992 年版,第 490 页。

间贸易兴起。9世纪中叶,随着民间贸易的广泛开展,跨海贸易意识已经广为扩散。在唐新罗人活跃在黄海、东海沿岸的交通要塞,建立大量新罗所、新罗坊、新罗村。张保皋是跨海贸易意识的践行者,他在山东半岛建立赤山法华院,形成以清海镇为大本营,以赤山、登州、莱州、泗州、楚州、扬州、明州、泉州及日本太宰府(九州岛)为基地的扇形跨海贸易网。张保皋向唐派遣卖物使、向日本派回易使,并与波斯人和大食人频繁接触,进口地中海和波斯的商品①,将海上丝绸之路的东段延伸至朝鲜半岛和日本列岛。张保皋对唐贸易规模庞大,以至于"会昌(841—846)后,朝贡不复至"②,民间贸易一度取代朝贡贸易。由此可见张保皋在推动跨海贸易中的重要地位。

11世纪前50多年间,因日本摄关政治时期实行海禁政策,高丽与日本中止贸易活动;高丽和北宋也分别与辽签订屈辱条约,陷入互不信任状态,官方往来一度中断。高丽显宗时期,丽宋民间贸易开始盛行,海洋经济意识再度得到强化。10—11世纪,开展跨海贸易的主体是宋商,其次是丽商。③宋商是丽宋跨海贸易的重要力量,在两国官方往来中断时期,大批宋商频繁往来于丽宋之间,12世纪中叶达到高潮,对两国经济、文化的交流做出巨大贡献,对动荡的政治关系也起到调解作用。1070年、1073年,高丽两次遣使北宋,双方官方贸易得到恢复,丽商也随高丽使团开展贸易活动。此外,高丽也与大食国等商人进行贸易活动。北宋南迁后,高丽往返港口从登州改为明州。13世纪,元朝恢复从山东登州至朝鲜半岛的航路,丽元海上贸易出现"北盛南衰"的局面。高丽与宋、元之间形成以礼成港为中心,以登州、明州、泉州等为基地的扇形跨海贸易网。

(三)戍岸护海的海防意识

随着统一国家的形成和海上活动的频繁开展,统一新罗和高丽王朝认识到海洋既是对外交往的通道,也是外敌入侵的通道,海防意识大为提高。它们积极加强海防体制建设,形成戍岸护海的海防意识,即通过守护海岸和周边海域来巩固陆地安全,也为海上活动提供安全保障。

完成统一大业后,新罗当务之急是防范日本入侵。文武王积极加强东

---

① 参见[韩]郑守一:《新罗西域交流史》,檀国大学出版社1992年版,第337页。
② (宋)欧阳修、宋祁:《新唐书》,中华书局1975年版,第6207页。
③ 参见[韩]姜凤龙:《韩国海洋史研究的几个问题》,《岛屿文化》2009年第33辑,第22页。

南地区的海防建设,在东海岸建设护国寺庙——镇国寺,希望运用佛教的威力抵御日本入侵。据《三国遗事》记载,文武王"遗诏葬于东海中大岩上。王平时常谓智义法师曰:'朕身后愿为护国大龙,崇奉佛法,守护邦家。'"[1]神文王遵照文武王遗志,将其安葬在大王岩下。为缅怀文武王,神文王将镇国寺改为感恩寺,并在感恩寺金堂台阶右侧设置一洞穴,以便化身为护国龙的文武王能够自由进出。这就将大王岩和感恩寺连成一体,将龙神信仰与佛教信仰结合起来,意在宣传护海意识和护国理念。9世纪,新罗沿海一带海盗活动猖獗,经常抢掠人口将其卖到唐朝为奴。828年,张保皋从唐朝回国,向兴德王建议说:"遍中国以新罗人为奴婢,愿得镇清海,使贼不得掠人西去。"[2]张保皋获得朝廷许可在家乡莞岛设立清海镇,将巩固海防与海洋贸易结合成一体,体现了海防与通商并重的海洋意识。

高丽建国与水军的活动密切相关。高丽太祖王建即出身海上势力,他利用水军打赢几场大战,建立高丽王朝。因此,高丽王朝的海防意识和海防能力都大为提升。11世纪,女真海盗在高丽海岸一带活动猖獗。为防范海盗入侵,高丽强化水军训练,建立水军基地,有代表性的是在元兴镇和镇明镇设立的船兵都部署,水军担负着开展海战和巩固海防等任务,在保护使臣船和贸易船通行安全方面也发挥重要作用。高丽针对东部海域的海洋环境和讨伐女真海盗的目标,打造适合的军船,如戈船、剑船等,还组建骑船军以抵御倭寇侵扰。13世纪30年代,元军大举南下,高丽实行"海岛入保政策"[3],临时迁都到易守难攻的江华岛。高宗组织了长达16年的雕刻《大藏经》活动,在江华岛设立管理《大藏经》雕刻的大藏都监,在南海岛设立分司教定都监[4],希望借助佛教力量抵御外来入侵,保护周边海域安全。

三、朝鲜王朝的海洋意识

与统一新罗—高丽时期积极利用海洋通道、开展海上贸易、守护海洋相比,朝鲜王朝对海洋重要性的认知极为缺乏。尽管朝鲜王朝末期开通了沿

---

①　[高丽]一然著,[韩]权锡焕、陈蒲清注译:《三国遗事》,岳麓书社2009年版,第105页。

②　(宋)欧阳修、宋祁:《新唐书》,中华书局1975年版,第6206页。

③　[韩]尹龙爀:《高丽的海岛入保政策与蒙古的战略变化》,《历史学报》1982年第32期,第55页。

④　参见[韩]闵贤九:《高丽对蒙抗争和大藏经》,《韩国学论坛》1979年第1期,第45、50页。

岸航路,也一度兴起海洋通商论,但未能彻底打破封闭保守的社会氛围。伴随着西力东渐,抛弃海洋的朝鲜王朝日渐没落。

(一)消极的海洋通道意识

朝鲜王朝的海洋意识深受高丽末期海洋政策的影响。1223年,倭寇开始入侵高丽。1227年,高丽向日本提出严正抗议,此后30多年再无倭寇出没记录。[①] 1260年,倭寇再次入侵。1350年之后,倭寇侵略频度和规模都大大增加。[②] 为抵御倭寇入侵,防范三别抄势力与倭寇联手[③],高丽王朝采取"空岛措施",即将岛屿居民全部转移到陆地,清空岛屿。朝鲜王朝则将"空岛措施"提升为"空岛政策",规定未经官方允许私闯岛屿者将得到受刑100杖的处罚[④],旨在有效控制居民,限制居民的海上活动。高丽末期,赴明朝贡之路已由海路转向陆路,朝鲜王朝继续追随明朝推行海禁政策,形成消极、封闭的海洋意识。

朝鲜王朝重视农业发展,倾力推进对陆地的开发,以农业为中心的社会文化和严格的封建等级秩序赋予其稳定的特性。在这种社会氛围下,变动性较大的渔业和海上贸易等活动都是不被朝鲜社会接受的,轻视甚至鄙视海洋的风气得到助长。人们普遍认为岛屿是生存环境恶劣的空间,在岛屿上生活的人和乘船出海的人被鄙称为"岛贼""船贼",岛屿与海洋的社会地位被严重矮化。

朝鲜太宗时期就下令禁止私自下海渔利[⑤],世宗五年(1423)又颁布违禁下海律[⑥]。此外,朝鲜对出没其海岸的"荒唐船"也严加防范,厉行海禁政策。[⑦] 从前兴盛的航路和港口纷纷衰退,海上贸易急剧萎缩,只在沿岸地区进行漕运。明朝末年,女真族兴起,断绝陆上贡道,朝鲜王朝被迫利用沿岸

---

① 参见[韩]罗钟宇:《红巾军与倭国》,《韩国史》1994年第20期,第395—398页。

② 参见[日]签原一男:《日本史研究》,山川出版社1975年版,第141页。

③ 参见[韩]姜凤龙:《韩国海洋史的转变:从海洋时代走向海禁时代》,《岛屿文化》2002年第20期,第41页。

④ 参见[韩]姜凤龙的《刻在海洋上的韩国史》(바다에 새겨진 한국사,하어미디어,2005,231면)。

⑤ 参见《朝鲜太宗实录》卷26,太宗十三年癸巳七月,韩国国史编撰委员会1968年版,第679页。

⑥ 参见《朝鲜世宗实录》卷21,世宗五年癸卯九月,韩国国史编撰委员会1968年版,第554页。

⑦ 朝鲜曾针对"荒唐船"出没问题要使行入京重申其严格海禁的政策。"上下教以荒唐船出没,未有今年之频数,命前头使行时,以严申海禁之意,措辞奏闻事,令庙堂禀处。"参见《朝鲜肃宗实录》卷55,肃宗四十年甲午七月,韩国国史编撰委员会1968年版,第531—532页。

航路朝贡,但始终未能恢复跨海通道。万历朝鲜战争的胜利客观上巩固了朝鲜宣宗的统治,延缓了海禁政策的瓦解。此后,朝廷对宗教的镇压也强化了海禁政策。18世纪末,朝鲜王朝中支持海洋通商论的政治势力一度得势,他们主张放弃海禁政策,恢复海上航路,提高造船技术,实施积极的通商政策。但随着19世纪上半叶反对派的重新主政,海洋通商论遭到全面弹压,未能彻底转变朝鲜王朝消极的海洋意识。

(二)淡薄的海洋经济意识

在当时的地缘经济环境下,朝鲜王朝的主要贸易对象是明朝和日本。明朝实行海禁政策,朝明双方主要通过陆路开展贸易往来,海上贸易则全面萧条。朝鲜王朝对日实行限定贸易政策,朝日海上贸易也大幅萎缩。

对马岛位于日本和朝鲜半岛之间,是双方贸易的重要中介。对马岛几无可耕之地,其获利的重要来源是利用地理位置优势发展对朝贸易。1419年李从茂讨伐对马岛后,为了减少倭寇的入侵,朝鲜王朝采取各种怀柔政策,重点是赋予对马岛岛主特殊权限,建立起限定贸易体制。限定贸易体制不是放弃海禁政策,而是通过限定最小化的贸易窗口,更好地维持和强化海禁政策。朝鲜朝廷对日本贸易者制定了多重限制政策。例如:朝鲜朝廷给贸易有功之臣或希望与朝鲜贸易的日本人颁发图书,即授图书制度;给日本贸易负责人发送书契;给对马岛岛主颁发身份证明书——行状、渡航证明书,即路引、文引;为控制在近海捕鱼的日本人,颁布了捕鱼、收税规定;将日本人进出港口限定在三浦,即釜山浦、荠浦或乃而浦、盐浦;等等。[①]

朝鲜朝廷确立对日限定贸易体制有助于倭寇势力迅速转变成和平的贸易参与者,并将他们的活动纳入制度框架之下。但是这种限定贸易政策无法满足日本扩大对朝贸易的需求,随着日本人的不满渐渐增多,先后爆发"三浦倭乱""蛇梁津倭乱",朝鲜则更加严格限制对日贸易。16世纪中期,日本统治势力室町幕府日渐衰弱,倭寇趁机摆脱其控制,在明朝和朝鲜沿岸地区肆意掳掠,其中给朝鲜王朝造成最大冲击的是1555年的乙卯倭乱。乙卯倭乱后,朝鲜朝廷对倭寇更加强硬,设立备边司(朝鲜时期处理军务的官衙),强化对日贸易活动的管理,对对马岛的贸易限制更加严格。

---

① 参见[韩]姜凤龙的《刻在海洋上的韩国史》(바다에새겨진한국사,하어미디어,2005,238면)。

在东亚三国中,朝鲜对与欧洲贸易的限制最为彻底。中国和日本都曾在实施锁国政策期间对欧洲有限开放,如明成祖朱棣派郑和七下西洋,日本也允许与旧宗教无关的荷兰开展贸易,限定从长崎和平户入港。只有朝鲜始终未向欧洲开放。直至19世纪,西方势力蜂拥而至,朝鲜继中国和日本之后,被迫开放门户。

(三)戍岸弃海的海防意识

与统一新罗和高丽时期相比,朝鲜王朝的海防意识发生了很大变化。为抵御越发猖獗的倭寇,太祖年间,朝鲜王朝一方面增强水军力量,另一方面在海岸地区筑起城墙,实行烽燧制。太祖在位期间,倭寇慑于其威名,不敢骚扰朝鲜。太祖去世后,倭寇再度兴起。于是,太宗年间朝鲜王朝以海岸水军镇和烽燧制为基础积极构建海防体制。朝鲜王朝的海防意识与统一新罗和高丽时期大为不同。统一新罗建成感恩寺、张保皋设立清海镇、高丽王朝在元兴镇和镇明镇设立水军基地等,旨在加强对海岸地区及周边海域的防卫能力,其范围既包括陆地,也包括附近岛屿和海洋。而朝鲜王朝构建海防体制的目的却只是守护陆地安全,其范围不包括岛屿和海洋,反映了朝廷抛弃岛屿和海洋、死守陆地的海防意识。

朝鲜王朝后期空岛政策发生变化,开始采取入岛合法化政策,允许居民在岛屿居住。同时,在岛屿设立水军镇,依据军队的不同规模分别派遣金使、万户、别将等指挥官,他们除了履行守护岛屿等军事职责外,还兼任控制和管理岛屿居民的行政职责。但这一变化并未削弱和取消海禁政策。岛屿是陆地和海洋之间的桥梁,朝廷在岛屿派驻水军既阻止了外部势力接近朝鲜海岸地区,也限制了朝鲜居民从事海上活动,反而更加强化了海禁政策。

18世纪后期,朝鲜王朝的海洋意识中通商和海防曾被同等考虑。随着海洋通商论的抬头,朝鲜王朝海防意识也有所变化,出现了海上抗敌优于陆上抗敌的主张。但19世纪的海洋意识中通商和海防再度被弱化。"丙寅洋扰"事件后,朝鲜王朝认识到海洋是洋人入侵的通道,认为洋人海战强、朝鲜陆战强,主张抛弃海战,恢复沿岸防守和山城要塞固守相结合的海防意识。《江华岛条约》签订之后,朝鲜王朝先表现出对海防的关心,后意识到强兵必先富国,于是增加对海洋通商的关注,推动富国强兵政策。随着日本吞并朝鲜,该政策付之东流。①

四、韩国的海洋意识

二战结束后,朝鲜半岛摆脱了日本殖民统治,但却陷入南北分裂状态。韩国据守朝鲜半岛南部,军事分界线的分隔限制了其陆上"北拓"的可能性,这反而促使韩国向海洋拓展发展空间,海洋意识不断得以丰富和提升。韩国强化海洋国土意识、海洋主权意识、海洋开发与利用意识、海洋环境保护与安全管理意识等海洋意识,重视海军力量建设。其海洋安全视野不再局限于近海沿岸,而是向更为广阔的远洋地区拓展,旨在以海兴国、以海强国。

（一）全方位的海洋开放意识

韩国对海洋的认知随着国内外政策的调整而不断发生着变化。建国之初,韩国国内政治局势动荡,始终未能制定出明确的对外战略。20 世纪 60 年代初,朴正熙以强有力的军事手段实现了国内政局稳定,继而提出"贸易立国"的口号。这是高度依赖海洋的外向型经济发展战略,表明韩国意在树立开放的海洋意识。当时中韩两国尚未相互承认,韩国未能恢复历史上与中国海上往来的传统,大规模工业园区和大型港湾设施主要集中在东南海岸。20 世纪 90 年代,韩国国内政治由威权主义向政治民主化转型,对外与中国实现关系正常化,积极促进东西两岸经济均衡发展,形成全方位开放的海洋意识。

韩国贸易伙伴遍布世界各地,海洋是其对外贸易的主要通道。韩国主要有五条代表性的海上航路:西部海域的"韩中航路";东部海域经过日本、俄罗斯连接北太平洋的"北方航路",进入 21 世纪,韩国继续北拓,积极参与北极航路的开辟;东南部海域的"韩日航路";南部海域到达中南美洲、大洋洲的"东南航路";南部海域驶向东南亚、阿拉伯、非洲、欧洲等地的"西南航路"。② 这些航路构筑起韩国通向世界的海上高速公路,体现了韩国开放的海洋意识。

---

① 参见[韩]卢大焕:《朝鲜后期西洋势力的入侵与海洋观的变化》,《韩国史研究》2003 年第 123 期,第 374 页。

② 参见[韩]白炳善:《未来韩国的海上交通线保护研究》,《国防政策研究》2011 年第 1 期,第 155—156 页。

随着冷战的结束,世界步入急速开放的时代。政治壁垒的打破使东北亚以及全球海洋贸易步入一个全新的时期。《联合国海洋法公约》的出台引发世界各国对海洋的关注,海洋被视为"第二国土",21世纪亦被称为"海洋世纪"。在漫长的历史进程中,海洋曾被视为天然屏障,空岛和海禁政策的实施形成了鄙视海洋的风气。现如今,面对开放的海洋时代的到来,韩国政府积极行动,带领国民反省消极的空岛和海禁政策,强调对统一新罗—高丽时期开放的海洋思想意识的研究,开发张保皋、李舜臣等历史人物的历史能量,重视海洋文化遗迹的发掘、保存、复原,形成生动的海洋史教育资料,意图再次唤起国民对海洋的关心,倡导国民树立亲近海洋的意识,培养国民开放、积极进取的精神品质,强化整个社会开放的海洋意识。

(二)多元化的海洋利益意识

随着《联合国海洋法公约》的出台,韩国争夺海洋利益的意识日益强烈,不断强化海洋利益意识,极力扩大本国海洋利益。

第一,韩国强调树立21世纪国土新概念,将国土概念从陆地拓展至更为广阔的海洋,提出"海洋国土"的概念。早在建国之初,韩国政府即颁布《关于毗邻海洋主权的总统宣言》,此后相继制定《海底矿物资源开发法》及实施令、《专属经济区法》。目前,正在推动《海洋领土管理法》的出台。韩国认为,21世纪的海洋国土是不断拓展的、动态的国土。韩国的海洋国土概念是指为韩国的海洋经济活动所打造的特定空间,不是国际法或法律上规定的概念。韩国的海洋国土是从太平洋、南极向全球海洋基地不断拓展的海洋区域。[①]

第二,韩国大力推进对海洋的开发与利用。随着科学技术的进步和经济发展的需要,韩国经略海洋的意识和能力逐步深化。韩国对海洋资源的开发包括海中鱼类等海洋生物资源,海底石油、锰结核等能源和矿产资源,海面潮汐能、波浪能、风能、太阳能等能源资源。韩国对海洋空间的利用包括海洋运输,海上人工岛、娱乐场,海底隧道、电(光)缆、仓库等。韩国重视沿岸、近海、远洋直至极地地区的资源开发和科学研究,推动传统海洋产业升级,促进新兴海洋产业发展。

---

① 参见韩国海洋水产部:《韩国海洋开发基本计划:海洋韩国21(2000—2010)》,2000年,第37页。

第三,韩国着力保护海洋生态环境,加强海洋安全管理。韩国于 2013 年重建海洋水产部,综合管理海洋和水产业务。韩国积极研发保护海洋的新技术,建立海洋污染源综合管理体制,建立海洋保护区管理体制,构筑绿色沿岸空间。为加强海洋安全管理,韩国于 2014 年成立国家安全处,执行海洋救助与海洋警备等职能。韩国宣传海洋安全文化,强化客船、渔船、集装箱等的安全管理体制,增强海洋治安力量和沿岸海域搜索救助力量,努力探索开发利用海洋与管理保护海洋两相兼顾的有效途径。

(三)广域化的海洋安全意识

二战结束后,韩国着手加强海军建设,将维持和确保对周边海域的控制能力作为海洋国防安全的首要课题。在此基础上,随着海洋空间的拓展和海洋利益的延伸,韩国的海洋安全视野发生了重大变化,由沿岸近海扩大至太平洋、印度洋,再延伸至阿拉伯海、红海、波斯湾地区,近海求稳、远洋谋拓、海陆兼顾的海洋安全意识日渐清晰。[1]

作为经济对外依存度较高、追求扩大国际性影响力的国家,海军力量建设至关重要。20 世纪四五十年代,韩国初建海军,尚未形成明确的海洋安全意识,主要依靠美国军事力量确保海洋安全。20 世纪六七十年代,随着韩国外向型经济发展战略的推进和美国在亚洲收缩兵力,自主国防的重要性日益凸显。此后,韩国采取引进与自主研发相结合的方法加速海军建设。目前,韩国正力争建立一支具有立体攻防能力的海军力量,海洋安全意识不断增强。

随着海军力量的日益强大和海洋利益的不断延伸,以美韩同盟为依托,韩国海军的影响力从朝鲜半岛周边海域扩大至东北亚地区直至延伸到索马里海岸,表明韩国的海洋安全不只局限于半岛周边海域,还包括海上交通航路安全以及维护管辖海域外的海洋利益等,其范围随着韩国商船、客船、科学考察船的移动还将不断扩大。近年来,鉴于打击索马里海盗行动的重要性和迫切性,韩国持续向索马里海域派遣青海部队。截至 2023 年 9 月,已经派出了 41 批青海部队。韩国还积极推动海上安全领域国际合作,构建应对海盗和恐怖活动的国际共助体制。

---

[1]　参见李雪威:《韩国海洋战略研究》,时事出版社 2016 年版,第 1 页。

韩国的海洋实践、海洋意识与其跌宕起伏的国运休戚相关。总的来看,活跃在朝鲜半岛的各方势力纵横捭阖,不同的海洋实践塑造了其差异化的海洋认知,差异化的海洋认知又深刻影响着其海洋实践。韩国海洋意识的开放或封闭与其国运同沉浮,与其民族共兴衰,从而推动韩国在时代洪流中不断走向海洋。东亚地区是韩国海洋实践的重要舞台,与东亚国家实现往来也是其海洋意识孕育与发展的地缘驱动力之一。历史反复证明,走向海洋,与海域相邻国家和平共处,融入地区合作,是韩国繁荣发展的必由之路。

第三节 韩国海权观念的演变与发展

海权观是国家对海权的认识与理解。海洋实践塑造海权观,海权观支配海洋战略,是海洋战略形成的认识基础,研究一国海权观是解读该国海洋战略的一个关键性视角。因此,了解韩国海洋战略的认识基础,即了解韩国海权观,对于准确把握韩国海洋战略意图和战略动向具有重要意义。

一、韩国海权概念的表述及内涵变化

海权观念的形成源于长期的海洋实践,但海权作为正式概念被提出却是在近代。人们普遍认为,海权概念是阿尔弗雷德·塞耶·马汉(Alfred Thayer Mahan)在其 1890 年出版的《海权对历史的影响》(*The Influence of Sea Power upon History*)一书中首次提出的。此后,海权这一概念便迅速流行于世。因历史文化传统和国家实力地位的差异性,世界各国对海权概念的表述及其内涵的认识历程不尽相同,韩国亦独具特色。韩国将海权概念表述为"海洋力",并以"力量""能力"为中心拓展海权概念内涵要素。①

韩国学界对"sea power"的讨论始于 20 世纪 70 年代。当时很多关于"sea power"的文献被陆续翻译成韩文,在这一过程中,"sea power"被译成

---

① "sea power"这一概念是由马汉提出的,但世界各国对这一概念的表述与理解不尽相同。中国学人广泛将"sea power"的概念转译为汉语"海权"(转引自张文木:《论中国海权》,《世界经济与政治》2003 年第 10 期,第 8 页),韩国则译为"海洋力"。为了便于讨论,本书将统一以中文表述习惯——"海权"来展开论述。

"海上力量""海上势力""海上权力"等，与"海运力""海军力"等用法较为类似的词混在一起使用。80 年代中期以后，鉴于"海上"一词的局限性，"海洋力"一词开始在韩国频繁出现。① 关于"sea power"的著作、论文、研讨会等都使用"海洋力"一词。例如，1987 年，韩国海军本部将马汉著作译为《海洋力对历史的影响》，韩国庆南大学校长发表的论文《韩国安保与海洋力》②，都将"sea power"译成"海洋力"。此外，韩国从 1989 年 7 月开始隔年召开的"国际海洋力研讨会"、1996 年韩国海军本部召开的以"海洋力与国家经济"为主题的舰上讨论会等也都使用"海洋力"的译法。目前，将"sea power"译为"海洋力"已完全是韩国的固定用法。

韩国在不同的历史发展时期对海权概念内涵的认识有所不同，伴随着海洋实践活动的开展经历了一个不断拓展的过程。

近代时期，朝鲜半岛沦为日本殖民地，完全丧失国家主权，并无海权可言。摆脱日本殖民统治之后，韩国面临的首要任务是建设海军力量，守护刚刚光复的海防。以孙元一为首的海防先驱们汲取了朝鲜半岛历史上"有海无防"的惨痛教训，率先主张发展海军力量，守护海防安全，成为韩国海权意识的先觉者和早期践行者。1945 年 8 月 21 日，孙元一、郑兢谟等率领 30 多名将士组成"海事队"。③ 此后，孙元一将"海事队"与"朝鲜海事报国团"合并，改称为"朝鲜海事协会"。同年 11 月 11 日，又成立韩国海军的前身——"海防兵团"。"海防兵团"成立之初，没有一艘军舰，也没有独立的海防能力，于是在 1946 年 1 月被编入美国海军，成为美国军政厅的正式军团。同年 6 月，被提升为"海岸警备队"。1947 年 8 月，美国第七舰队将"三八线"以南沿岸海域的警戒任务移交给韩国。1948 年 8 月 15 日，大韩民国正式成立，随之将"海岸警备队"更名为"韩国海军"。建国之后，韩国保护海洋领土和海洋资源的意识大为增强。《杜鲁门宣言》发表之后，沿海国家掀起了"蓝色"圈地运动。受其影响，1952 年 1 月，李承晚总统发表《对毗邻海洋主权的宣言》，旨在宣示韩国海洋主权范围，保护其主权范围内的各种资源。1958 年和 1960 年两次联合国海洋法大会的召开，进一步强化了韩国对海洋领土

① 参见［韩］林仁洙：《海洋战略的基本概念研究》，《海洋战略》1995 年第 88 期，第 93—94 页。
② 参见［韩］朴在圭：《韩国安保与海洋力》，《韩国与国际政治》1987 年第 1 期，第 23 页。
③ 参见《建军前夜（1945—1948）——海事队的成立》，《京乡新闻》1977 年 1 月 31 日。

和海洋资源重要性的认识。可见,韩国的海权意识最初源于对海洋安全的诉求。因此,"海军力"成为韩国海权概念内涵的重要构成要素。

20世纪60年代初,韩国提出外向型经济发展战略,这一战略的实施以海上交通安全和海上运输能力为前提。"海运力"迅速引起人们的关注。随着对外贸易规模的不断扩大,海运能力的需求持续增加。70年代初,在大力发展重化工业的背景下,韩国提出"造船立国"的口号,造船业和海洋运输业得到迅速发展。在战争时期,渔船、商船往往被转变为兵力及军用物资的运输手段,"海运力"起到支撑"海军力"的作用。在和平时期,"海运力"在持续推进外向型经济发展战略的过程中也发挥着重要作用,从最初服务于海军作战向服务于海洋贸易转化。因此,"海运力"也被认可为韩国海权概念内涵的重要构成要素。

随着经济的迅速发展,韩国对资源的需求急剧增长。因陆地面积狭小、资源短缺,韩国很快将资源开发的视线投向海洋。与此同时,联合国亚洲及太平洋经济社会委员会发表的《埃默里报告》在东海大陆架掀起了开发海底油田的热潮,正在召开的第三次联合国海洋法大会也激发了韩国对海洋开发的重视。1970年年初,韩国出台了《海底矿物资源开发法》,1987年年底,又制定了《海洋开发基本法》,逐步将海洋开发纳入法制化的轨道。1976年,苏联海军司令谢尔盖·格奥尔吉耶维奇·戈尔什科夫(Sergey Georgiyevich Gorshkov)出版了 Морская мощь государства(中文译为《国家的海上威力》,英文译为 The Sea Power of the State)一书。他在书中指出,海权是支配海洋的手段,是保护国家利益的手段,是一国为实现国家战略目标运用所有海洋军事的、经济的潜力的能力。海权是包括"海洋考察和开发力""海运力""水产力""海军力"等的综合性概念。[①]此后,除了"海军力""海运力"之外,"海洋开发力""水产力"等作为海权概念内涵的构成要素也进入了人们的视野。与此同时,韩国对海权概念内涵的理解也发生了变化。1977年,韩国国防大学教授、海军上校李善浩撰文指出,在经济资源开发利用的时代,海权

---

① 戈尔什科夫认为海权(sea power)包括七个方面:第一,远洋商船队;第二,捕捞船队;第三,科学考察和勘探船队;第四,利用和开发海洋的科学技术;第五,与海洋相关的各种产业;第六,海洋产业和相关科学家、工程师、技术人员;第七,利用海军的控制力。Sergey Georgiyevich Gorshkov, The Sea Power of the State, Oxford: Pergamon Press, 1979, pp.13-14.

不应只局限于军事力和海运力,其概念构成要素应包括海军力及其基地、海运力及造船和修理能力、水产能力、海底资源开发能力、海洋探查能力等。[①] 1981 年,李善浩又指出,狭义的海权是指军事力,广义的海权是由有形的和无形的要素、军事的和非军事的要素形成的海上综合国力。[②]

　　20 世纪 90 年代初,随着冷战的结束和经济全球化的推进以及《联合国海洋法公约》正式生效、《地球宪章》(Earth Charter)和《21 世纪议程》(Agenda 21)等一系列环境保护国际公约的出台,韩国对海权概念内涵的理解进一步深化。1993 年,海洋学者路克·卡佛士(Luc Cuyvers)在其撰写的《海权:环球旅行》(Sea Power:A Global Journey)中提出,海权不仅是海军力和海运力等利用和控制海洋的能力,还应该是保存和保护海洋的综合能力。[③] 1998 年,路克·卡佛士亲自作序、金成俊翻译的韩文版——《海洋力:世界旅行》在《海洋韩国》连续刊载,深刻影响了韩国对海权概念内涵的认识。90 年代,在始于 80 年代的科技立国战略的推动下,一方面,韩国开发海洋资源的能力大为提高,已具备自主勘探和开发石油能力,但经历了经济高速发展的韩国,正面临日益严峻的环境保护问题;另一方面,科技发展大大推动了海军建设进程。随着海军实力的增强,韩国也开始探讨建设大洋海军的必要性和可行性。这些新情况的出现促使韩国学者纷纷对海权的概念内涵展开进一步探讨。韩国海军本部中校林仁洙认为,海权的构成要素包括"海军力""海运力"以及利用海洋的所有能力(包括水产力、捕鱼力、海底开发力等)。各要素的构成方式是海权＝(海军力＋海运力＋其他利用海洋的能力)×支持体系×意志。[④] 林峯泽等人认为,海权的先天属性包括地理条件、领土特性、国民性格,人为属性包括"海运力""海军力""造船力""水产力""海洋开发力""海洋贸易依存度""海洋人口",海权属性是上述先天属性和人为属性之总和。[⑤] 韩国海事问题研究所研究员金成俊则率先提出将海

---

　　① 参见[韩]李善浩:《超强大国的海上战略与海上势力竞争的趋势》,《国防研究》1977 年第 1 期,第 35 页。

　　② 参见[韩]李善浩:《海上势力和海战武器的发展体系》,《制海》1981 年第 35 期,第 108—109 页。

　　③ Luc Cuyvers, Sea Power: A Global Journey, Maryland: US Naval Institute Press, 1993, pp.xiii-xv.

　　④ 参见[韩]林仁洙:《海洋大国与大洋海军》,《海洋韩国》1997 年第 6 期,第 99 页。

　　⑤ 参见[韩]林峯泽、李哲荣:《对海洋力概念和属性的研究》,《韩国港湾学会报》1997 年第 2 期,第 301—303 页。

洋环境保护能力作为海权概念内涵的构成要素,认为海权包括"海军力""海运力""水产力""海洋开发力""海洋环境保护力";从国家层面来看,战时或准战时最为凸显的要素是"海军力",平时最为凸显的要素是"海运力";未来陆地资源枯竭之时,"海洋资源开发力"是最为重要的要素;随着人口增加、耕地减少而出现粮食问题时,"水产力"便成为重要要素。但就整个世界层面而言,海权最重要的要素是"水产力""海洋资源开发力""海洋环境保护力",而国家层面的"海军力""海运力"的意义相对减少。[①]

21世纪,世界各国对海洋重要性的认识步入一个全新的高度,21世纪被称为"海洋世纪",海洋被称为"第二国土"。海洋在韩国国家发展战略中的地位更加突出,韩国把海洋视为国民生存的空间,将建设海洋强国作为国家发展战略目标。韩国海权概念内涵的要素不仅有"海军力",还包括"海运力""水产力""海洋开发力""海洋环境保护力"等。随着海洋污染防治、海上安全保障、海洋管理效率提高等需求的不断增加,"海洋治理力"的重要作用日益受到关注。可见,韩国海权概念内涵越来越宽泛,已从重视海军力量和海上安全为主的传统海权观拓展为包括海军力量、海上贸易、海洋资源、海洋环境、海洋科技等因素的综合海权观。

二、韩国海权观:力量与能力的谋求

对海权概念的不同理解体现了不同的海权观。韩国在汲取了传统海权概念核心内涵——"力量"的同时,将"能力"纳入其中,处处体现出对"力"的谋求。

海权不是韩国的固有概念,而是从马汉海权理论提出的"sea power"一词翻译而来。马汉的海权理论是论述如何通过夺取制海权以达到控制世界的理论。因此,"sea power"表示的是"海上力量""海上权力",事实上追求的是海洋霸权。韩国在理解马汉海权概念、提出本国海权概念表述、阐释海权概念内涵、界定海权概念定义时充分体现出对马汉海权理论极力张扬"力量""权力"这一核心宗旨的借鉴。韩国学者在20世纪七八十年代最初接触

---

① 参见[韩]金成俊:《对马汉海洋力和海洋史的认识》,《韩国海运学杂志》1998年第26期,第350—351页。

马汉海权理论时,将"sea power"笼统地理解为"海上力量""海上势力""海上权力"。进入 90 年代之后,韩国学者对马汉的海权概念有了更为明确的理解。他们认为,马汉的海权定义有狭义和广义之分。狭义的海权是指"海军力",具体是指制海权;广义的海权是指"海军力"和"海运力"的总和。[①] 韩国对海权概念的表述也固定为"海洋力"。

随着时代的变迁和海洋实践活动的不断拓展,韩国对海权概念即"海洋力"中"力"的理解也逐渐发生变化,从"控制力""压制力"向和平的、积极的、包容的"能力"转化。韩国在高度重视"权力""力量"实现的同时,也关注各项"能力"的提升,"能力"出现在韩国学者对海权概念的认知中。例如,林仁洙提出海权是国家利用海洋保护和增进国家利益的总力量,即国家利用海洋的能力。[②] 又如,金成俊认为,从国家层面来看,海权是一国运用各种海权构成要素,利用海洋实现国家利益的总能力;从地球层面来看,海权是人类为了生存和发展而利用海洋和保护海洋的总能力。[③]

可见,韩国在关注海权之"权力""力量"的同时,也关注"能力",体现了韩国海权观对"力"的强调。而韩国海权观对"力"的谋求,是基于其历史经历、现实需要以及政府政策的塑造与推动。

历史经历打造了韩国不断谋求"力"的惯性思维。海权概念是与现代国家主权相关联的概念,古代王朝的"海上力量"不能被纳入现代海权概念中来。[④] 尽管如此,朝鲜半岛古代王朝的海洋实践活动所塑造的海洋认识,仍对韩国现代海权观产生着深刻影响。统一新罗之前,朝鲜半岛势力林立,为称霸半岛竞相角逐,纷纷向当时东亚地区最强大的势力——中原王朝朝贡,寻求支持以压制竞争对手。在激烈竞争的过程中,新罗逐步壮大,并借唐朝之力统一朝鲜半岛。统一新罗面对日本与渤海国的南北夹击,对外继续借助唐朝之力与之抗衡,与唐朝开展海上贸易,壮大国家实力;对内则运用佛教力量极力宣传海防理念,并依靠张保皋荡平海盗,巩固海防。高丽王朝先与渤海国对峙,后又遭辽、元朝攻击以及女真海盗和日本海盗的袭扰,格外

---

① 参见[韩]林仁洙:《海洋战略的基本概念研究》,《海洋战略》1995 年第 88 期,第 95—101 页。
② 参见[韩]林仁洙:《海洋大国与大洋海军》,《海洋韩国》1997 年第 6 期,第 97 页。
③ 参见[韩]金成俊:《对马汉海洋力和海洋史的认识》,《韩国海运学杂志》1998 年第 26 期,第 351 页。
④ 参见张文木:《论中国海权》,《世界经济与政治》2003 年第 10 期,第 9 页。

重视兴建水军力量,也一度与宋朝开展海上贸易,增进国力。与统一新罗和高丽王朝积极走向海洋不同,朝鲜王朝采取抛弃海洋和岛屿的海禁和空岛政策,海上贸易急剧萎缩,海防力量极为薄弱,最终无力抵御来自日本的海上进攻,在近代沦为日本殖民地。可见,在朝鲜半岛海洋实践历史上,统一新罗前,各种势力为称霸半岛而追逐"力",统一新罗与高丽王朝为巩固王权而壮大"力",朝鲜王朝则因抛弃海洋和岛屿而丧失"力",这种正反两方面的经验和教训促使独立后的韩国深刻认识到"力"的重要性。此外,在朝鲜半岛历史上,尽管形成了统一王权,但这些王权势力在东亚地区依然处于相对弱势的地位。因此,谋求国家强大之"力"始终是历届王权追求的目标。而且在面对外部威胁时,历届王权往往运用借"力"壮"力"的方式加以制衡,甚至政权的独立性往往被置于次要地位。受到历史惯性思维的影响,韩国在理解海权概念与建构海权过程中也格外看重"力"的作用。

现实利益成为韩国继续谋求"力"的驱动力量。韩国是一个三面环海的国家,实现海洋安全利益和海洋发展利益是其两大重要目标。目前,韩国的海洋安全利益威胁呈现出多元化的趋势,既来自传统安全领域,也来自海上恐怖活动、海盗活动、海洋灾害等非传统安全领域。面对上述海洋传统安全利益威胁和非传统安全利益威胁,韩国继续强化对"力"的谋求,高度重视海军力量建设,同时也关注提升海洋开发利用与保护治理等能力。长期以来,韩国实行外向型经济发展战略,这一战略的实施要求韩国加强海洋贸易能力和海洋运输能力。韩国陆地面积狭小,资源相对匮乏,这已成为韩国经济发展的一大阻碍因素。为扭转不利局面,韩国不断提升海洋资源开发能力,挖掘海洋这一巨大的资源宝库,以缓解资源短缺与经济发展之间的矛盾。随着经济的快速发展,海洋环境污染形势日益严峻,为了实现可持续发展,韩国着力强化海洋环境保护能力,加大对海洋环境污染的治理力度。为了保护海洋环境、提高海上运营效率、加强海上安全事故的事前预防、制止非法海上活动,韩国积极强化海洋治理能力,完善和优化海洋安全管理体制。

政府政策展现了韩国持续谋求"力"的坚定意志。建国后,韩国政府对海洋重要性的认识逐步加深。20 世纪 90 年代中期以后,韩国对海洋的开发与治理逐步走向制度化。1996 年 8 月,韩国成立了海洋水产部。2000 年 5 月,海洋水产部主导制定了韩国第一部综合性的海洋发展计划——《第一次海洋水产发展基本计划(2000—2010)》,即《韩国海洋开发基本计划:海洋韩国 21(2000—2010)》(简称《海洋韩国 21》),计划将韩国打造成能够开拓全球海洋基地、经略五大洋的海洋国家。① 2010 年年底,随着《海洋韩国 21》具体实施计划的结束,韩国及时制定了《第二次海洋水产发展基本计划(2011—2020)》。该计划预计到 2020 年将韩国建设成为主导世界的先进海洋强国,具体目标有两个:一是把韩国建设成为世界第五大海洋强国,二是把韩国建设成为主导世界海洋秩序的国家。② 2021 年 1 月,海洋水产部联合相关部门制定了《第三次海洋水产发展基本计划(2021—2030)》,以"转型的时代""生命的海洋""富饶的未来"作为三大发展蓝图。③ 上述三项计划是韩国政府层面的最高海洋综合发展计划,在此基础之上,韩国还在国土、环境、物流、科技、旅游等方面制定具体计划,通过各种计划之间的相互协调,实现提高"水产力""海洋开发力""海洋环境保护力""海洋治理力"等的综合效应。与此同时,为了适应作战环境变化和未来战争,韩国从 2006 年开始出台《国防改革基本计划》,其目标是建设一支信息、技术集约型战斗力量。④

三、韩国海权观:从海洋弱小国家到海洋强国的逻辑转换

韩国海权观经历了从海洋弱小国家到谋求建设海洋强国的逻辑转换,这一逻辑转换既与韩国国力、所处区域安全环境变迁互为表里,也与韩国对国土概念、海洋利益、海军功能的认识变化密不可分。

冷战期间,韩美缔结了军事同盟。作为美苏冷战的前沿阵地,韩国的战略作用是提供陆军军事力量,海上防卫不是韩国承担的任务。因此,冷战期间,韩国没有自己完整的海军战略,主要依靠美国海军提供海上安全保障。尽管在海权观的形成上韩国深受美国影响,但由于严重受制于韩国的国力及东北亚安全环境的影响,这一时期韩国海权观的形成逻辑更多地呈现出海洋实力弱小国家所具有的特点。独立之初,鉴于海防空虚,韩国首先着手建立海防力量,维护海洋安全,开始关注本国海洋利益。韩美同盟建立之

---

① 参见韩国海洋水产部:《韩国海洋开发基本计划:海洋韩国 21(2000—2010)》,2000 年,第 36 页。
② 参见韩国海洋水产部:《第二次海洋水产发展基本计划(2011—2020)》,2010 年,第 49 页。
③ 参见韩国海洋水产部:《第三次海洋水产发展基本计划(2021—2030)》,2021 年,第 6 页。
④ 参见韩国国防部:《国防改革基本计划(2014—2030)》,2014 年,第 11 页。

后,驻韩美军承担了韩国的陆地和海洋安全维护,韩国得以集中力量进行经济建设,海洋发展利益才格外受到关注。韩国一方面在美韩同盟框架下追随美国谋求海洋利益;另一方面,参加联合国海洋法大会,试图在国际海洋法范围内实现海洋利益。此时,韩国的海洋实践尚未达到全面追求海洋权力的阶段,处在逐步积累当中,只能实现部分海权,还不足以引发与周边国家的冲突。因此,韩国海权观的形成逻辑是:筹建海上力量—维护海洋安全—关注海洋利益—积累海洋权力—实现部分海权。

随着韩国国力的显著提升以及区域与国际环境的巨大变化,韩国对自身海洋定位的海权观亦发生调整。冷战结束后,国际环境发生巨大变化。两极格局解体,美国成为世界最强海洋国家,作为其盟友的韩国拥有了更为可靠的海洋安全保障;韩朝关系趋向缓和,中韩、俄韩建立了外交关系,韩国周边安全局势趋于稳定;世界向着多极化的方向发展,韩国赢得在国际社会崭露头角的机会;经济全球化方兴未艾,韩国获得迅速增长国家财富的途径。1996 年 10 月,韩国正式成为经济合作与发展组织第 29 个会员国,加入发达国家行列。① 在周边安全环境良好、经济实力雄厚的条件下,韩国于1996 年提出建设"大洋海军"的口号。进入 21 世纪,韩国积极从海洋实力弱小的海洋边缘国家向海洋强国目标跨越,海权在韩国国家整体战略中的地位迅速提高,韩国的海权发展逻辑已经摆脱海洋弱小国家的地位,向海洋强国目标迈进。虽然韩国于 1996 年成为《联合国海洋法公约》的签字国和批准国,表明其依据国际海洋法维护海洋利益的态度,但鉴于国际海洋法在解决海洋争端中的局限性,韩国更倾向于加强海军建设和借助美韩同盟。2009 年 6 月,美韩发表《美韩同盟未来展望》的联合声明,双方决定在朝鲜半岛、亚太地区和全球三个层面构筑"全面战略同盟"。韩国欲借助美国之力从地区性国家发展成为全球性国家,为此加紧实施国防改革计划,军队特别是海军实力得到极大的提升。韩国计划打造游弋于远洋地区的海军力量,为拓展全球海洋利益提供支撑,在世界范围内尽可能多地实现海权。此时,韩国海权观的发展逻辑是:建设大洋海军—拓展全球海洋利益—追求海洋权力—最大限度地实现海权。

---

① 参见[韩]李东珠:《韩国加入 OECD》,《每日经济》1996 年 10 月 12 日。

韩国涉及自身海洋定位的海权观既受到自身力量与区域、国际力量格局的塑造,也与其对国土概念、海洋利益实现、海军功能的认识变化密不可分。

第一,韩国对国土概念的认识变化。从历史传统上来看,朝鲜半岛古代王朝除了利用海上通道、开展海上贸易、在沿岸地区"兴渔盐之利"外,开发和利用海洋的能力十分有限。因此,其主要在陆地上谋求发展,将自己的经济基础建立在陆地之上,对王权治下领地的认识局限于陆地。受到《杜鲁门宣言》的影响,韩国建国之初即表现出对海洋的关注。1952 年,韩国单方面划定"李承晚线",标明海洋主权范围,体现出对海洋的领土意识。从 20 世纪 50 年代末开始,联合国海洋法大会共召开三轮,最终于 1982 年出台《联合国海洋法公约》,1994 年正式生效。在这一漫长的讨论过程中,韩国对国土的概念逐步从陆地扩展至海洋,形成"海洋国土"这一新概念。按照《联合国海洋法公约》的规定,韩国海洋国土的范围包括朝鲜半岛沿岸、专属经济区、大陆架等海洋区域。而韩国在其第一部综合性的海洋发展计划《海洋韩国 21》中对海洋国土概念做出明确界定,即韩国的海洋国土概念是指为韩国的海洋经济活动所打造的特定空间,不是国际法或法律上规定的概念。为此,韩国放弃单边的、消极的沿岸近海海洋国土管理战略,以海外基地建设、海外资源开发为主要方式,促进综合的、积极的全球海洋治理,开拓全球海洋国土。[①] 这种海洋国土认知对韩国海权观的海洋强国定位产生了重大影响。

第二,韩国对海洋利益实现的认识变化。韩国在实现海洋利益过程中常常表现出与利益相关国家既冲突又合作的双重特性。20 世纪 50 年代,韩国与美国建立了同盟关系,但由于韩国海军力量仍十分薄弱,韩国侧重于维护本国海防安全利益。60 年代起,韩国走上外向型经济发展道路,开始谋求本国海洋发展利益。冷战结束后,随着政治多极化与经济全球化的推进,世界权力的分散化和权力主体的相互依存性日益加深。特别是《联合国海洋法公约》正式生效后,国际海洋秩序结构由以海洋强国为中心的单一主体结构转化为国家—地区—国际社会的多元主体结构,海洋议题也日益多元化。

---

① 参见韩国海洋水产部:《第二次海洋水产发展基本计划(2011—2020)》,2010 年,第 183 页。

韩国对海洋价值的理解亦发生改变,秉承可持续发展理念,确立了开发利用海洋与保护治理海洋相互协调的发展方向。在这一背景下,韩国对海洋利益实现的认识逐渐产生变化,不仅重视自身国家利益,也开始关注地区和国际社会利益,从而增加了韩国与相关国家合作的空间,扩大了建立相互信任的可能性。然而,随着经济的发展和科技实力的提升以及海军力量的增长,韩国的海洋利益需求迅速膨胀,韩国的海洋利益诉求开始超越其主权范围,特别是在意识到《联合国海洋法公约》的局限性之后,韩国依托美韩同盟将其海洋利益诉求迅速拓展至世界各地。其中,半岛周边西太平洋地区是韩国必须掌控的核心利益地区,印度洋地区是韩国保持存在的重要利益地区,远洋地区是韩国一般利益地区。韩国海洋利益的无限拓展,增加了韩国与相关国家发生冲突的可能性。这种大幅度拓展的海洋利益实现手段与区域的认识变化,也极大地塑造了韩国的海洋观。

第三,韩国对海军功能的认识变化。韩国对海军功能的实现区域以及应对的海洋安全种类存在着认识上的变化。20世纪90年代之前,尽管随着海军实力的增长,韩国对海军功能的认识不断发生着变化,但受到以国家为安全主体、以军事安全为核心的传统安全观的影响,韩国海军的功能仍侧重于打击传统海洋安全威胁。随着海军实力的增强,韩国逐步将沿岸海军发展成为地区海军,仍侧重于控制海洋、保障海上交通安全等军事作战功能。冷战结束后,传统安全观逐步转化为新安全观。新安全观主张以互利合作寻求共同安全,对安全主体的认识也逐步由国家扩展至地区、国际社会,甚至包括个人安全和国民安全。20世纪90年代,朝鲜半岛和东北亚地区安全环境趋向缓和,韩国步入世界先进国家行列,经济实力与科技水平大幅提升,韩国的海洋利益不断延伸。在这一背景下,韩国认识到建设大洋海军的重要性和必要性。进入21世纪,韩国确立了向全球拓展海洋利益的目标,大洋海军建设取得长足发展。韩国海军功能从打击传统海洋安全威胁拓展至应对海盗活动、海上恐怖主义、海上走私和贩毒、非法移民等非传统安全威胁。

可见,在韩国国力提升与区域、国际力量变化的塑造之下,在无限性海洋国土观、全球性海洋利益、日益拓展的海军功能实现区域以及日益丰富的海军应对传统海洋安全与非传统海洋安全威胁功能的推动下,韩国完成了从海洋弱小国家到谋求建设海洋强国的逻辑转换。

综上所述,韩国海权观处于从传统海权观向综合海权观过渡的阶段,日益重视"海洋开发力""海洋环境保护力""海洋治理力"等能力的提升。韩国历届政府海洋政策出台的时期与内容深受其发展变化的影响,韩国海洋产业政策、海洋环境政策以及极地政策的制定与实施也在此基础上逐步展开。

第二章 韩国海洋产业政策与实践

韩国《海洋水产发展基本法》第 3 条规定,海洋产业是指与海洋和海洋水产资源管理、保护、开发、利用相关的产业。[①] 具体地说,韩国将海洋产业定义为以海洋空间为基础进行的活动(海洋基础型活动)或从海洋基础活动中派生的开展生产、服务活动(海洋关联型活动)的相关产业。海洋基础型活动是指与海洋资源采集、利用,海洋空间利用或海洋环境保护相关的活动,包括渔业、海洋矿业、海洋新再生能源产业等。海洋关联型活动是指提供海洋活动材料,将海洋产出的产品、服务作为生产的主要要素,或提供海洋利用与海洋保护所必需的基础服务的活动,包括海洋水产品加工与流通业、海洋生物产业、海洋装备产业等。[②] 为了缓解陆地资源紧张状况,拓展国土开发空间,促进海洋产业发展,韩国政府不断调整并完善相关组织机构建设,制定一系列政策法规,推动海洋产业的智能化、绿色化、集群化发展。

第一节 韩国海洋产业管理机构

韩国海洋产业管理机构的中心组织机构是海洋水产部,整个组织体系由海洋水产部及其附属机构、产业通商资源部、国土交通部、文化体育观光部、科学技术信息通信部、农林畜产食品部等组织机构构成,这些部门通力合作,共同推动韩国海洋产业的高质量发展。

---

① 参见《〈海洋水产发展基本法〉修订版》,2022 年 12 月 27 日,https://www.law.go.kr/LSW/lsInfoP.do? efYd=20230328&lsiSeq=246865#0000。

② 参见韩国海洋水产部:《海洋产业的定义》,2014 年 2 月 22 日,https://www.mof.go.kr/article/view.do? articleKey=4723&boardKey=27&menuKey=322。

一、海洋水产部及其附属机构

韩国海洋水产部的起源最早可以追溯至 1948 年 7 月根据《政府组织法》在交通部成立的海运局和在工商部成立的水产局。1996 年 8 月,根据第 15135 号总统令,韩国正式成立海洋水产部。但此时水产厅、海运港口厅、科学技术处、农林水产部、通商产业部、建设交通部等 13 个部、处、厅还在分散处理海洋事务。此后海洋水产部组织体系不断完善,业务范围也逐渐拓展。2008 年,李明博总统进行政府机构改革,海洋水产部业务被分散到国土海洋部和农林水产食品部。国土海洋部分管海洋政策、海运港口、海洋环境、海洋调查、海洋资源开发、海洋科学技术研究与开发、海洋安全等内容;农林水产食品部主要负责水产政策与渔村开发、水产品流通。2013 年 2 月,朴槿惠入主青瓦台后,重新设立海洋水产部,文在寅政府和尹锡悦政府沿用海洋水产部的政府部门设置(见图 2-1)。

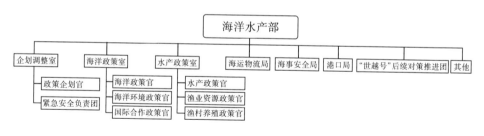

图 2-1　尹锡悦政府海洋水产部组织结构①

2013 年 3 月,韩国恢复海洋水产部,共有 3790 名工作人员。2015 年 1 月,为实现以实地为中心的海洋水产综合行政,韩国赋予“地方海洋港口厅”渔业职能,并将其更名为“地方海洋水产厅”。2017 年 6 月,海洋水产部新设立南海渔业管理团(运营支援科、渔业指导科),废除东海团济州渔业管理事务所。截至 2023 年 4 月,韩国海洋水产部下设企划调整室、海洋政策室、水产政策室、海运物流局、海事安全局、港口局、“世越号”后续对策推进团等主要部门。海洋水产部的目标是通过坚实的海洋产业和安稳的国民生活建设坚实可靠的新海洋强国。为打造坚实的海洋产业基础,韩国计划提

---

① 参见韩国海洋水产部官方网站(https://www.mof.go.kr/ko/im/selectImTreeList.do? menuSeq=630)。

升国际物流产业全球竞争力、培养出口型蓝色食品产业、保障海洋移动产业主导权、激活区域性海洋休闲观光产业。另外,韩国计划营造宜居的岛屿与海岸,应对气候变化,保障海岸安全,营造安稳的国民生活环境。

除了上述主要部门之外,海洋水产部下设国立海洋调查院、中央海洋安全审判院、国立水产科学院等22个附属机构(见表2-1)。

表 2-1　韩国海洋水产部的附属机构

序号	机构名称	机构组成
1	国立水产品质量管理院	运营支援科 检疫检验科 质量管理科 水产防疫科 14 个地方分院
2	国立海洋调查院	运营支援科 海洋观测科 海洋预报科 航道勘查科 海岛水道科 海洋科学研究室 国家海洋卫星中心 海洋调查事务所
3	东海渔业管理团	运营支援科 渔业指导科 安全信息科 作业监视中心
4	西海渔业管理团	运营支援科 渔业指导科 安全信息科 作业监视中心
5	南海渔业管理团	运营支援科 渔业指导科 安全信息科 作业监视中心

序号	机构名称	机构组成
6	釜山海事高中	—
7	仁川海事高中	—
8	釜山地方海洋水产厅	运营支援科 海员海事安全科 港口物流科 海洋水产环境科 航标科 济州海洋水产管理团 釜山港建设办公室
9	仁川地方海洋水产厅	运营支援科 海员海事安全科 港口物流科 海洋水产环境科 航标科 计划调查科 港口开发科 港口维修科
10	丽水地方海洋水产厅	运营支援科 海员海事安全科 港口物流科 海洋水产环境科 港口建设科 渔港建设科 航标科
11	马山地方海洋水产厅	运营支援科 海员海事安全科 港口物流科 海洋水产环境科 港口建设科 渔港建设科 航标科

续表

序号	机构名称	机构组成
12	蔚山地方海洋水产厅	运营支援科 海员海事安全科 港口物流科 海洋水产环境科 港口建设科 航标科
13	东海地方海洋水产厅	运营支援科 海员海事安全科 港口物流科 海洋水产环境科 港口建设科 航标科
14	群山地方海洋水产厅	运营支援科 海员海事安全科 港口物流科 海洋水产环境科 港口建设科 航标科
15	木浦地方海洋水产厅	运营支援科 海员海事安全科 港口物流科 海洋水产环境科 港口建设科 渔港建设科 航标科
16	浦项地方海洋水产厅	运营支援科 海员海事安全科 港口物流科 海洋水产环境科 港口建设科 渔港建设科 航标科

续表

序号	机构名称	机构组成
17	平泽地方海洋水产厅	运营支援科 海员海事安全科 港口物流科 海洋水产环境科 港口建设科 航标科
18	大山地方海洋水产厅	运营支援科 海员海事安全科 港口物流科 海洋水产环境科 港口建设科 航标科
19	中央海洋安全审判院	调查院 审判院
20	国立水产科学院	运营支援科 3部、7所
21	海洋水产人才开发院	教育支援科 教育运营科
22	国立海洋测位情报院	运营支援科 测位信息科 测位技术科

资料来源:根据海洋水产部资料整理。

国立海洋调查院最早可以追溯至1949年11月成立的海军本部水道科。1957年1月,韩国加入国际水道测量组织(International Hydrographic Organization,IHO)。1961年12月,韩国制定《水道业务法》。1963年10月,韩国在交通部下设水道局。1996年8月,海洋水产部国立海洋调查院正式成立。国立海洋调查院的主要任务有四个:一是持续开展海域调查,做好基础数据统计工作。调查陆地与海洋边界的海岸线并提供准确的统计数据;调查专属经济区、大陆架等韩国管辖海域的海底地形,确保基础数据的科学性;在韩国管辖海域建立并运行国家海洋观测网络,收集实时海洋观测数据;安全管理海上实验室和海洋科学基地并促进研究活动;在韩国海域进行海水流量、水温、盐度等基础调查;基于积累的观测数据进行气候变化研究。二是提供保障航行安全的海洋信息,确保航行安全。发行纸质电子海图;通过航行通报、警报提供船舶安全航行所需的最新信息;为保障韩国主要港口船舶安全运行和有效管理港口,提供综合海洋信息;提供韩国主要沿海地区的海洋安全地图,提供实时危险提示服务;通过高性能运算计算机生成365天潮汐和海水流动等预测资料;通过海岸浸水预测度和沿岸灾害脆弱性评估等制定沿岸灾害应对政策。三是加强海洋领土管理,提升国际地位。管理领海基点;对独岛(竹岛)周边海域和南极海底地形进行科学考察;提高东海(East Sea)标记的国际通用率,加强国际活动和国内外宣传;促进太平洋、东海和南极洲的韩文海洋地名国际注册;通过参加国际水道测量组织(IHO)、国际奥林匹克委员会(International Olympic Committee,IOC)、联合国(United Nations,UN)等国际组织的各种国际会议和活动,增强国际地位;通过培养国际水道测量专家并向发展中国家转让海洋技术为国际社会做出贡献。四是支持国民休闲活动,创造附加价值。使用海洋预报广播向公众提供海况信息;利用实时海洋预报指标支持海上休闲活动;提供潮汐信息和实时海滩裂流信息,确保海上休闲活动的安全;提供分布式海洋信息综合服务,保障海洋信息产业振兴;借助国家海事卫星中心推动海洋卫星信息定制化服务;利用沿海洪水预报和沿海灾害脆弱性评估,支持沿海灾害应对政策。

中央海洋安全审判院是根据1961年12月韩国公布的《海难审判法》于1963年1月设立的海难审判委员会,负责通过调查和鉴定海事事故原因,确保海上安全。1971年1月更名为"海难审判院",1999年8月又更名为"中央海洋安全审判院"。中央海洋安全审判院的远景目标是"营造零事故的安全清洁海洋",使命是"建设成世界一流的海上事故调查、审判机构"。中央海洋安全审判院的重点任务有四个:一是提高调查、审判人员的专业性。为提高相关人员的职务能力,开展教育项目,实施以实地为中心的事例研究及教育、培训,塑造以学习和讨论为核心的组织文化。二是构建有效的调查、审判系统。完善科学原因查明系统,加强裁决履行能力、保护弱势群体权益,扩大海洋事故的人为因素调查体系。三是加强海洋事故调查方面的国际合作。引领海洋事故调查国际合作,通过双边合作加强与周边国家的调查合作,落实国际海事组织(International Maritime Organization,IMO)海洋事故的调查。四是巩固海洋事故预防教育。加强与相关机构的事故预防合作,规范应急响应程序防止海洋事故再发,引导海洋安全文化自发落地。

国立水产科学院源于 1921 年 5 月设立的水产试验场。1948 年韩国正式建国后,于 1949 年 4 月设立商工部中央水产试验场。1955 年 3 月设立海务厅中央水产试验场,1961 年 10 月又设立农林部中央水产试验场,1963 年12 月成立农林部国立水产振兴院,1966 年 3 月更名为水产厅国立水产振兴院。1996 年海洋水产部成立后,国立水产振兴院移交至海洋水产部管理,设立海洋水产部国立水产振兴院。2002 年 3 月更名为海洋水产部国立水产科学院。2008 年李明博政府进行政府机构改革,成立农林水产食品部国立水产科学院。2013 年 3 月重新归海洋水产部管理,设立海洋水产部国立水产科学院,一直延续至今。国立水产科学院的使命是"通过海洋水产研究提供政策支持和普及现场技术",将"以创新视角研究可持续海洋水产,以国民幸福为出发点,建立世界一流研究机构"作为远景宏图,设立三大目标:一是扩大海洋水产国内外研究成果;二是扩大水产资源评价鱼种数量;三是提供海洋水产服务,提升顾客满意度。国立水产科学院的主要功能有水产调查、试验、研究,水产植物品种管理及水产技术指导、推广与宣传,水产资源管理及水产工学技术开发,水产增殖、养殖及生命工学技术开发,水产品卫生安全及政策利用的相关研究,水生物疾病研究,海洋环境调查及海洋保护技术研究,水植物相关品种审查及管理,水产技术指导及普及事业的支援,海洋水产领域的气候变化应对与研究等。

二、与海洋产业发展相关的其他政府部门

为了有效推动海洋产业发展,韩国政府组建多个专门组织机构,积极配合海洋水产部开展海洋产业相关工作,负责海洋贸易、海洋资源、海洋交通、海洋旅游观光、海洋科技、海洋水产等领域的政策制定,指导各领域具体实践活动。

（一）产业通商资源部

1948年成立的商工部是产业通商资源部的前身。商工部下设商务局、贸易局、矿务局、水产局、电器局、工业局。1977年，废除商工部矿务局成立动力资源部。1993年，韩国政府统合商工部和动力资源部成立商工资源部。1994年，金泳三政府为提升对外贸易能力，将商工资源部改编为通商产业部。1998年，对外贸易被转移至外交通商部，通商产业部变更为产业资源部。2008年，李明博政府整合了产业资源部的产业、贸易投资、能源政策，信息通信部的信息技术（International Technology，IT）产业政策、邮政事业，科学技术部的产业技术研发政策，财政经济部的经济自贸区企划、地区特色企划功能，成立了知识经济部。2013年，朴槿惠政府增加贸易交涉、自由贸易协定（Free Trade Agreement，FTA）相关内容，新设产业通商资源部，一直持续至今。目前，产业通商资源部下设企划调整室、能源政策室、通商政策室、产业政策室、通商交涉室、贸易投资室、产业基础室、通商合作局、资源产业政策局、核电产业政策局。

产业通商资源部的主要任务包括通过以民营企业为主导的增长型产业战略增强实体经济活力；促进现有产业数字化、绿色化转型，打造新型制造＋服务业；通过目标导向型、成果创造型产业技术研发提升创新能力；引进大规模研发项目，确立领先型技术创新体系；通过科学设计能源政策，推动实现能源安全和碳中和；构建核电站和新再生能源均衡的电源混合和能源供应网，实现"高效率、低消费"型能源结构转型，培育能源新产业；加强新贸易政策，增强产业竞争力；稳定全球供应网及主导"印太地区"新通商秩序，促进数字、服务领域新贸易扩散及国际贸易规范的制定。

（二）国土交通部

1948年11月，韩国成立交通部，负责道路、铁路、航空运输及海运业务。1962年，为高效推进国土开发，新设建设部，将道路相关业务从交通部移交至建设部，使其成为总管产业选址、城市、住宅、水资源业务的中央部门。1994年，为有效应对日益加重的交通、物流问题，建立高效的政府管理体系，韩国政府合并交通部和建设部，成立建设交通部，下设3室6局62科，共有831名工作人员。1996年成立的海洋水产部统合了海运港口厅、水产厅、建设交通部水路局、海难审判院的职能，国立水产振兴院也移交至海洋水产部管理。2008 年,李明博政府上台后,为实现"小但有竞争力的政府"目标,整合海洋水产部和建设交通部,新成立国土海洋部。2013 年,朴槿惠政府上台后进行政府机构改革,将国土海洋部改组为国土交通部,将海洋相关功能从原来的国土海洋部移交给了海洋水产部。2018 年,文在寅政府将水资源保护、利用和开发职能移交给环境部,国土交通部负责国土管理和安全便利的基础设施、交通网构筑等。

国土交通部 2023 年的业务计划由"均衡发展""稳定住宅市场""改革未来交通""促进国土交通产业""安全的生活环境"组成。其中,"促进国土交通产业"要求建立基于法律和相关原则的产业秩序,提升韩国的国际竞争力,支持增强韩国产业竞争力。

(三)文化体育观光部

1948 年 11 月,韩国根据第 15 号总统令设立了公报处,包括 1 室 4 局,即秘书室、公报局、出版局、统计局、广播局。1956 年 2 月,改设总统下属公报室,包括公报局、宣传局、广播管理局。1968 年 7 月,根据第 3519 号总统令设立文化公报部。1990 年 1 月,根据第 12895 号总统令设立文化部。1993 年 3 月,设立文化体育部。1998 年 2 月,设立文化观光部。2008 年 2 月,正式设立文化体育观光部。文化体育观光部负责把握旅游观光领域的整体发展方向,海洋旅游观光虽然主要由海洋水产部负责,但是文化体育观光部政策也涵盖海洋旅游观光事项。韩国文化体育观光部总管文化、艺术、影像、广告、出版、刊物、体育、旅游、国政宣传以及其他政府下达的相关事务,致力于实现"与国民一道将韩国建设为世界一流的文化魅力国家"的目标。

文化体育观光部 2023 年的业务计划设置了六大重点课题。一是"K-文化产品,改变出口格局的游戏产业链"。文化创意公司初创及风险投资周期内加大政府支援,计划投入 7900 亿韩元的金融政策支持,创下历史最高纪录;培养 1 万名文化资讯人才,通过 15 个海外据点扩大文化信息企业进军海外市场,"K-文化品牌"通过"K-博览会"支援相关产业进军海外市场。二是"2023 年,旅游大国建设元年"。发布 2023 韩国访问年"K-文化活动"100 项,在世界 15 个城市举办"K-观光"路演,正式创设青瓦台历史文化观光团。三是"艺术,K-文化的下一代领军人物"。投入 58 亿韩元支持青年艺术家首秀及提升艺术专业大学生的专业能力,支持韩国文学流通平台的运营,建成"艺术韩国实验室"。四是"以文化引领地区均衡发展"。指定 7 个文化城市,对文化薄弱地区进行针对性支持。2023—2033 年计划投入 3 万亿韩元建设"K-观光休养带",刺激"K-观光热门岛屿"等地区观光发展。五是"建设人人享受的弱者友好型文化"。营造博物馆、美术馆的无障碍观览环境,举办首届残疾人体育大赛。六是"重新启航的 K-运动"。设置"国民运动奖励计划",在 20 所志愿学校里建设运动部,培养摔跤等"K-体育"的代表品牌。①

(四)科学技术信息通信部

科学技术信息通信部的宏伟蓝图是"将韩国建设成为全球科学技术强国,实现数字模范国家目标",设置"促进科学研究的开展,培养优秀人才,夯实科技未来发展基础""以软件(Software,SW)强国、信息通信技术(Information and Communication Technologies,ICT)复兴构筑第四次产业革命先导基础""打造以安全的有线、无线网络引领未来成长的广播通信生态系统""打造科技创新生态系统,增强国家研发力量"四大目标。该部门主要负责科学技术政策的制定、汇总、调整、评价及第四次产业革命政策的总体管理,国家研究开发事业的预算审议、调整及成果评价,科技研发、合作、振兴,太空技术的开发与振兴,原子能的研究、开发、生产、利用,科技人才的培养,人工智能的全面融合、扩散(数字日常化),培育数字新产业、强化相关规制的创新,扩充数字优秀人才及地区创新等力量,促进数字媒体及在线平台的成长,网络基础设施的升级及数字访问权的提高,加强网络安全及网络安保应对能力,加强数字时代的传播管理等事务。

(五)农林畜产食品部

1948 年韩国成立农林部,1973 年更名为农水产部,1986 年更名为农林水产部。1996 年海洋水产部成立后,农林水产部更名为农林部。2008 年,韩国整合农林部、海洋水产部水产渔业政策职能、保健福祉部食品产业振兴政策职能,设立农林水产食品部。2013 年,农林水产食品部更名为农林畜产

---

① 参见韩国文化体育观光部:《主要业务》,2023 年 11 月 16 日,https://www.mcst.go.kr/kor/s_about/intro/mainTask.jsp。

食品部,将原水产领域职能划归至海洋水产部,食品安全领域职能划归至食品医药品安全处。同时,农林水产检疫检查本部更名为农林畜产检疫本部,农水产食品研修院更名为农食品公务员教育院。此后,根据韩国农林畜产的现实需要与产业发展趋势,农林畜产食品部不断完善组织结构,提升运营效率。目前,农林畜产食品部下设"企划调整室""农业创新政策室""食量政策室",设有"农林畜产检疫本部""国立农产品质量管理院""农食品公务员教育院""韩国农水产大学""国立种子院"等附属机构。

农林畜产食品部的主要任务是掌管农畜、粮食、农田和水利、食品产业振兴、农村开发及农产品流通相关事务,具体包括保障粮食的稳定供应和农产品的质量管理,确保农业从业者的收入和经营稳定、扩大福利范围,提高农业竞争力、培育相关产业,促进农村地区的开发及国际农业的通商合作,保障食品产业的振兴及农产品的流通与价格稳定。

第二节　韩国海洋产业主要法规政策

为了推动海洋产业的发展,韩国政府以海洋水产部为中心联合农林畜产食品部、农林水产食品部、产业通商资源部等部门制定了一系列海洋产业相关法律,连续三次出台《海洋水产发展基本计划》,并依据不同领域的发展特点制定了具体的海洋产业政策。

一、韩国海洋产业主要法规

(一)《海洋水产发展基本法》

《海洋水产发展基本法》最早制定于 2002 年 5 月。该法旨在合理管理、保护和开发、利用海洋及海洋水产资源,制定政府培育海洋水产业的基本政策及方向,为促进国家经济发展和提高国民福利做出贡献。该法的基本理念是认识到海洋是资源宝库、生活基础和物流通道,对国家经济和国民生活具有十分重要的意义,为海洋水产业的知识化、信息化、高附加值化创造条件,保护公民在海洋中的生命与财产安全,通过追求海洋水产资源的环保、可持续的开发利用,打造留给下一代的富饶而充满生命力的海洋。《海洋水产发展基本法》适用于大韩民国的内水、领海、专属经济区、大陆架等涉及韩国主权、主权权利或管辖权的海域和依据宪法所签订、公布的条约或一般的国际法所批准的韩国政府或国民可以开发、利用和保护的海域。该法对"海洋水产资源""海洋水产业"等关键概念进行明确界定,强调制定或者修改其他有关海洋水产的法律时,应当符合本法的目的和基本理念。

《海洋水产发展基本法》包括总则、附则在内共有 4 章 36 条。第 1 章为总则,介绍立法目的、基本理念、相关概念等内容。第 2 章"海洋水产政策的确立与推进体系"明确海洋水产基本计划的制定与海洋水产委员会等的运行。第 3 章"海洋开发等"包括海洋管理与保护、海洋水产资源的开发与利用、海洋产业的培育等内容。第 4 章"营造海洋水产发展的基础与环境"对研究机关的设置、海洋水产专家培养、海洋水产信息化建设、海洋文化、财政与统计等内容做出规定。

(二)《港口法》

1967 年 3 月,韩国政府制定《港口法》,至今已历经 70 余次部分修订。《港口法》规定了港口的选址、开发、管理及使用相关事项,旨在促进港口开发事业,有效管理和运营港口,为国民经济的发展做出贡献。目前,《港口法》除附则外共有 10 章 113 条。

《港口法》规定,贸易港是指与国民经济和公共利益密切相关、主要由外港船进港、出港的港口。为系统、有效地运营与管理贸易港,考虑到进出口货物量、开发计划和地区均衡发展等问题,韩国将贸易港划分为国家管理贸易港和地方管理贸易港。国家管理贸易港作为韩国国内外陆地、海上运输网据点,处理广域圈腹地货物或支持主要基础产业,对国家利害关系影响重大。地方管理贸易港是以处理地区产业所需货物为主要目的的港口。沿岸港是指主要在韩国国内港口间运行的船舶入港、出港的港口。沿岸港根据地区的条件与特性、港口功能等因素,也可划分为国家管理沿岸港和地方管理沿岸港。国家管理沿岸港是指对国家安全或领海管理具有重要意义,或天气恶化等非常时期以船舶躲避为主要目的的港口。地方管理沿岸港是指以处理地区产业所需业务、运送旅客等为主要目的的港口。韩国政府优先支持国家管理沿岸港的开发。

除法律有特别规定外,指定港口及其设施由国家承担港口管理及设施运营相关费用,地方港口相关费用由地方自治团体承担。值得注意的是,

《港口法》并不适用于军港和渔港。韩国《海军基地法》和《渔村渔港法》分别对军港和渔港的运行与管理做出规定。

（三）《海运法》

1963年12月，韩国颁布《海上运输事业法》。该法旨在维持海上运输秩序，实现公平竞争，促进海运业健康发展，谋求旅客、货物的顺利安全运输，提升用户的便利性，为促进国民经济发展和增进国民福祉做出贡献。1983年12月31日全部修改为《海运业法》，1993年3月修改为《海运法》，后又经过多次修订。

《海运法》规定，海运业是指海上旅客运输业、海上货物运输业、海运中介业、海运代理业、船舶租赁业及船舶管理业。海上旅客运输业是指在海上或与海上相邻的内陆水路上，通过客轮或《船舶法》第1条之2第1款第1项规定的水面飞行船舶运输人或物品或处理相应业务的产业。海上货物运输业是指在海上或与海上相邻的内陆水路上用船舶运输货物或处理伴随业务的产业。海运中介业是指海上货物运输的中介、船舶租赁、买卖的中介产业。海运代理业是指为经营海上旅客运输或海上货物运输的从业者（包括外国从业者）代理通常属于该业务交易的产业。船舶租赁业是指除经营海上旅客运输或海上货物运输从业者外，将本人拥有的船舶（包括决定转移所有权并租赁的船舶）出租给其他人（包括外国人）的产业。船舶管理业是指《船舶管理产业发展法》第2条第1项规定的国内外海上运输从业者、船舶租赁业经营者、官公船运营者、造船所、海上构造物管理者以及其他《船员法》上的船舶所有者委托技术、商业性船舶管理、海上构造物管理或船舶试运行等部分或全部业务进行经营管理活动的产业。

《海运法》规定，政府应每5年制定并公布涵盖船舶供需、船员福利、国际合作等在内的《海运产业长期发展计划》。此外，为促进海运业长期健康发展，增进国际合作，政府支持组建海运团体，并向海运团体或海运业从业者提供资金援助。

（四）《水产业渔村发展基本法》

《水产业渔村发展基本法》（以下简称《水产业基本法》）制定于2015年6月，由7章52条和附则构成。《水产业基本法》规定了韩国水产业和渔村的发展方向和国家政策方向，旨在追求水产业和渔村的可持续发展，为提升国民生活质量、促进国家经济发展做出贡献。该法的基本理念如下：第一，水产业是稳定地向国民提供安全的水产品、为保护国土环境做出贡献的、具有经济和公益功能的支柱性产业，是国民经济、社会、文化发展的基础。第二，水产资源和渔场是稳定供应国民水产品和环境保护的基础，是为水产业和国民经济协调发展做出贡献的宝贵资源，应珍惜利用与保护。第三，水产业从业者应以自律和创造为基础，成长为与其他产业从业者实现均衡收入的经济主体。第四，渔村作为固有的传统文化宝库，应发展成为为国民提供舒适环境的空间，并将其传给后代。

　　《水产业基本法》明确"水产业""水产业从业者""渔业从业者""渔业经营体""生产者团体""渔村""水产物""水产资源""渔场"等定义，规定制定或修改有关水产业、渔村的其他法律应符合本法律。此外，《水产业基本法》明确了国家、地方自治团体和水产从业者、消费者的责任。第一，国家和地方政府要制定并实施综合政策，促进渔业和渔村可持续发展，稳定供应安全水产品，培养渔业人才，稳定水产从业者和渔村居民收入，提高生活质量。第二，水产从业者和渔村居民作为水产业、渔村的发展主体，应努力稳定生产和供应安全优质的水产品，通过提高生产效率和水产业经营改革等，为国家发展做出贡献。第三，生产者团体应通过稳定水产品的供需和改善流通、提高水产业经营效率、提高水产业和渔村的公益性等措施，为水产业和渔村的可持续发展及保护水产业从业者权利做出贡献。第四，消费者要提高对水产业、渔村公益功能的理解，为水产品的健康消费积极努力。

　　此外，1996年以来韩国还制定了一系列海洋产业相关法规，覆盖港口、船舶、渔业、食品等各个领域（见表2-2）。

表2-2　1996年以后制定的海洋产业相关法规

法规名称	制定时间（实施时间）	主管部门
《新港口建设促进法》	1996年	海洋水产部
《环保农渔业培育及有机食品等的管理与支援相关法律》	1997年	农林部、海洋水产部

续表

法规名称	制定时间（实施时间）	主管部门
《渔业协定签订后渔业从业者等的支援与水产业发展特别法》	1999 年	农林部
《渔场管理法》	2000 年	海洋水产部
《女性农渔业从业者培育法》	2001 年	农林部、海洋水产部
《农渔业灾害保险法》	2001 年	农林部、海洋水产部
《农渔业从业者减轻负债特别措施法》	2001 年	农林部、海洋水产部
《海洋水产发展基本法》	2002 年	海洋水产部
《船舶投资公司法》	2002 年	海洋水产部
《农渔业、农渔村特别对策委员会的设立及运营等相关法律》	2002 年	农林部
《水产业合作社结构改善法》	2003 年	海洋水产部
《港务局法》	2003 年	海洋水产部
《自由贸易协定签订后农渔业从业者等的支援特别法》	2004 年	农林部、海洋水产部
《关于提高农渔业从业者生活质量及促进农渔村地区开发的特别法》	2004 年	农林部、海洋水产部
《渔村渔港法》	2005 年	海洋水产部
《港口人力供给体制改革支援特别法》	2005 年	海洋水产部
《新万金事业促进特别法》	2007 年	农林部
《养殖水产品灾害保险法》	2007 年	农林部
《远洋产业发展法》	2007 年	海洋水产部
《食品产业振兴法》	2007 年	农林部、海洋水产部
《农水产生命资源的保护、管理与利用相关法律》	2007 年	农林部、海洋水产部

法规名称	制定时间 （实施时间）	主管部门
《Marina 港口的建设与管理相关法律》	2009 年	海洋水产部
《水产资源管理法》	2009 年	海洋水产部
《农林水产食品科学技术育成法》	2009 年	农林水产食品部、海洋水产部
《农林水产食品投资组合成立及运用相关法律》	2010 年	农林水产食品部、海洋水产部
《钓鱼管理及培育法》	2011 年	海洋水产部
《沿海渔业结构改善及支援相关法律》	2011 年	海洋水产部
《围垦地农渔业利用及管理相关法律》	2012 年	农林水产食品部
《新万金事业促进及支援相关特别法》	2012 年	国土交通部
《船舶管理产业发展法》	2012 年	海洋水产部
《渔村特色发展支援特别法》	2012 年	海洋水产部
《观赏鱼产业培育及支援相关法律》	2013 年	海洋水产部
《改善农渔村居住环境及促进房屋改造的特别法》	2013 年	农林畜产食品部、海洋水产部
《海水浴场利用及管理相关法律》	2014 年	海洋水产部
《水产业渔村发展基本法》	2015 年	海洋水产部
《邮轮产业培育及支援相关法律》	2015 年	海洋水产部
《水产品流通的管理及支援相关法律》	2015 年	海洋水产部
《水产种业培育法》	2015 年	海洋水产部
《农渔业从业者的安全保险及安全灾害预防相关法律》	2015 年	农林畜产食品部、海洋水产部
《水中休闲活动安全及活性化等相关法律》	2016 年	海洋水产部
《海洋产业集群的指定及培育等相关特别法》	2016 年	海洋水产部
《海洋空间规划及管理相关法律》	2018 年	海洋水产部

续表

法规名称	制定时间（实施时间）	主管部门
《环保船舶的开发及普及相关法律》	2018 年	海洋水产部、产业通商资源部
《渔船安全作业法》	2019 年	海洋水产部
《养殖产业发展法》	2019 年	海洋水产部
《智能型海上交通服务提供及促进利用相关法律》	2020 年	海洋水产部
《港口再开发及周边地区发展相关法律》	2020 年	海洋水产部
《无人管理渔业法》	2020 年	海洋水产部
《海洋治愈资源管理及利用相关法律》	2020 年	海洋水产部
《水产食品产业培育及支援相关法律》	2020 年	海洋水产部
《海洋产业集群的划定及培育等相关特别法》	2022 年	海洋水产部
《海洋治愈资源的管理与利用相关法律》	2022 年	海洋水产部
《沿海渔业结构改善及支援相关法律》	2023 年	海洋水产部

资料来源:据韩国海洋水产部网站整理制作。

二、《海洋水产发展基本计划》的制定与实施

韩国国土面积狭小,并且多山地和丘陵,为突破这种发展限制,向海洋进军成为其必然选择。为此,韩国于 2000 年 5 月制定《第一次海洋水产发展基本计划(2000—2010)》(即《海洋韩国 21》),这是韩国海洋水产领域的最上位计划,统领海洋环境、海洋产业等各领域的基本计划。通过执行该计划,韩国海洋竞争力明显上升。为应对新的国际形势和国际开发热潮,韩国于 2010 年 12 月发布了《第二次海洋水产发展基本计划(2011—2020)》。其主要内容包括营造健康安全的海洋环境,提高海洋科技水平,建成东北亚物流中心,发展高水平的海洋旅游产业,拓展全球海洋领土,加强海洋管辖权,最终实现建成海洋强国的宏伟目标。2021 年 1 月,韩国政府发布《第三次海洋水产发展基本计划(2021—2030)》,该计划阐明关于海洋及海洋资源合理管理、保

护、开发、利用以及培育海洋产业等相关问题的政府基本构想和推进目标。

（一）《第一次海洋水产发展基本计划（2000—2010）》

2000年5月，海洋水产部依据《海洋开发基本法》第3条，联合外交通商部、国防部、行政自治部、农林部等10个政府部门以及气象厅、海洋警察厅，共同制定出韩国第一个海洋领域的综合计划——《第一次海洋水产发展基本计划（2000—2010）》。该计划在全面分析21世纪海洋水产发展新形势的基础上，确定韩国海洋合理开发与利用的基本方针，为制定与推进海洋水产政策指明方向。

《第一次海洋水产发展基本计划（2000—2010）》提出了创造有生命力的海洋国土、发展以高科技为基础的海洋产业、保障海洋资源可持续开发三大基本目标，以及海洋产业增加值占国内经济的比重从1998年占GDP的7.0％提高到2030年的11.3％的宏伟蓝图。为实现海洋富国建设目标，海洋水产部提出七大推进战略：一是创造生命、生产、生活相融的海洋国土；二是营造干净、清洁的海洋环境；三是发展高附加值的海洋高科技产业；四是打造世界领先水平的海洋服务业；五是建立可持续发展的渔业生产基础；六是促进海洋矿物、能源与空间资源的商业开发；七是开展全方位的海洋外交，加强与朝鲜的合作。《第一次海洋水产发展基本计划（2000—2010）》聚焦于升级传统海洋产业，创造高附加值的新型海洋产业，提升海洋科学技术水平，增加就业机会，促进经济增长。

《第一次海洋水产发展基本计划（2000—2010）》整合了韩国各个部门相关的海洋业务，10年间，共执行了12个中央行政机关（9个部、3个厅）的211个项目，涉及七大海洋领域。《第一次海洋水产发展基本计划（2000—2010）》极大地推动了韩国港口、渔业、海运服务业等传统、新型海洋产业的发展，取得了切实的成绩。在港口建设方面，韩国集中力量将釜山港、光阳港建设成为东北亚物流枢纽港口，提升韩国港口国际竞争力，打造东北亚物流中心。在渔业方面，恢复水产资源，保障可持续的渔业发展，为确保粮食安全构建远洋产业发展基础。调整水协①组织结构，保障水产业稳定运营。促进渔村观光，增加新的收入来源，加强水产品的安全管理。促进海运服务

---

① 水协是"水产业协同组合"的简称。

业与海洋安全管理现代化。通过优化船舶税租、金融等国内海运制度,持续提升韩国海运产业的国际竞争力。推进基础设施建设,确立先进的海洋安全管理体制。完善相关法律规章制度,保障韩国海事安全。制定《国家海洋科学技术(MT)长期路线图》,持续推进人才、装备等海洋科学基础设施建设。促进高附加值新海洋产业(如海洋旅游业),提升国民的海洋意识,为发展高附加值的海洋产业奠定基础。在该计划的指引下,韩国国家海洋综合竞争力维持在世界第 10 位,造船业综合实力居世界第 1 位,集装箱处理量居世界第 5 位,船腹量[①]居世界第 8 位,水产品生产量居世界第 15 位。[②]

(二)《第二次海洋水产发展基本计划(2011—2020)》

《第一次海洋水产发展基本计划(2000—2010)》的实施,显著地提升了韩国的海洋竞争力,但仍存在一定的局限性。2010 年 12 月,国土海洋部联合相关部门共同制定了《第二次海洋水产发展基本计划》。该计划以《海洋水产发展基本法》第 6 条为依据,是以 10 年(2011—2020)为周期的发展计划,适用于韩国领海、管辖海域以及全球海洋开发前沿阵地。《第二次海洋水产发展基本计划(2011—2020)》是韩国国家海洋水产领域的综合计划,为中央政府和地方自治团体海洋政策的制定及执行指明方向。该计划作为海洋水产领域的最上位计划,统领海洋环境、海洋开发、海洋旅游、海运港口等具体部门计划,是韩国海洋开发、利用与保护方面的国家基本方针。

《第二次海洋水产发展基本计划(2011—2020)》将"保护与管理可持续发展的海洋环境""发展新兴海洋产业,实现传统海洋产业转型升级"和"适应新的海洋秩序,扩大海洋领域"作为三大基本目标。

《第二次海洋水产发展基本计划(2011—2020)》确定了韩国海洋水产发展的"5 大推进战略"和"26 个重点课题"(见表 2-3)。

---

① 船腹量即船舶的数量及其载重量。
② 参见韩国海洋水产部:《第一次海洋水产发展基本计划(2000—2010)》,2000 年,第 26 页。

表 2-3　《第二次海洋水产发展基本计划(2011—2020)》①

5 大推进战略	26 个重点课题
推进战略一： 实现健康、安全的海洋利用与管理	(1)建立海洋污染源综合管理体系 (2)提升海洋生态系统服务质量 (3)构建综合性海岸、海洋空间管理基础 (4)建立海岸地区气候变化的适应、修复体系 (5)推动海上安全管理体系现代化、高端化 (6)实现海事安全领域的国际化
推进战略二： 开发海洋科学技术,创造新成长动力	(7)开发未来海洋资源 (8)研发海洋产业核心技术 (9)开发保护、勘探海洋环境核心技术,实现绿色成长 (10)提升海洋科学技术开发能力
推进战略三： 打造未来高水平的海洋文化旅游业	(11)开发多样的海洋休闲活动 (12)保护与利用海洋旅游资源 (13)开发与整合海洋旅游空间 (14)建立海洋旅游政策综合推进体系 (15)海洋文化多样化
推进战略四： 实现海运港口现代化	(16)主导世界海运市场,强化国际合作 (17)培育有竞争力的海运、港口物流企业 (18)实现绿色海运,建设绿色港口 (19)构建世界超一流枢纽港口 (20)建设环保休闲城市型高附加值港口 (21)加强港口管理,构建港口开发管理系统 (22)提升港口运营效率 (23)培养海事人才
推进战略五： 强化海洋管辖权,保障全球海洋领土	(24)提升海洋领土管理能力,应对全球海洋环境变化 (25)扩张海洋领土,提升全球海洋经营能力 (26)提升韩国和朝鲜的海洋合作

---

① 参见韩国海洋水产部:《第二次海洋水产发展基本计划(2011—2020)》,2010 年,第 12—13 页。

在复杂多变的国际形势下,《第二次海洋水产发展基本计划(2011—2020)》为维持与提升韩国海洋水产业的世界竞争力做出了重要贡献。10 年间,韩国政府有关部门共执行了 26 个政策课题与 222 个实践课题,涉及水产、海运、港口等多个领域。在该计划的影响下,韩国的海运船队居世界第 5 位,集装箱处理量居世界第 4 位,水产品生产量居世界第 14 位,造船订单量排名世界第 1 位。但是该计划仍然存在海岸、渔村地区发展落后,近海水产资源枯竭,海洋水产业创新动力不足,海洋新兴产业发展落后等问题。为此,韩国计划大力改善沿海国民的生活,加快海洋水产业数字化转型,创造新的成长动力;发展海洋休闲与疗养、生物、能源、海洋资源等新兴产业,构建海洋水产大数据收集、加工、流通、利用体系;利用政策性、技术性、产业性方法促进海洋可持续发展,主导极地、海洋生物多样性、能源转型等多样化、国际性海洋议题。

(三)《第三次海洋水产发展基本计划(2021—2030)》

2021 年 1 月,海洋水产部联合相关部门依据《海洋水产发展基本法》[①]共同制定了《第三次海洋水产发展基本计划(2021—2030)》。《第三次海洋水产发展基本计划(2021—2030)》以"转型的时代""生命的海洋""富饶的未来"作为三大发展蓝图。"转型的时代"是指快速适应社会、经济、环境、国际关系等多领域大幅增加的不确定性,各领域的转型[②]以新冠疫情为契机加速到来,价值观从"开发、成长、消费"为中心快速地向"重视生命安全、低碳环保"方向转型。"生命的海洋"是指通过符合时代转型的海洋水产政策,打造沿海渔村居民、以大海为家园的各种生命安全稳定幸福生活的和谐之海,世界人民世世代代共同受益的生命之海。"富饶的未来"是指海洋水产领域将利用 D·N·A(数据 Data、网络 Network、人工智能 AI)为代表的第四次工业革命技术和可再生能源为代表的低碳、环保技术,开发新技术,实现海洋水产业创新增长,保护海洋环境,合理开发利用海洋资源,作为资源宝库的

---

① 《海洋水产发展基本法》第 6 条第 1 款:政府应有效实现该法目标,设定海洋及海洋水产资源合理管理与保护、开发与利用以及培育海洋水产业相关的中长期政策目标与方向,根据总统令规定,每 10 年制定一次海洋水产发展基本计划,并予以实施。

② 包括能源转型(化石燃料→可再生能源)、技术转型(模拟→数字)、产业经济结构转型(高碳→低碳)、人口结构转型(人口增加→减少)。

海洋将为国家和人类提供富饶的未来。

《第三次海洋水产发展基本计划(2021—2030)》的目标是"实现安全幸福的包容之海""数字革新的成长之海""世代与世界相连的相生之海"。"实现安全幸福的包容之海"是指提升海洋从业者的工作环境与国民的海洋休闲活动安全标准;加强水产养殖、流通全过程卫生管理,提供可放心使用的海鲜;在预防灾难方面,使用 AI、大数据技术,保障海岸地区居民的生命与财产安全;加强面临地区消失危机的渔村社会安全网,打造宜居的渔村;改善落后的基础设施,提升岛屿居民的生活质量,促进岛屿旅游;建设与地区发展相适应的港口和国民可亲近的海岸空间。"数字革新的成长之海"是指将数字技术和海洋产业融合,实现海洋水产业的创新增长。引入自动航行船舶、智慧港口、新一代海上交通通信等新技术,实现海运、港口产业提质升级;摆脱传统模拟方式(手记、肉眼确认等),推进水产业全周期的数字化;创造海洋水产数据新价值和市场,促进海洋水产数据经济;积极发展海洋生物、高科技海洋装备、海洋能源等海洋新兴产业,改善以港口、海运为主的海洋水产业结构;扩大企业规模,支持企业进出口,提升海洋水产业国际竞争力,制定以数据为基础的产业分析、展望及政策制定体系;培养智能海洋水产业专业人才,强化以需求为中心的研发力量,构建良性循环的海洋水产业生态系统。"世代与世界相连的相生之海"是指确保海洋的可持续发展,与国际社会相生的海洋。通过开发与普及脱碳、环保技术,建设舒适的海岸、港口;通过以海洋空间规划为基础的海洋利用,修复此前乱开发的海洋与海岸地区,加强海陆环境管理联系,营造不受陆地污染物侵害的安全海洋;在预防非法捕捞的同时,提升海洋保护区的实效,修复水产资源,保护海洋生态系统;主导参与国际海洋水产讨论,提升海洋模范国际地位;在瞬息万变的国际格局中,守护海洋领土主权;加强海洋水产合作,为东北亚繁荣做出贡献。

《第三次海洋水产发展基本计划(2021—2030)》共有"6 大推进战略""18个政策目标"和"50 个政策课题",涉及海洋产业转型、海洋环境保护、海洋国际合作等多领域(见表 2-4)。

表 2-4　《第三次海洋水产发展基本计划(2021—2030)》[①]

推进战略	政策目标	政策课题
推进战略一: 强化海洋水产安全	安心工作的海洋	(1)为海洋水产从业人员营造安全、健康的从业环境 (2)营造安全、安心的海洋休闲旅游环境 (3)先进的船舶及海洋交通安全管理 (4)构建应对传染病的海运、港口防疫体系
	可信赖的新鲜海产品	(5)强化水产养殖的干净养殖基础 (6)构建透明的品质管理、流通体系
	无须担心灾难、灾害的安全海岸	(7)提升以数字为基础的自然灾害预测、评价能力 (8)营造自然灾害事前预防性的海岸、海洋空间 (9)构建海洋水产综合性灾难管理体制
推进战略二: 打造流连忘返的渔村、海岸	共同生活的渔村	(10)加强渔村的社会安全网 (11)营造宜居的渔村
	便捷、迷人的岛屿	(12)方便前往的岛屿,加强连接性 (13)生活便利的岛屿,改善居住条件 (14)向往的岛屿,开发岛屿旅行
	与地区相适合的海岸、港口	(15)营造地域连接、相生的海洋空间 (16)扩大海洋休闲、生态体验观光等特色空间
推进战略三: 海洋水产业数字(digital)转型	海运、港口产业的智慧化升级	(17)构建新一代海运、港口体系 (18)强化海上进出口物流数字竞争力
	水产业的未来产业化	(19)水产业全周期的数字化 (20)使用线上、网络等方式升级水产业流通网
	激活海洋水产业的数据经济	(21)构建海洋水产数据生态 (22)培育海洋水产数字商务

---

① 参见韩国海洋水产部:《第三次海洋水产发展基本计划(2021—2030)》,2021 年,第 iii-iv 页。

推进战略	政策目标	政策课题
推进战略四：实现海洋水产业质的飞跃	创造海洋水产的新产业市场	(23)发展海洋生物产业,开发先进技术 (24)培育海洋休闲旅游业 (25)高科技海洋装备产业市场化 (26)海洋能源、资源开发先进化 (27)创造港口相关产业的高附加值 (28)挖掘并支持水产领域的未来成长动力
	推进传统产业转型升级	(29)提升海运、港口产业的竞争力 (30)支持企业海外进出口及规模化生产 (31)以数据为基础制定政策
	构建良性循环的产业生态系统	(32)提升海洋水产研发(R&D)的实效性及搭建创业成长阶梯 (33)培养智慧海洋水产业专业人才 (34)加强海洋水产领域的研究力量 (35)海洋文化、教育的大众化
推进战略五：环保、合理的海洋利用	建设脱碳、环保的舒适港口	(36)开发应对气候变化的海运、港口技术 (37)改善港口船舶的空气质量
	海洋空间使用、管理最优化	(38)提高海洋空间规划技术 (39)强化海洋空间管理基础 (40)增强海岸和共有水面的公共性 (41)加强海陆连接的环境管理
	保护海洋生态系统多样性	(42)通过恢复水产资源等加强海洋生态保护 (43)强化海洋—水产保护区综合管理 (44)建立自主的海洋环境管理体系
推进战略六：建设引领国际合作的海洋强国	"K-海洋水产"带动国际社会共赢	(45)主导海洋水产领域的国际规则 (46)积极合作强化国家地位
	以坚实的海洋安保守护海洋领土	(47)强化海洋领土主权和主权的行使 (48)扩大安保港口,保障港口安全
	海洋合作推动东北亚共同繁荣	(49)强化东北亚海域合作 (50)持续推进朝鲜和韩国海洋水产合作

《第三次海洋水产发展基本计划(2021—2030)》描绘了韩国 2030 年海洋水产的发展愿景。海洋水产新兴产业①市场将从 2018 年的 3.3 万亿韩元提升至 2030 年的 11.3 万亿韩元;水产业生产量将从 2019 年的 382 万吨增长至 2030 年的 412 万吨;渔户平均收入将从 2019 年的 4842 万韩元增长至 2030 年的 7000 万韩元;港口吞吐量将从 2019 年的 16.4 亿 M/T 提升至 2030 年的 20.0 亿 M/T;控制船队规模将从 2019 年 8500 万 DWT 增长至 2030 年 11250 万 DWT;海洋垃圾量将由 2018 年的 14.9 万吨降至 2030 年的 7.4 万吨。②

三、具体领域的海洋产业政策

(一)港口政策

韩国海洋水产部统计数据显示,韩国贸易依存度为 70%,44 个国家产业园区中有 20 个自带港口或与港口相邻,十大城市(以人口为基准)中有 4 个城市以港口为发展基础,港口在促进韩国经济发展与社会进步中扮演着十分重要的角色。③ 韩国《港口法》规定,海洋水产部应每 10 年制定一次《全国港口基本计划》。《全国港口基本计划》是韩国港口领域最高级别的法定计划,主要包括近年来实施的港口政策成效及评价,国内外海运港口物流条件展望及吞吐量预测,韩国中长期港口政策方向及目标,各港口培育方向、功能再配置及运营计划,各港口中长期开发规模计算及开发计划,港口基础设施中长期投资规模及计划等内容。

1991 年,韩国修订《港口法》,首次增加关于港口基本计划的规定。1995 年,韩国政府制定并公布了《第一次全国港口基本计划(1992—2001)》,计划投资 10 万亿韩元。韩国政府预测海上吞吐量将从 1992 年的 4.6 亿吨(297 万 TEU)激增至 2001 年的 9.2 亿吨(821 万 TEU),但是当时的韩国缺少可持续的港口设施。该计划的主要内容包括针对各区域的发展特色,扩充一定数量的具备综合货物流通功能的港口设施(集装箱码头、大北方、西海圈等);将官营体系转换为民营体系,通过自由竞争提高效率。④

---

① 包括海洋生物、旅游观光、环保船舶、先进装备、能源等。
② 参见韩国海洋水产部:《第三次海洋水产发展基本计划(2021—2030)》,2021 年,第 106 页。
③ 参见韩国海洋水产部:《第四次全国港口基本计划(2021—2030)》,2020 年,第 4 页。
④ 参见韩国海洋水产部:《第四次全国港口基本计划(2021—2030)》,2020 年,第 9 页。

2001 年 12 月,海洋水产部制定出台《第二次全国港口基本计划(2002—2011)》。该计划的主要内容是利用朝鲜半岛的地理优势,培育需求创造型枢纽港,并顺利推进各地区据点港口的开发,将货物流通中心培养成创造附加价值的国家产业。该计划将建设国际性物流基地"全球港口"、物流费用低廉的"高效港口"、高端设施完备的"多功能港口"和面向国民的"亲水港口"作为基本目标。

2006 年,全球港口物流条件发生明显变化,东北亚地区的港口间竞争激烈,进出口货物增加率放缓,转运货物相关的不确定性增加。在此背景之下,韩国制定了《第二次全国港口基本计划修订计划(2006—2011)》。该计划的主要内容是实现港口集群化发展,扩充运输网络,谋求高附加值的质的增长。运营港口需求预测中心,建设吞吐量联动的港口开发系统,推动港口政策从量的增长向质的增长转变。

随着东北亚经济重要性提升,港口功能多样化需求增加。2011 年 7 月,国土海洋部以 29 个贸易港和 25 个沿岸港为对象制定《第三次全国港口基本计划(2011—2020)》,目的是建设物流、休闲、文化相结合的高附加值港口。该计划的主要内容是实现物流、制造、商业、亲水、防灾等港口功能多样化,强化东北亚枢纽港地位,制定各港口特色开发战略,扩充邮轮、码头等海洋旅游基础设施,推进应对气候变化的环保港口建设以及强化防灾功能,扩充落后岛屿地区的基础设施,引进国家管理沿岸港制度等,实现港口的体系化、效率化开发与运营。该计划共设立"韩国港口的高附加值物流中心化""各地区据点港口的国家经济增长动力化""港口空间的海洋旅游观光产业发展支点化""通过建立先进的港口管理与运营体系提升竞争力""建设绿色港口与灾害应对系统""改善落后地区生活并提升守护海洋领土主权能力""韩国港口产业进军海外多元化"等 7 个推进课题。

2016 年,世界经济贸易增长势头放缓,海洋观光休闲基础设施需求增加,海洋水产部在《第三次全国港口基本计划(2011—2020)》的基础上,出台《第三次全国港口基本计划修订计划(2016—2020)》,持续推进物流和休闲文化并存的高附加值港口建设。该修订计划的主要内容是提升港口运营效率,建设高科技港口,积极开发海洋旅游观光业,促进地区特色产业发展,提升海洋领土保护能力,加大对企业海外进出口的支持力度。

2020 年,第四次工业革命技术为港口物流数字化、智能化发展提供契机,韩国预测港口吞吐量将由 2020 年的 16.1 亿吨(2775 万 TEU)增长至 2030 年的 19.6 亿吨(3972 万 TEU)。同年 12 月 30 日,海洋水产部制定并公布《第四次全国港口基本计划(2021—2030)》。该计划以韩国 31 个贸易港和 29 个沿岸港为对象,涵盖港口划分及位置,港口管理运营计划,港口设施未来需求,港口设施供应,港口设施规模和开发时期,港口设施的用途、功能改善及整顿,连接运输网建设,港口设施预备建设用地开发等内容。《第四次全国港口基本计划(2021—2030)》旨在建设具有全球竞争力的高附加值智慧港口,提出"港口吞吐量达到 19.6 亿吨""港口生产总量达到 83 万亿韩元""港口附加价值达到 28 万亿韩元""提供 55 万个港口就业岗位"等四大 2030 年国家港口政策目标。① 该计划共设置四个推进课题。一是建设高科技、环保、高附加值的智慧港口。建设智慧数字化港口,构建高效、环保的港口运营体系,建设和相关产业共同发展的高附加值港口,建设与环保、新产业相协调的可持续能源港口。二是建设引领港口物流、服务的特色港口。通过开发各区域据点港口基础设施,创新服务能力,提升港口竞争力;通过完善腹地运输网及交通体系,加强港口网络化建设;通过扩大沿岸、岛屿地区的社会间接资本项目,加大地区支援力度。三是建设与地区共同发展的相生港口。再次规划港口、城市和海洋空间,促进海洋休闲旅游,建设以人为中心的文化港口。四是建设守护市民、国家和海洋领土的安全港口。建设在灾难灾害中保障市民安全的港口设施防灾体系,提升保护海洋领土能力,建设服务于国民的安全港口。韩国港口基本计划的主要内容与成果如表 2-5 所示。

表 2-5　韩国港口基本计划的主要内容与成果

计划名称	起止年份	主要内容
《第一次全国港口基本计划》	1992—2001	开发地区特色港口,扩充港口基础设施;将官营体系转换为民营体系。

①　参见韩国海洋水产部:《第四次全国港口基本计划(2021—2030)》,2020 年,第 11 页。

续表

计划名称	起止年份	主要内容
《第二次全国港口基本计划》	2002—2011	打造主要创造型枢纽港和各地区支点港口,引进环保的 Water Front 概念。
《第二次全国港口基本计划修订计划》	2006—2011	通过港口集群化、扩充腹地运输网络提质增效,建设吞吐量联动港口开发系统。
《第三次全国港口基本计划》	2011—2020	建设物流与文化、休闲共存的高附加值港口,改善落后地区的基础设施,实施国家管理沿岸港制度。
《第三次全国港口基本计划修订计划》	2016—2020	提升港口运营效率,建设高端港口;扩大结合地区特色的产业,提升港口物流能力。
《第四次全国港口基本计划》	2021—2030	港口功能多样化:建设数字港口、特色港口、相生港口、安全港口。

除《全国港口基本计划》外,海洋水产部港口局还负责《港口再开发基本计划》《港口腹地开发综合计划》等具体计划(见表 2-6)。另外,釜山港、光阳港、仁川港等韩国主要港口也会根据自身的发展战略定期制定中长期发展基本计划。

表 2-6 其他与港口有关的法定计划

计划名称	主管部门	法律名称
《港口基本计划施行计划》	港口政策科	《港口法》第 5 条
《新港口建设基本计划》	港口开发科	《新港口建设促进法》
《港口再开发基本计划》	港口沿岸修复科	《港口再开发及周边地区发展相关法律》
《港口腹地开发综合计划》	港口政策科	《港口法》
《沿岸治理基本计划》	港口沿岸修复科	《沿岸管理法》

（二）海运物流政策

海运产业是韩国海洋经济的支柱性产业。据海洋水产部统计数据显示,韩国有 99.8% 的对外贸易通过海运完成,海上贸易通道是韩国经济发展的"生命线",在韩国经济发展中扮演十分重要的角色。[①] 尹锡悦政府上台后制定了 120 个国政课题,海洋水产部的国政课题之一就是"建设引领世界的海上交通物流体系"。

韩国政府有关部门负责制定《国家物流基本计划》,这是物流领域的综合计划,涵盖海、陆、空物流领域,提出韩国物流的综合发展方向与推进战略。这也是韩国国家物流政策的最优先法定计划,《物流政策基本法》第 11 条规定,《国家物流基本计划》是物流领域最高级别的法定计划,优先于其他法令制定的物流相关计划。该计划与《国土综合计划》《国家基础交通网计划》等相关计划[②]有效衔接。自 2000 年 12 月《第一次国家物流基本计划（2001—2020）》制定以来,共制定五次《国家物流基本计划》（见表 2-7）。2021 年 7 月,国土交通部和海洋水产部联合制定《第五次国家物流基本计划（2021—2030）》。

表 2-7　《国家物流基本计划》的变迁[③]

	第一次 （2001—2020）	第二次 （2006—2020）	第三次 （2011—2020）	第四次 （2016—2025）	第五次 （2021—2030）
蓝图	建设 21 世纪超优良物流先进国家。	建设全球物流强国。	引领 21 世纪低碳绿色增长的全球物流强国。	通过革新物流和创造新产业,建设全球物流强国。	通过物流产业数字智能创新成长和营造相生生态,实现向全球物流先导国的飞跃。

---

① 参见韩国海洋水产部:《第四次全国港口基本计划（2021—2030）》,2020 年,第 4 页。

② 包括《航空政策基本计划》《机场开发综合计划》《国家铁路网建设计划》《海洋水产长期发展计划》《海运产业长期发展计划》《港口基本计划》等。

③ 参见韩国国土交通部、海洋水产部:《第五次国家物流基本计划（2021—2030）》,2021 年,第 4 页。

续表

	第一次 (2001—2020)	第二次 (2006—2020)	第三次 (2011—2020)	第四次 (2016—2025)	第五次 (2021—2030)
目标		目标一：通过物流创造国家财富。 目标二：提升国家物流体系效率。	目标一：支持经济持续增长。 目标二：拉动低碳绿色增长。 目标三：物流产业的高附加值化。	目标一：物流产业创造的工作岗位由59万个增长至70万个。 目标二：物流竞争力指数(LPI)由第21位上升至第10位。 目标三：物流产业销售额由91万亿韩元提升至150万亿韩元。	目标一：物流产业IT利用指数由39.6提升至66.1。 目标二：物流产业工作岗位数量由64.5万个提升至97万个。 目标三：物流产业销售额由91.9万亿韩元提升至140.7万亿韩元。 目标四：国际物流竞争力指数(LPI)由第25位进入到前10位。 目标五：减少温室气体排放。

目标一列第一次：目标一：建设发挥东北亚物流中心作用的物流强国。目标二：建设以高科技物流引领知识型经济的物流知识国。目标三：建设通过增值物流创造财富的物流产业国。

| 推进战略 | 战略一：构建面向物流强国的物流干线网络。
战略二：提升物流技术，促进物流部门软件和硬件有机协调。
战略三：改革物流业体制，增强国际竞争力。
战略四：建设环保物流。
战略五：构建面向世界的国际物流网络。 | 战略一：打造全球物流体系。
战略二：扩充硬件物流基础设施。
战略三：提升软件物流系统。
战略四：培育高附加值物流产业。
战略五：确立物流政策综合推进体系。 | 战略一：通过构建海陆空综合物流体系提升物流效率。
战略二：为提供高品质物流服务扩充软性基础设施。
战略三：加强绿色物流体系建设与物流安全，打造先进物流体系。
战略四：进军全球物流市场，加强物流产业竞争力。
战略五：通过恢复市场功能提高物流产业的竞争力。 | 战略一：为应对产业趋势变化，培育高附加值物流产业。
战略二：随着世界物流格局的变化，扩大进军全球物流市场的规模。
战略三：开发及普及未来应对型智能物流技术。
战略四：营造可持续的物流产业环境。 | 战略一：构建以高科技智慧技术为基础的物流系统，促进数字转型。
战略二：创建共享基础设施及网络连接，实现无缝物流服务。
战略三：创造以人为本的工作岗位和以消费者为中心的高品质物流服务。
战略四：营造可持续的物流产业环境。
战略五：应对新物流需求，提升物流产业竞争力。
战略六：随着全球经济形势变化，战略性进军海外市场。 |

　　除《国家物流基本计划》外,海洋水产部还根据世界海运市场形势变化,每 5 年制定一次《海运产业长期发展计划》。《海运产业长期发展计划》是根据《海运法》第 37 条制定的培育和支持海运产业的综合性国家计划,涵盖海运产业各部门重点推进课题,包括船舶供需相关事项、船员供需和福利相关事项、与海运相关的国际合作相关事项以及其他为海运产业健康发展所需的事项,指明韩国海运政策发展的基本方向,提升韩国海运产业的整体竞争力。

　　韩国海洋水产部共制定 5 次《海运产业长期发展计划》。在《第一次海运产业长期发展计划(2001—2005)》期间,韩国于 2001 年实施济州船舶登记特区制度,建立船员福利雇佣中心。2002 年建立船舶投资公司制度,2003年建立吨税制,2004 年签订南北海运协议书。《第二次海运产业长期发展计划(2006—2010)》的主要成果体现在 2006 年建立国家必需船队制度。《第三次海运产业长期发展计划(2011—2015)》的主要成果是 2015 年制定《邮轮培育法》,设立韩国海运保证保险。《第四次海运产业长期发展计划(2016—2020)》的远景目标是"建设全球海运强国",设立"提升海运产业力量与应对能力""开拓海运新市场,提高市场占有率""打造海运产业新商业发展基础""建设环保安全海运,主导世界海运规范"4 大政策目标和 20 个推进战略,极大地提升了外港海运业销售额和集装箱运输规模,增加就业岗位,减少海运领域温室气体排放。

　　《第四次海运产业长期发展计划(2016—2020)》实施期间,韩进海运于2017 年破产。此后,韩国国内海运产业的销售等主要指标有所下降,全球竞争力有所减弱。韩国虽然保证了新加坡港船级社专用码头和西班牙、荷兰等欧洲的港口物流中心,但是尚未实现《第四次海运产业长期发展计划(2016—2020)》预计的进军海外市场的目标。韩国计划通过利用第四次工业革命技术建设智慧港口和自动航行船舶以加速实现这一目标,因此需要促进技术开发和人力体制改革。在此背景下,《第五次海运产业长期发展计划(2021—2025)》共设置了 4 大推进战略和 13 个重点课题(见表 2-8)。

表 2-8 《第五次海运产业长期发展计划(2021—2025)》①

4 大推进战略	13 个重点课题
战略一:扩充船级社增长基础	(1)船队扩充及服务多元化 (2)提升船队融资活力 (3)构建海运产业风险应对体系
战略二:营造共同成长生态	(4)构建船货主相生合作体系 (5)提升海运相关产业活力 (6)提升沿岸海运的公共性 (7)改善船员工作条件
战略三:扩大数字、绿色水平	(8)智能、数字转型 (9)主导环保海运 (10)培养未来海运物流专业人才
战略四:提高可持续性	(11)保障海上运输市场的竞争秩序 (12)促进海运制度先进化 (13)构建应对全球价值链(GVC)变化的物流网络

战略一是扩充船级社增长基础。韩国政府为了扩大船级社的增长基础,支持环保、高效的新造船订单,扩充远洋集装箱船腹量(装船容量),通过政府追加出资等提高船舶金融活力。此外,韩国还将建设海运产业早期警报系统,开发燃料油价或中小船价等预测模型,加强船级社风险应对管理。

战略二是营造共同成长生态。为了建立海运产业的共同成长生态,将贸易交易条件从买方对船运公司负责的结构改为卖方负责的结构,构建船货主相生合作机制。实行优秀船舶管理从业者认证制,改善船舶管理业登记制度,引进船舶管理信息系统,激活海运相关产业。另外,将国家辅助航线转换为公营制,增加停靠港,增加对偏远城市的援助,设置交通便利设施,加强沿岸海运的公共性。改善外国船员管理制度、劳动条件,引进渔船船员劳动协议规定等,改善海运工作人员的福利条件。

战略三是扩大数字、绿色水平。推进自主航行船舶和智慧港口等技术开发和商用化,推进港口物流系统、智能交通系统之间的数据连接等智能、数字转换。支持环保船舶技术开发和实证,扩充氢、氨等燃料供给的基础设施。

① 参见韩国海洋水产科学技术振兴院:《第五次海运产业长期发展计划(2021—2025)》,2021 年。

战略四是提高可持续性。为了提升计划的可持续性,韩国计划培养2000名"海运—ICT专业"未来型海运物流专业人才。为根除海运产业内的不公平行为,完善相关法律和制度,确保海上运输市场的有序竞争。此外,改善现有的吨税制度和济州国际船舶征税特例的限时制,引进先进的海运制度,提高支持船舶建设投资的积极性。为应对全球价值链(Global Value Chain,GVC)变化,努力加强东北亚物流网络,通过进行北极航线商用化应对项目等建设物流网络。

除《国家物流基本计划》《海运产业长期发展计划》外,海洋水产部还制定《海洋产业集群基本计划》《船舶管理产业培育基本计划》等与海运产业息息相关的政策计划,以确保韩国海运产业的国际竞争力(见表2-9)。

表 2-9　与海运物流产业有关的其他法定计划和政策

计划名称	负责部门	法律名称
《海洋产业集群基本计划》	港口物流政策科	《海洋产业集群的指定及培育特别法》
《船舶管理产业培育基本计划》	船员政策科	《船舶管理产业发展法》
《智慧海运物流拓展战略》	智慧海上物流推进团	—
《智慧海上物流体系构建战略》	智慧海上物流推进团	—
《海运产业领导国家实现战略》	海运政策科	—
《海运重建五年计划》	海运政策科	—

资料来源:根据韩国海洋水产部资料整理。

(三)海洋渔业政策

在《水产业渔村发展基本法》出台之前,《水产振兴综合对策》和《渔业渔村发展计划》是韩国渔业领域政策的主要支柱,为韩国渔业和渔村建设指明方向。韩国早在1953年9月就制定了《水产业法》,旨在通过制定渔业基本制度,实现渔业资源可持续发展,提升人民生活水平,促进国民经济发展。1999年,随着新《韩日渔业协定》的生效,韩国面临着更加困难的渔业发展条件。为稳定正常的渔业作业秩序,韩国制定了《渔业协定签订后对渔业生产人员支持与水产业发展特别法》。该法第18条规定,海洋水产部长官应积极应对国际渔业秩序,提升渔业可持续竞争力,应每5年制定一次水产振兴综合对策。据此,韩国在2000年制定了《第一次水产振兴综合对策(2000—

2004)》,此后共制定了 3 次《水产振兴综合对策》。《渔业渔村发展计划》是根据《农渔业农渔村及食品产业基本法》制定的,旨在确保韩国渔业和渔村的综合竞争力,实现可持续发展。虽然《水产业法》《农渔业农渔村及食品产业基本法》《水产振兴综合对策》和《渔业渔村发展计划》对韩国渔业产业发展具有一定的积极意义,但是这些法律政策无法全面反映出韩国渔业和渔村发展的特殊性和独立性。例如,《农渔业农渔村及食品产业基本法》将渔业和农业、农村领域做出共同规定,无法体现出渔业领域的特殊情况;《水产业法》只对第一产业相关事项做出规定,尚未包括加工、流通、渔村援助等第二、三产业。基于此,2015 年 6 月,韩国制定了《水产业渔村发展基本法》。该法进一步扩大水产业范围,包括将相关产业工作人员列入水产从业者范围,支持水产业整体发展。这有利于提升水产业相关附加值,创造大量的就业岗位,为实现水产业的产业化发展奠定制度基础。

《水产业渔村发展基本法》第 7 条规定,废除《水产振兴综合对策》和《渔业渔村发展计划》,制定《水产业渔村发展基本计划》,该计划包括以下内容:水产业渔村的发展目标与政策基本方向,水产资源可持续利用与自给目标,水产业渔村政策,促进水产业和渔村政策落地的资金筹措方案,将渔场环境、渔场管理海域等考虑在内的水产业生产基础的整顿、加强及保护,其他为推进水产业渔村综合性、计划性发展所需的事项等。2016 年,海洋水产部制定了为期 5 年的《第一次水产业渔村发展基本计划》,该计划空间上适用于《水产业渔村发展基本法》第 3 条规定的渔村范围①和渔场范围②,将水产从业者和渔业从业者③作为资助对象,目标产业的范围包括渔业、水产捕捞运输业、水产品加工业、水产品流通业④。《第一次水产业渔村发展基本计

---

① 渔村范围指在临近河流、湖泊或海洋的地区或者渔港腹地中主要以渔业维持生活的地区。
② 渔场范围指各种水产资源栖息繁殖的淡水水面、海平面、滩涂等可用于渔业生产的地方。
③ 水产从业者是指进行水产品生产、流通、加工行业的经营活动或从事该行业且符合总统令规定标准的人。渔业从业者是指从事渔业经营的人群,捕获、采集或养殖水产资源或在盐田通过自然蒸发海水生产盐且符合总统令所规定标准的人。
④ 根据《水产业渔村发展基本法》第 3 条规定,渔业是指捕获、采集或养殖水产动植物的产业,在盐田通过自然蒸发海水生产盐的产业。水产捕捞运输业是将水产捕捞物或其产品从渔业生产现场运输到卸货地的产业。水产品加工业是指以水产动植物及盐为原料或材料,制造或加工包括食品、饲料或肥料、糊料、油脂等在内的其他产业的原材料或消费品的产业。水产品流通业是指以水产品的批发、零售及由此衍生的水产品的保管、配送、包装和以提供与此相关的信息、劳务为目的的产业。

划》的远景目标是充满活力的水产业、安全的渔村、幸福的韩国,由此设定了
5 个政策目标、20 个主要战略(见表 2-10)与 60 个具体课题。

表 2-10　《第一次水产业渔村发展基本计划》概要①

5 大政策目标	代表性政策指标	20 个主要战略
政策目标一: 稳定的水产品生产	水产品年产量 390 万吨,与现产量 330 万吨相比提高 18%	(1)实现资源管理先进化 (2)实现渔业生产可持续化 (3)推动养殖产业规模化、尖端化 (4)构建海外水产资源生产基础
政策目标二: 安全的水产食品供应	水产食品市场规模达到 12 万亿韩元,与现规模 8.5 万亿韩元相比提高 40%	(5)提高水产食品生产安全性 (6)强化水产食品供求管理 (7)扩建水产食品流通基础设施 (8)提高水产食品产业竞争力
政策目标三: 强化全球网络	水产品年出口额达 40 亿美元,与现出口额 20.7 亿美元相比规模扩大 90%	(9)加强出口竞争力 (10)加强全球合作 (11)加速进军海外市场 (12)建立南北水产合作基础
政策目标四: 增强渔村活力	渔户年收入达 5800 万韩元,由城市务工者收入的 70% 增长为 80%	(13)发展渔村产业 (14)打造干净安全的渔港 (15)繁荣渔村文化 (16)提高渔民生活质量
政策目标五: 保障未来增长动力	渔业附加价值达 3.84 万亿韩元,与现价值 2.97 万亿韩元相比提高 29%	(17)培育新型水产业 (18)促进水产业投资 (19)培养新一代水产业人才 (20)推动水产业融合发展

《第一次水产业渔村发展基本计划》实施 5 年来,在生产、自给率、食品、
出口、渔村、渔业从业者等多个领域取得丰硕成果,但仍存在不足。在生产

---

① 参见韩国海洋水产部:《第一次水产业渔村发展基本计划》,2016 年,第 53 页。

方面,目标达成率为 97.2％,其中海藻类生产的贡献率达到 47.3％。扩大总许可捕捞量(Total Allowable Catch,TAC)制度适用范围(在 12 个鱼种、14 个行业中引进),2019 年制定《渔船安全作业法》,2020 年制定《水产养殖业发展法》,为实现混合饲料义务化奠定法律基础并做好预算保障。但是,沿海养殖鱼类产量由 2015 年的 106 万吨减少为 2020 年的 97.3 万吨,产量已陷入负增长状态。在自给率方面,2020 年自给率目标定为 85.3％,但 2019 年自给率仅为 72.0％,自给率目标值和现实达成数值之间差距较大。在食品方面,大众性鱼种物价年均上涨率维持在 2％左右,流通阶段由 6 个阶段减少为 4 个,但是委托销售场所卫生、产地商品化仍存在些许不足。在出口方面,在世界经济停滞的背景下年出口额达到 23.2 亿美元,虽然和 40 亿美元目标值相比只达到 58％,但综合品牌使用企业的出口额增长了 3 倍以上。水产食品综合品牌(K-FISH)使用企业实绩由 2018 年的 3000 多万美元增长至 2019 年超过 1.3 亿美元。在渔村方面,扩大援助对象和援助力度。2020 年 5 月,实施水产公益直接补贴制,度假村运营数量及体验人数增加,渔家乐度假村及游客数从 2016 年的 87 处 118 万人增长至 2019 年的 103 处 150 万人。在渔业从业者方面,2016—2020 年水产业经营者资金支援规模由 3 亿韩元扩大至 5 亿韩元。2020 年制定《青年农渔民法》,扩大创业住房资金资助规模,由 2016 年的 300 亿韩元提升至 2020 年的 1000 亿韩元。

2021 年 3 月,海洋水产部制定《第二次水产业渔村发展基本计划(2021—2025)》,设置"年产量 425.7 万吨,自给率达到 79.0％""水产食品产业规模达到 13.8 万亿韩元""渔民年收入达 6059.3 万韩元""水产品年出口额达 30 亿美元""渔业附加价值达 5.1 万亿韩元"等五大发展目标。[1] 为实现"面向国民共同未来的水产业和渔村"的远景目标,该计划设置 5 大目标、10 大战略、30 个推进课题和 90 个具体课题(见表 2-11)。

---

[1]　参见韩国海洋水产部:《第二次水产业渔村发展基本计划(2021—2025)》,2021 年,第 63、82 页。

表 2-11　《第二次水产业渔村发展基本计划(2021—2025)》①

5大目标	10大战略	30个推进课题	90个具体课题
可持续发展的水产业生产、管理体系再调整	为应对全球价值链(GVC)重组,优化水产业生产结构	以资源管理型渔业推动沿海渔业资源恢复	(1)转换为以总许可捕捞量(TAC)制度为中心的资源管理型渔业 (2)优化沿海渔业结构及制度 (3)加强国内非法渔业监视网建设和管理
		将养殖产业转换升级为优质生产体系	(4)建立综合防治养殖体系 (5)制定养殖业行业标准,建设生态系统 (6)完善养殖管理制度,发展自律型责任养殖
		改善远洋渔业工作环境	(7)扩大远洋渔船安全基金使用范围 (8)扩大远洋渔业工作环境改善项目 (9)加强区域渔业管理机构合作
	为克服气候、环境危机,构建良好的水产业生产环境	应对气候变化,修复海洋生态系统	(10)提高沿岸生态系统健康性(打造海洋森林等) (11)建设水产资源恢复对象所属鱼种产卵、栖息地 (12)扩大健康水产苗种放养认证制度
		应对环境污染,整顿水产业生产环境	(13)推动清洁渔场再生事业及渔场重新部署 (14)减少养殖场海洋垃圾(泡沫塑料浮标等) (15)实现沿海渔业渔具管理体系先进化
		加强水产领域灾难应对	(16)开发气候变化应对、适应技术 (17)升级养殖场有害生物出现及扩散预测系统 (18)做好灾害脆弱性评估及灾害指导

① 参见韩国海洋水产部:《第二次水产业渔村发展基本计划(2021—2025)》,2021年,第83页。

续表

5大目标	10大战略	30个推进课题	90个具体课题
实现消费者中心价值的水产品供给	构建可持续的鱼类食物系统	改善水产品自给率及稳定供需	(19)以主要水产品为中心转换自给率管理 (20)稳定大众性鱼种供求及价格 (21)稳定养殖水产品供求
		加强水产品卫生安全管理	(22)强化水产食品危害因素的事前安全管理 (23)加强产地和流通过程管理 (24)构建轴辐式（Hub & Spoke）新鲜物流体系
		构建水产品生产者—消费者互利互惠合作体系	(25)建立区域性水产食品流通体系（生产—加工—流通—消费—再利用） (26)推进水产品包装事业 (27)扩大公共部门供餐等水产食品供给
	强化疫情后的水产食品产业适应力	消费者亲和性流通基础设施革新	(28)推进委托销售场所清洁启动事业 (29)推动产地、消费地流通设施现代化 (30)构建活鲜鱼综合流通系统
		强化水产品的流通构成功能	(31)支持构建新鲜流通体系 (32)改善水产品标准规格 (33)扶持水产食品加工包装事业
		培育消费者定制型水产食品产业	(34)构建水产食品园区 (35)开发定制型（特殊用途、各年龄段等）水产食品 (36)推动区域特色水产食品加工产业化

续表

5大目标	10大战略	30个推进课题	90个具体课题
建设活力满满的工厂与幸福宜居的家园	建设活力满满的工厂	赋活渔村产业	(37)培育渔村融复合产业 (38)培养社会性水产经济组织 (39)构建渔业基础设施共享基础
		营造安全的工作环境,改善从业人员雇佣条件	(40)加强渔业人员安全灾害防范工作 (41)完善渔船船员劳动、监督法律制度 (42)改善外国从业人员雇佣条件,推动住房补贴事业
		消除渔业者收入及福利灰色地带	(43)改善渔业者和渔船船员的福利 (44)实行及扩大公益补偿金制 (45)优化女性渔业者福利、培养工作
	构建共同幸福生活的家园	加强渔村共同体维持	(46)改善渔村型生活服务传达体系 (47)构建共同体地区网络 (48)加强归渔、归村定居支援
		再现区域主导的渔村、渔港	(49)充实渔村新政事业 (50)利用闲置空间搞活民间投资 (51)建设海岛、渔村能源自给村
		扩充和开发以使用者为中心的渔港设施	(52)特色渔港类型重组及扩大开发 (53)推进和扩大清洁渔港事业 (54)渔村、渔港环境整治
提高水产业全球地位	提高韩国品牌全球竞争力	加强水产品出口扶持	(55)加强水产食品质量优势 (56)扩大海外市场,提高海外知名度 (57)建立非面对面出口支援体系
		迅速应对国际贸易环境变化	(58)在水产领域应对WTO、FTA (59)制定国际规范先行应对体系 (60)应对出口非关税壁垒
		加速进军海外市场	(61)扶持开拓海外渔场等 (62)支持水产业进军海外市场 (63)培养国际水产专业人才

5大目标	10大战略	30个推进课题	90个具体课题
提高水产业全球地位	加强国际标准执行及合作	执行国际标准	(64)加强IUU(非法、不报告、不管制)渔业管理 (65)加强民间养殖规范应对 (66)加强应对海洋哺乳类保护法等双边协商
		扩大国际合作	(67)加强合作打击东北亚非法捕捞 (68)推进南北水产合作 (69)扩大多边援助事业
		应对水产业气候变化	(70)加强应对气候变化的国际合作 (71)支持生产领域节能事业 (72)加强环保渔船技术开发
升级为未来成长型产业	水产业智能化	构建智能生产体系	(73)开发基于AI的智能渔业管理系统 (74)建立ICT技术嫁接养殖生产体系 (75)建设安全、管理型智能渔港
		使用智能技术实现非面对面事业化	(76)扩大非面对面水产品流通 (77)建设智能加工厂 (78)构建以需求预测为基础的水产品消费生态系统
		实现全周期数字化及加强基础建设	(79)数字平台建设与整合 (80)构建水产业数字安全网 (81)应对数字相关新产业法律、法规
	扶持培育新型水产业,支持创业	培育新产业,创造就业岗位	(82)发展包括种子、观赏鱼等在内的生物经济 (83)构建渔船建造价值链 (84)培育新技术专业人才
		全方位支持水产企业	(85)准备创业成功模式 (86)运行全周期创业扶持体系 (87)系统培养全球水产企业

5大目标	10大战略	30个推进课题	90个具体课题
升级为未来成长型产业	扶持培育新型水产业,支持创业	构筑国民共享的休闲空间	(88)提升国内外游客渔村体验观光吸引力 (89)扩充休闲船舶定制型渔港设施 (90)发展资源友好、环境友好且利于安全的垂钓

(四)海洋旅游观光政策

随着国民收入水平的提升,韩国文化和休闲方式发生明显变化,多样化的体验型活动与休闲型活动广受欢迎,旅游观光活动的中心也由内陆逐步向海洋空间扩展,公众对潜水、海洋生态体验等海洋休闲活动的兴趣大大增加。在此背景下,韩国政府制定一系列法律政策,开发多种海洋休闲观光活动,以应对国民日益增长的海洋观光需求,激发海洋旅游观光业的巨大发展潜力。

韩国文化体育观光部和国土交通部主要负责制定韩国旅游观光业发展政策,海洋旅游观光业主要由海洋水产部负责。文化体育观光部主管的法律《观光振兴法》旨在创造旅游条件,开发旅游观光资源,培育旅游观光产业,为发展韩国旅游观光业做出贡献,但是该法在一定程度上忽视了海洋领域的旅游观光资源开发。海洋水产部的海洋旅游观光业发展政策大多只依赖于《海洋水产发展基本法》《海水浴场利用与管理相关法律》《Marina 港口建设及管理相关法律》《邮轮产业培育及支援相关法律》等个别法律。考虑到海洋旅游观光需求激增以及海洋旅游观光业的巨大发展潜力,越来越多的韩国政府官员意识到制定《海洋观光振兴法》对发展海洋产业的重要意义。2023 年 4 月,韩国就制定《海洋观光振兴法》举行立法听证会,探讨制定《海洋观光振兴法》的可行性、基本方向与政策等相关内容,加快立法步伐。

《海洋水产发展基本法》要求政府制定海洋旅游观光发展促进政策。[①]

---

① 《海洋水产发展基本法》第 6 条:政府每 10 年制定一次海洋水产发展基本计划,其中应包括海洋产业(海运、港口、水产、海洋旅游等)的发展相关事项。《海洋水产发展基本法》第 28 条:(1)政府应制定并实施发展海洋观光的必要政策。(5)海洋水产部部长为支持并发展海洋休闲运动,应制定海洋休闲体育振兴基本计划。

《第一次海洋观光振兴基本计划》设立 41 个推进课题,为振兴海洋休闲观光产业提供政策支持。2013 年 12 月,海洋水产部海洋政策室制定《第二次海洋观光振兴基本计划》,该计划的实施时间是 2014—2023 年,主要适用于韩国主权所涉及的领海、管辖海域以及与海洋相邻的海岸地区。《第二次海洋观光振兴基本计划》将"建设品位与魅力兼备的东北亚海洋观光枢纽"作为宏伟蓝图,提出了"通过传播海洋休闲文化实现国民幸福"和"通过培育海洋休闲、旅游观光产业发展创造型经济"两大政策目标。为此,《第二次海洋观光振兴基本计划》提出了 5 个战略课题和 17 个具体推进课题(见表 2-12)。

表 2-12 《第二次海洋观光振兴基本计划》①

5 个战略课题	17 个具体推进课题
兼具休息与康复的幸福海洋旅游观光	(1)推进海水浴场四季利用 (2)发展海洋疗养旅游 (3)建设海洋休养空间 (4)推进老旧港口向海洋亲水空间改造
兼具体验与学习的快乐海洋旅游观光	(5)促进生态旅游观光 (6)扩大海洋休闲体育基础 (7)发展 Marina(游艇码头)产业
兼具文化与艺术的美好海洋旅游观光	(8)挖掘海洋文化资源 (9)扩充海洋文化设施 (10)打造海洋文化城市品牌
有生活故事的深情海洋旅游观光	(11)渔村观光资源化 (12)营造有主题的海岸 (13)促进岛屿观光
慕名而来的全球海洋旅游观光	(14)建设东北亚邮轮枢纽 (15)构建国际 Marina 网络 (16)将丽水博览会场打造为国际海洋观光枢纽 (17)参与国际性会议与活动

---

① 参见韩国海洋水产部:《第二次海洋观光振兴基本计划》,2013 年,第 22 页。

2021 年 1 月海洋水产部制定的《第三次海洋水产发展基本计划》对未来 10 年韩国海洋旅游观光业的发展目标做了较为详细的说明,"培育海洋休闲旅游观光业"是推进战略四"实现海洋水产业质的飞跃"的重要组成部分,指明韩国海洋旅游观光业的发展方向。

第一,培育四季都可以享受的海洋旅游观光产业。为应对日益增长的海洋旅游观光活动需求,推动海水浴场全年开放和空间的多元化利用,改善海水浴场内玩水区域和水上休闲区域的管理制度,构建海水浴场自由环境管理力量提升体系。为解除水中及水上休闲活动的限制,完善相关法律、制度,扩大海上、海中旅游观光地,支持室内海洋休闲设施及便利设施的建设项目。建设定点综合海洋休闲观光设施、海洋休闲 AR 主题乐园、海洋休闲安全中心等海洋休闲观光基础设施。根据海洋休闲观光产业类型、成长阶段的不同,制定有针对性的支持政策和相关措施,以吸引外国海洋休闲游客。

第二,通过培育海洋疗养产业,保障国民海洋休养权。建设海洋疗养中心与海洋疗养区域,使用物联网(IoT)建设智慧海洋疗养基础设施,增加参与性。为实现海洋疗养产业化发展,新设民间领域,培养专业人才,通过扩大海洋疗养研发(R&D)挖掘海洋疗养资源,制定区域特色方案。

第三,扩大 Marina 和邮轮旅游产业。建设突出 Marina 港口娱乐功能的市民亲水空间,构建环保的 Marina 港口管理模式。为促进 Marina 船舶租赁服务,Marina 船舶维修、保养业等民间产业,制定相关法律、制度,培养专业人才。通过 Marina 产业研发,支持相关企业品牌开发、经营咨询等。分析中国、日本、俄罗斯等东北亚邮轮旅游市场的特殊性,以及邮轮商品开发合作、宣传等,引导邮轮市场多元化,加强与自治团体的合作。改善沿岸邮轮定点城市的选择以及容纳现状,开发沿岸城市间的连接航线及商品,通过客轮现代化等促进沿岸邮轮发展。将具有独特的自然环境、已经开发为旅游景点的郁陵岛、巨济外岛、长沙岛海上公园及有开发可能性的岛屿开发成邮轮游客停靠港。减免港口设施使用费,构建出入境审查系统,扩充安检装备,提供停靠港旅游观光信息等制度性支持政策。

2022 年 12 月,文化体育观光部联合多个政府部门共同制定《第六次观光振兴基本计划——与 K-culture 同行的观光魅力国家》。海洋水产部作为参与部门之一,主要负责海洋领域的休闲观光产业发展与产业升级,以"促进海洋休闲观光产业发展与产业再跨越"。2021 年韩国文化观光研究院数据显示,新冠疫情后户外休闲活动需求增加,将"海洋"作为旅行首选的人数增加,海洋成为韩国国内旅行的热门目的地。虽然现在韩国正在不断完善海洋休闲观光基础设施、产业相关的法律和制度,但是对海洋观光需求的容纳能力十分有限。例如,现在 Marina 停靠设施的游艇容纳能力仅为 8.3%,日后如果没有进一步开发,预计 2029 年将降至 5.8%。[①] 此外,韩国也缺少闻名海外的观光胜地和达到国际先进水平的观光基础设施。海洋水产部负责的海洋旅游观光部分的主要内容有 3 个,即"与全体国民共同享受的海洋观光""与企业共同成长的海洋观光""与区域同步发展的海洋观光"。

"与全体国民共同享受的海洋观光"要求扩充基础设施、丰富海洋活动内容、增强活动的参与性。韩国计划扩充海洋休闲活动基础设施,打造综合海洋休闲旅游城市,2023—2024 年制定总体规划,2024—2025 年进行选址、规划制定、可行性调查,自 2026 年起正式开始设计与建设。在现有的蔚珍、昌原、丽水、安山、釜山等 6 处海洋休闲观光场所的基础上,在地方自治团体建设 4 处定点 Marina 休闲船舶停靠设施,船舶保管、维修设施,俱乐部住宅等体验型海洋休闲观光活动场所。通过打造休闲型、治愈型、自然生态型、乡村体验型等不同形式的主题海水浴场,建设 1 所体验型钓鱼学校,丰富海洋休闲观光的活动内容。举行连接区域盛典和海洋体育节的观光休闲活动,构建有针对性的海洋旅游观光信息提供系统,改善目前正在运营的"制定海洋旅行日程"的功能与内容。

"与企业共同成长的海洋观光"包括 Marina、邮轮、海洋疗养和创业支持四部分。通过与 Marina 商务中心连接,构建覆盖休闲船舶制造—修理—销售全过程的产业生态,通过产业集群发挥协同效应。韩国计划在首都圈附近建设 Marina 商务中心,在釜山、统营的腹地建设产业集群。2019—2025年,釜山 Marina 商务中心预计投入 474 亿韩元;2019—2024 年,统营 Marina 商务中心预计投入 190 亿韩元。自 2022 年 10 月恢复邮轮旅行以来,韩国就

---

① 参见韩国文化体育观光部等:《第六次观光振兴基本计划——与 K-culture 同行的观光魅力国家》,2022 年,第 71 页。

开始进行邮轮基础设施和观光基础设施的修复工作。通过调查资源分布现状及效能发挥机制,做好海洋疗养资源的管理与利用,按时建成海洋疗养中心。[①] 对大学生及其他有意创业人士提供创业支持,挖掘有商业价值的旅游观光产品,提供咨询、资金、开拓销路等事业支持。[②]

"与区域同步发展的海洋观光"主要包括改善旅游观光基础、丰富旅游观光资源、推进岛屿观光。改善渔村基础设施,改善海上交通条件,提升综合体验空间,完善渔村休闲娱乐体验设施。丰富渔村体验休养村的体验内容,升级沙滩市场、潜水设施、环保露营设施等活动设施。建设各区域海洋庭院中心、国家海洋博物馆、国家海洋科技馆、海洋生态科学馆等公共基础设施,同时建立综合中心与地区访问者中心,负责世界自然遗产中滩涂的保护、管理与宣传工作。促进滩涂旅游,划定滩涂生态村,培养滩涂解说员。2026 年,韩国计划建设 50 处系留场,并实现客轮靠岸设施现代化,以支持游艇环游全国小岛屿,促进岛屿旅游观光发展。为顺利实施《第六次观光振兴基本计划》的内容,海洋水产部计划制定《第二次水中休闲活动基本计划(2023—2027)》《第二次 Marina 港口基本计划修订计划(2025—2029)》。除法定计划外,还将制定《综合海洋休闲观光城市总体规划(2023—2024)》《Marina 产业推进战略(2023)》等。另外,修订《Marina 港口法》,为促进海洋 Marina 旅游观光奠定基础。

（五）海洋新兴产业政策

海洋具有无限的可能性,海洋新兴产业是潜在的海洋经济增长动力源泉。目前,欧盟、中国、美国、日本等主要国家和国际组织已经战略性地将海洋新兴产业视为未来成长动力。经济合作与发展组织（Organization for Economic Co-operation and Development，OECD）将海洋产业分为海运、造船、渔业、水产加工、海洋旅游观光等传统海洋产业和伴随海洋开采、新再生能源等高科技技术的海洋新兴产业。据经济合作与发展组织预测,世界海洋水产业的附加价值将从 2010 年的约 1.5 万亿美元增长到 2030 年的约 3

---

①　2019—2023 年在全罗南道莞岛、2020—2024 年在忠清南道泰安、2020—2025 年在庆尚北道蔚珍、2020—2025 年在庆尚南道固城建设海洋疗养中心。

②　参见韩国文化体育观光部等:《第六次观光振兴基本计划——与 K-culture 同行的观光魅力国家》,2022 年,第 72 页。

万亿美元,增长 2 倍左右。随着韩国主导世界市场的海运、港口、造船等传统海洋领域的增长迟滞,其海洋产业面临困境。占韩国海洋产业销售额45.1%的造船业因核心技术不足,很难创造附加价值。占韩国海洋产业销售额 31.6%的海运业也深受世界海运市场低迷的负面影响。主导创新成长的海洋装备、海洋旅游观光、新再生能源、海洋资源开发等海洋新兴产业在韩国海洋产业中所占的比重较小。2018 年,韩国海洋水产开发院(Korea Maritime Institute,KMI)预测,海洋新兴产业市场规模将从 2017 年的 1638 亿美元增长到 2030 年的 4749 亿美元,年均增长 8.5%。[1]

韩国三面环海,拥有相当于 4.4 倍陆地面积的海洋管辖权,海洋生物、海洋能源等未来战略资源丰富。韩国的海运业、港口业等主要海洋产业的竞争力已经达到世界领先水平,具有跃升为海洋新兴产业领导国家的潜力与能力。为此,韩国海洋水产部于 2019 年 10 月 10 日通过《海洋水产新产业革新战略》,提出了"通过海洋水产新产业建设海洋富国"的远景目标。该政策旨在培育海洋生物、海洋观光、环保船舶、高端海洋装备、海洋能源等五大核心海洋新产业,实现海洋水产智能化发展,营造海洋水产创新生态,包括将海洋水产新产业市场规模由 2018 年的 3.3 万亿韩元扩大至 2030 年的11.3 万亿韩元、开发先进海洋产业技术(从 2018 年达到最高技术国家的80%提升至 2030 年达到 95%的水平)等战略。[2]

2022 年 8 月,韩国总统尹锡悦根据海洋水产部业务报告,提出海洋新兴产业作为国家战略产业具有十分重要的意义,韩国应该积极发展海洋新兴产业。同年 12 月,海洋水产部制定《海洋水产新兴产业培育战略》,并在国务会议上进行报告。《海洋水产新兴产业培育战略》选中环保船舶、智慧蓝色食品、海洋休闲观光、海洋生物、海洋能源等五大新兴海洋产业领域,提出政府将在 2027 年前把约 15 万亿韩元的海洋新兴产业市场规模扩大至 30 万亿韩元,培养 2000 家有成长潜力的企业,确保环保船舶、自动航行船舶 4.0、数字通信、海洋绿氢和智慧蓝色食品等五项技术处于全球前 10%。另外,为

---

[1] 参见《海洋新兴产业》,2021 年 12 月 7 日,https://www.korea.kr/special/policyCurationView.do? newsId=148866732。

[2] 参见《海洋新兴产业》,2021 年 12 月 7 日,https://www.korea.kr/special/policyCurationView.do? newsId=148866732。

提升海洋新兴产业技术水平,将增加研究开发投资,将创业投资支持中心扩大至 11 处,每年挖掘 400 家以上的创新企业。海洋水产部以到 2030 年获得世界第一的环保船舶订单量为目标,引领低碳、无碳燃料环保船舶技术开发,推进完全自动航行船舶的核心技术国有化。韩国还计划开发高精密卫星导航修正系统,将海洋上定位信息的误差范围从目前的 10 米降低到 5 厘米。此外,韩国还计划利用潮汐能等海洋能源,将海水电解后生产的绿色氢气充当 2040 年国内绿色氢气生产目标的 10%,即 12 万吨。[①]

在海洋生物产业领域,韩国相继颁布《促进海洋生物产业基本计划(2021—2030)》和《海洋生物产业新成长战略(2022—2027)》等促进海洋生物产业发展的政策。2021 年 1 月,海洋水产部等有关部门联合制定出台《抢占全球海洋生物市场战略——促进海洋生物产业基本计划(2021—2030)》。该计划共设置"打造产业基础"和"海洋生物研发创新"两大战略。"打造产业基础"要求实现海洋水产生命资源保护与管理体系化,大量供给中间材料,支持产业化发展。"海洋生物研发创新"要求支持成果连续型研究开发,集中投资问题解决型研发(改善海洋环境、创新海洋水产业、开发新材料)。

2022 年 7 月 28 日,海洋水产部等有关部门制定《海洋生物产业新成长战略(2022—2027)》,旨在"将高科技海洋生物产业打造成未来发展的创新动力"。该战略设置了三大目标:一是韩国国内海洋生物产业市场规模从 2020 年的 6400 亿韩元增长至 2027 年的 1.2 万亿韩元;二是韩国国内海洋生物产业雇佣规模从 2020 年的 4400 名增长至 2027 年的 13000 名;三是海洋生物材料国产化程度将由 2020 年的 30%提升至 2027 年的 50%。为实现三大目标,设置了三大推进战略。第一是核心技术。主要包括基础材料开发与升级、扩大海洋生命资源电介质分析、使用合成生物学等高科技生物技术实现批量生产与标准化、使用海洋水产副产品开发有用材料技术、开发绿色生物融合型技术、扩大白色生物技术开发、开发红色生物材料等主要课题。第二是产业生态。主要包括扩大海洋生物投资、建设海洋生物大数据与产业支持平台、扩大海洋生命资源的调查与开发、各地区集群与建设产业

---

① 参见《环保、高科技船舶等海洋水产新产业市场 5 年内 30 万亿韩元目标》,2022 年 12 月 27 日,https://www.korea.kr/news/policyNewsView.do? newsId=148909857。

支持基础设施等四大主要课题。第三是企业支持体系。包括以企业需求为基础的规制改革、培养海洋生物专业人才、设立海洋生物产业协会与制度改革等三大主要课题。[①]

在海洋治愈与生态旅游观光领域,韩国海洋水产部、文化体育观光部等部门于 2021 年 12 月制定《通过培育海洋治愈产业促进海洋观光方案》。该方案的目标是"通过验证海洋治愈资源确保信赖度""通过构建产业基础实现沿岸地区增长""通过海洋治愈提高生活质量",最终实现"创造世界瞩目的韩国海洋治愈模式(K-Marine Healing)"的蓝图。为促进海洋治愈产业健康发展,创造新的增长动力,该方案设置"探索四季海洋治愈内容""建设海洋治愈服务基础设施""构建海洋治愈产业生态"等三大推进战略。"探索四季海洋治愈内容"包含"构建海洋治愈资源利用与管理体系""挖掘地区特色与融合项目""推进海洋治愈多元化技术开发"等三大具体推进课题。"建设海洋治愈服务基础设施"包括"推进海洋治愈示范点建设""扩大服务提供空间""推进海洋治愈资源综合信息系统建设"等三大具体推进课题。"构建海洋治愈产业生态"包括"推进专业人才培养""服务标准化""合作网络建设""增进国民认识及促进宣传"等四大具体推进课题。

第三节 韩国海洋产业发展实践

韩国政府针对海洋产业制定的一系列法规政策极大地促进了海洋产业的快速发展,船舶制造、渔业渔村、海运物流等海洋产业在信息技术、环保技术的助推下不断提质升级,向着智能化、绿色化、集群化的方向发展。

一、海洋产业智能化升级

韩国是世界海运大国和科技创新强国,建设"全球海洋强国"是韩国海洋事业的宏伟蓝图。韩国高度重视物联网、人工智能、大数据等新一代信息通信技术(Information Communication Technology,ICT)在海洋领域的应用,持续推动海洋水产业的数字化转型,为韩国海洋经济发展提供新动能。

---

① 参见韩国海洋水产部等:《海洋生物产业新成长战略(2022—2027)》,2022 年,第 6 页。

2021年,韩国政府颁布的《第三次海洋水产发展基本计划(2021—2030)》将"海洋水产业的数字转型"作为韩国海洋水产业的六大发展方向之一,设立"海运、港口产业的智慧化升级""水产业的未来产业化"和"激活海洋水产业的数据经济"三大政策目标,为未来韩国海洋水产数字化转型提供路线。在该计划的指导下,海洋水产、海运物流、海上交通等领域也制定了符合发展实际的数字化转型计划,有条不紊地推进海洋数字化转型进程。

(一)韩国智慧海洋发展现状

2019年韩国海洋水产部公布的《海洋水产智慧化推进战略》奠定了韩国海洋水产数字化转型的基础。在海洋水产部的大力支持下,韩国已经基本完成海洋水产领域数字生态的构建,在智慧海洋水产业、智慧海运物流、智慧海上交通服务等方面取得了一系列成果。

1.智慧海洋水产业

韩国将人工智能、物联网、大数据等新一代信息通信技术应用到水产养殖、渔业管理、加工流通的全过程,实现了海洋水产业全周期的数字化转型。

在水产养殖环节,2019年韩国海洋水产部启动"智慧养殖集群"项目,该项目不仅聚焦于研发自动化、智能化的养殖技术,同时关注养殖示范园区及腹地建设。2019年"智慧养殖集群"项目选定釜山广域市和庆尚南道高城郡作为试点,2020年新增全罗南道新安郡,2021年追加了江原道、庆尚北道浦项市。

在渔业捕捞环节,为了实现渔业资源的可持续发展,韩国引入了智慧渔业管理系统。智慧渔业管理系统不仅包括能够实时输入鱼种、捕捞量等信息的电子捕捞报告系统,也包含在卸货阶段测定渔船捕捞量、鱼种大小和重量的总许可捕捞量(TAC)监控系统。此外,韩国正在开发适用于所有渔船的人工智能观察员(AI Observer),实时监控并分析作业现场捕捞量、捕捞鱼种等情况,切实杜绝非法捕捞等问题的发生。

在水产流通环节,韩国多措并举,搭建起水产品线上交易系统。新冠疫情暴发后,韩国水产品线上交易需求激增,韩国海洋水产部和企业实行扩大水产品直接交易、支持线上交易、完善生鲜冷链运输等多项举措满足消费者直接交易需求。韩国海洋水产科学技术振兴院(Korea Institute of Marine Science & Technology Promotion,KIMST)正在进行"水产品新鲜流通智慧技术开发项目(2021—2025)",该项目旨在通过开发生鲜流通标准化技术、水产品流通技术、水产品智慧加工技术,保持水产品新鲜度,保障食品安全。2020 年 9 月,韩国的初创企业"共享渔场"推出了一款水产品线上直营 App "波浪盒子"。消费者通过"波浪盒子"下单,渔民在捕鱼后直接向消费者发送新鲜海鲜。

2.智慧海运物流

韩国是世界海运大国,其中 99.8% 的国际贸易通过海运完成,海运业是韩国海洋经济的支柱性产业。韩国总统文在寅将"打造海运与造船共生的海运强国"定为 100 大国政课题之一,建设智慧港口和智能船舶是韩国打造智慧海运物流的核心。

韩国釜山港和仁川港是东北亚地区重要的转运枢纽港,也是韩国智慧港口建设的先行示范港口。2020 年,釜山港务局(Busan Port Authority, BPA)正式引入使用区块链技术的综合物流平台 Chain Portal。Chain Portal 连接航运公司、运输司机等港口利益攸关方,整合此前分散的各类物流信息,在实现信息共享的同时保证数据的安全。世界银行和国际港口协会(International Assoisation of Ports and Harbors,IAPH)将"Chain Portal 建设"项目选为港口数字化开发的优秀案例。仁川港智慧港口建设与韩国版新政中"数字新政"相衔接,计划在仁川新港 1—2 期引入完全自动化集装箱码头,扩大智慧港口信息服务范围。2021 年,韩国海洋水产部联合釜山港务局(BPA)和仁川港务局(Incheon Port Authority,IPA)启动"智能共同物流中心"建设项目,该项目计划投资 1340 亿韩元,到 2024 年在釜山港新港腹地园区和仁川港南港腹地园区建立两个智能联合物流中心。智能联合物流中心是利用人工智能、物联网等先进物流技术,自动管理货物出库、入库和库存,能提前感知并预防设备故障的新一代物流中心。与现有的物流中心相比,智能联合物流中心将有效节省运营成本,提高劳动生产效率,创造更多的工作岗位。釜山港和仁川港还利用新一代信息通信技术保护港口环境,保障港口工作人员安全,降低事故风险。除釜山港和仁川港外,韩国的光阳港、丽水港、平泽港等大港口也在推进智慧港口建设。2021 年 11 月,光阳港"港口自动化测试平台建设"项目顺利通过初步可行性调查,计划2022—2026 年投资约 37 亿人民币在光阳港建设并运营韩国型完全自动化港口。该项目的运营数据将会成为釜山港、仁川港等韩国主要港口建设完全自动化港口的重要参考。①

韩国智能船舶的开发主要由具有独立研发能力的现代重工业、三星重工业和大宇造船海洋三大造船企业进行，三大企业按照各自的发展战略独立开展研究。现代重工业是世界排名第一的造船公司，拥有韩国最先进的自动航行船舶专利技术，于2011年3月开发了世界上第一艘智能船舶，并连续开展三期以开发无人自动航行船舶为主要目标的智能船舶项目。2021年6月，现代重工业集团旗下的船舶自动驾驶公司Avikus成功进行了韩国首次船舶完全自动驾驶航行测试。三星重工业从2011年开始致力于自动航行船舶经济运行、自动判断和维护等技术的研发。三星重工业的智能船舶技术均建立在自主研发的平台"BIG（On Board Integrated Gateway）"基础上，具有实时收集和分析船舶位置信息与机器状态等1000多个数据功能。2021年9月，木浦海洋大学的"世界号"和三星重工业的拖船"SAMSUNG T-8"在新安郡可居岛附近海域进行了自动航行船舶躲避碰撞实验，本次实验成功验证了在海上自主航行的两艘船舶相互识别并自动躲避碰撞的技术。大宇造船海洋重点关注智能船舶的安全防护。2021年10月，大宇造船海洋自主研发的智能船舶平台"DS4（DSME Smart Ship Solution Platform）"从美国船级社（American Bureau of Shipping，ABS）获得网络安全领域的首次产品设计评估（Product Design Assessment，PDA）认证。该认证提升了大宇造船海洋的智能平台网络安全技术水平，被评价为目前在该领域可以获得的最高等级。目前，三家大型造船公司正各自推进智能船舶技术的开发，韩国中小型造船公司由于缺少充足的资金支持和必要的研发能力，对智能船舶研发的贡献十分有限。

3.智慧海上交通服务

韩国中央海洋安全审判院2016—2020年共裁决1038起海洋事故，其中因人为过失导致的海洋事故共827起，占比79.6%，是海洋事故发生的主要原因。为减少由人为疏忽导致的海洋事故、保障海洋作业人员的生命和财

① 参见周尚纯：《在釜山、仁川港港口腹地建立智能共同物流中心　总投资1340亿韩元》，2021年1月7日，https://view.asiae.co.kr/article/2021010709332366726。

产安全,2021 年 1 月,历时 4 年 6 个月开发的韩国电子导航"e-Navigation"正式投入使用。

韩国电子导航"e-Navigation"的全称是"智能海上交通信息服务",是韩国为了科学有效地管理海上交通,使用新一代信息通信技术和海上无线通信网(LTE-Maritime)打造的海上交通信息服务系统。韩国"e-Navigation"不仅提供国际海事组织(IMO)规定的国际航海船舶一般性服务,还提供针对韩国海上交通特点的专业性服务。韩国"e-Navigation"以所有韩国国内船舶为服务对象,通过设置在船上的显示器和手机上的应用程序提供各类信息,不仅能够随时更新航线、电子海图等信息,根据用户特殊需要显示气象、洋流、水温等附加信息,而且支持通过海上航行专用广播系统(NAVTEX)实时接收所处区域的航行警告、气象警告、气象预报和其他紧急海事安全信息,保障航行安全。此外,韩国"e-Navigation"装有 SOS 紧急按钮,遇到险情时可利用海上无线通信网申报。

除了韩国"e-Navigation",韩国还利用 IT 技术建设海事安全与安保综合信息中心(GICOMS),构建起全国性的海洋灾害安全综合管理体系。海洋安全综合信息系统不仅提供海洋安全信息、海盗信息、海洋气象信息以及海洋安全统计四类统计信息,还搭载船舶监控系统(Vessel Monitoring System,VMS)、船舶保安警报系统(Ship Security Alert System,SSAS)等功能,确保航行安全。船舶监控系统能实时收集船舶航行信息,确认船舶运行状态,提升海上交通管理、反恐、海上治安等多种海上业务的效率,并支持紧急搜索救援。该系统将收集的信息提交给位于大田的国家信息资源管理院存储,同时传输给海洋水产部、海洋警察厅等政府部门,预防海洋事故的发生或在发生事故时保证及时、充足的救援。船舶保安警报系统是美国"911"恐怖袭击后诞生的专门应对海上恐怖袭击的通信系统。当船舶在航行中遇到海盗、恐怖袭击等危险时,该系统能将紧急情况及时传送到海洋水产部综合状况室,以便相应部门立刻做出援助,确保人员和船舶安全。2020 年 1 月 14 日,在南极浮冰海域发生了远洋渔船"707Hong-Jin"号(587 吨,船员 39 人)舵轮故障的海洋事故。海洋水产部立即通过海洋安全综合信息系统的船舶监控系统向附近作业的其他渔船发出了协助请求,同时紧急派遣在附近海域执行科研任务的破冰船"ARAON"号对事故渔船进行救援。在事故船舶进入智利蓬塔阿雷纳斯港前,海洋水产部持续利用船舶监控系统保持其安全航行。2021 年 1 月 26 日,韩国远洋渔船"NO.96 OYANG"号在马尼拉菲律宾东部海域起火,海洋水产部根据船舶监控系统显示的数据紧急派遣附近船只支援事故船舶,全体船员被安全救出,未发生人员伤亡。除此之外,实现海上交通信息化,不仅能有效提升海洋业务效率,同时也能保障在海盗、海上恐怖活动频繁的海域内韩国进出口货物通道的安全,最大程度地减少人员伤亡,保护韩国国民生命和财产安全。①

除了上述领域,韩国在保护海洋生态环境、维护国家海洋权益方面也进行了有益的探索。韩国船舶与海洋工程研究所(Korea Research Institute of Ships and Ocean Engineering,KRISO)正在开发能识别海洋垃圾来源及数量分布、预测海洋垃圾移动趋势的"海洋垃圾智能回收"技术,并计划以该技术为基础,到 2024 年建立"海洋垃圾智能回收综合管理系统"。

(二)韩国智慧海洋建设举措

为了加强智慧海洋建设,韩国采取一系列积极措施,努力完善创新政策体系,鼓励重点行业优先发展;加大研发投入,发挥企业自主创新能力;重视创新能力培养,建立智慧海洋人才培养体系。

1.完善创新政策体系,鼓励重点行业优先发展

韩国政府建立了完善的智慧海洋创新政策体系,为海洋信息化进程提供法律政策保障。海洋水产部是韩国推进海洋信息化建设的核心,通过制定先导性的政策为韩国智慧海洋建设指明方向。2018 年,海洋水产部发布了《海洋水产部智能信息化基本计划》。该计划以"实现智能信息,建设海洋强国"为愿景,计划利用先进的信息通信技术管理水产资源,提高海运物流的竞争力,维持海洋安全秩序。2019 年制定了《海洋水产智慧化推进战略》,将"构建智能海上运输体系与革新物流服务""实现水产业全周期区块链建设""实现海洋环境灾害安全的智慧管理与应对"作为 3 个核心领域,制定了9 个发展任务。该战略是韩国信息化发展的基石。2022 年,为了应对新冠疫情冲击而快速发展的数字化趋势,海洋水产部制定了《海洋水产智慧化推

---

① 参见韩国海洋水产部:《海洋的安全交给我! 海洋安全综合信息系统》,2021 年 3 月 8 日,https://blog.naver.com/koreamof/222267429396。

进战略 2.0》。本次"智慧化推进战略 2.0"在 2019 年"智慧化战略"的基础上扩大了海洋水产数字化转型的领域,增加了"持续保障海洋水产智慧化发展"的新任务,以适应现实的发展需求,保持了政策的连续性。此外,韩国还制定了《智能海洋交通信息法》《船舶法》《海运法》等法律,为韩国持续扩大海洋信息化服务、促进海洋数字化转型提供了法律保障。

韩国政府根据国际形势和国家的发展需要,鼓励重点行业、新兴产业优先发展,并给予充足的资金支持。2013 年在国际电子导航市场的初创期,韩国就先发制人地公布了"韩国版电子导航发展战略",将其作为一项大型的国家研发项目。2016—2020 年,韩国政府共投资 1308 亿韩元开发电子导航核心技术,建设超高速海上无线通信网等基础设施。在政府的扶持下,韩国的智能海洋通信技术达到世界一流水平。2021 年 1 月,韩国版电子导航 e-Navigation 正式投入使用,成为全球首个海上电子导航系统。韩国积累了适用于各类情形的海上无线通信经验,积极进军海上电子导航市场,有望引领相关技术发展与国际标准制定,打造新的经济增长引擎。预计到 2030 年,韩国"e-Navigation"将占据世界海洋信息通信技术市场的 20%,创造 120 亿韩元的市场价值。[①]

2.加大研发投入,发挥企业自主创新能力

世界知识产权组织(World Intellectual Property Organization,WIPO)发布的《2021 全球创新指数报告》显示,韩国位列全球第五位,东亚排名第一。韩国是亚洲科技领先的国家之一,科技创新是韩国海洋信息化发展的持久动力。韩国制定了海洋科学技术长期发展路线图,持续扩充海洋科学基础设施,海洋科学技术预算由 2011 年的 4021 亿韩元增长至 2022 年的 8237 亿韩元。为了激发海洋科研人员的研究热情,促进海洋科研成果的持续高质量产出,2023 年海洋水产科学技术振兴院(KIMST)设置了"海洋水产学术成果产出奖励"项目,对 2022 年刊登或预定刊登的 SCI(E)论文提供每篇 100 万韩元的奖励,对于产出 10 篇以上论文的优秀研究人员额外提供

---

① 参见韩国海洋水产部:《大海导航,韩国 e-Navigation》,2020 年 7 月 4 日,https://blog.naver.com/koreamof/222015372778。

200 万韩元科研奖励。①

　　企业是科技创新的主体，也是韩国海洋信息化发展的重要推动力量。一方面，韩国企业积极发挥自身科技研发团队的力量，主动对接国际市场需求，不断实现技术突破，掌握更多拥有自主知识产权的核心技术。例如，韩国三大造船公司均设有各自的研发（R&D）中心，以技术创新引领市场发展。现代重工业旗下的船舶海洋研究所、舰艇实验室、绿色动力系统实验室等研究室不仅研究高附加值的智能船舶核心技术，还负责开发能源环境设备、潜水艇技术等特殊技术。三星重工业设有造船海洋研究所。该研究所以"研究开发（R&D）与实践应用相结合，提高性能和成本优势增加产品竞争力，使用智能技术提升设计生产效率"为目标，在巨济、大田、板桥设有不同领域的研发中心，通过持续的研究开发活动引领高附加值的船舶市场。大宇造船海洋中央研究院在始兴和玉浦两地设有"船舶海事研究所""特殊性能研究所""产业技术研究所"三个研究中心，主导着船舶、海洋装备和特殊用船等技术的发展，是大宇造船海洋的未来增长动力。另一方面，韩国企业与国内外的其他企业、大学、科研机构展开密切合作，组建创新联合体，推进科技成果转化。2020 年，三星重工业与韩国班轮公司韩新海运（HMM）签署了智能环保船舶共同研究开发备忘录，两家公司将围绕智能环保船舶的技术开发和性能优化开展各类合作活动，促进航运领域的数字化转型。2021 年 11 月，大宇造船海洋和始兴市政府、京畿道经济厅、首尔大学联合签署"自动航行船舶实证实验与技术提高备忘录"，共同研发自动航行船舶核心技术，培养相关领域的人才。

　　3.重视创新能力培养，建立智慧海洋人才培养体系

　　人工智能、大数据等第四次工业革命技术引发的教育改革正在延伸至海洋领域。为了适应新的发展需求，培养独具创新能力的海洋人才，韩国高校及时进行课程改革，摆脱了以讲授、实习为中心的单向教育模式，向以学习者为中心的教育模式转型，建立了"智慧人才培养体系"。忠南大学、木浦

---

　　① 参见海洋水产部：《第三次海洋水产发展基本计划（2021—2030）》，2021 年，第 28 页；海洋水产部：《2022 年度海洋水产部预算确定为 6 兆 4171 亿韩元》，2021 年 12 月 3 日，https://blog.naver.com/koreamof/222585854842；《2023 年海洋水产学术成果创造支持项目指南》，2023 年 7 月 4 日，https://www.kimst.re.kr/u/news/notice_01/board.do？type＝view&bno=153421765141603。

大学等造船海洋工程领域的6所强势大学均设置了第四次工业革命相关课程,其中,忠南大学的培养方案最为科学,涵盖了从海洋智能化、信息化基础概念到实际建造技术的所有核心课程。此外,忠南大学和大宇造船海洋签订人才联合培养协议,双方联合专业研究和实践机构,将长短期研究项目与专项产学研研究相结合,培养自主导航和智能海洋技术领域的高级海洋人才。针对智慧养殖的新发展特点,韩国部分大学在本科3—4年级或研究生院设置专业课程或校企联合培养课程。江原道立大学于2018年设立了智慧海洋养殖专业,不仅设有实践类课程,积累海洋生物养殖实践经验,还设有个性化性课程,以培养不同专业领域的养殖技术人才。2021年,全南大学首次将产学、海洋学、信息通信学(ICT)课程融合,新设立了智慧水产资源管理系。全南大学还设有智慧水产养殖研究中心,具有本科生、研究生、企业人员等多样的教育体系。

另外,自2014年起韩国海洋水产部开始运营海洋教育门户网站,免费向公众普及各类海洋科技教育信息。釜山网络海洋博物馆儿童海洋学习馆、国立水产科学院儿童海洋学校等海洋教育网站通过举办各类海洋知识竞赛、海洋教育讲座等活动,激发青少年儿童对海洋探索的兴趣。

二、海洋产业绿色化转型

随着《巴黎协定》开启全球气候治理新阶段,碳中和成为全球性议题。韩国为降低温室气体排放,实现碳中和目标,制定了一系列减排方案。2020年,文在寅政府制定"韩国版新政","绿色新政"是其重要组成部分。在海洋水产领域,据统计,2018年海洋水产领域温室气体排放总量共406.1万吨,其中海运领域排放101.9万吨,水产、渔村领域排放304.2万吨(含间接排放的50.4万吨)。2021年12月,海洋水产部制定出台《海洋水产领域2050碳中和路线图》,明确未来韩国海洋水产领域的减排目标和实施方案。韩国2050年排放量目标为海运30.7万吨,水产与渔村11.5万吨,海洋能源-229.7万吨,蓝碳-136.2万吨,净排放量为-323.7万吨。与2018年海洋水产领域排放量406.1万吨相比,减少729.8万吨(见表2-13)。

表 2-13　《海洋水产领域 2050 碳中和路线图》①　　　　　单位:万吨

领域	2018 年排放量	2050 年目标排放量
海运	101.9	30.7(减少 69.9%)
水产与渔村	304.2	11.5(减少 96.2%)
海洋能源	—	−229.7
蓝碳	—	−136.2
合计	406.1	−323.7

　　《海洋水产领域 2050 碳中和路线图》还明确提出在国内海运、水产与渔村、海洋能源、港口、蓝碳等五大领域的具体减排手段(见表 2-14)。

表 2-14　五大领域减排手段②

领域	主要减排手段
国内海运	低碳(LNG、混合动力、混合燃料)船
	零碳(电力、氢能、氨水)船
	改善能源效率技术和航运效率
	普及低碳、零碳公务船
水产与渔村	渔船渔业高效化(更换渔船老旧设备等)
	低碳、零碳(LNG、电力、混合动力)渔船
	普及养殖场、水产加工工厂能源减排设备
	支持养殖场环保能源生产(太阳能、氢能等发展设备)
	支持国家渔港环保能源生产(太阳能、波浪能)
海洋能源	扩大普及潮汐发电
	开发与推广潮流、波浪能、复合发电等技术
港口	油类使用设备动力转换(电力),氢气装卸装备市场化
	照明塔等港口设施能源使用高效化
	利用闲置空间建设环保能源生产设施

---

① 参见韩国海洋水产部:《海洋水产领域 2050 碳中和路线图》,2021 年,第 9 页。

② 参见韩国海洋水产部:《海洋水产领域 2050 碳中和路线图》,2021 年,第 17 页。

领域	主要减排手段
蓝碳	修复沿岸沼泽地植被 保护、修复非植被沼泽地 种植红树林 开发新型蓝碳（牡蛎贝壳再利用等）

（一）海运业的绿色化转型

韩国政府计划通过建设环保公务船、民间船舶公司环保转型、开发环保船舶技术等形式，实现海运领域排放量由 2018 年的 101.9 万吨减少至 2050 年的 30.7 万吨的目标。受船舶使用寿命长、零碳船舶尚未实现市场化等因素影响，2050 年韩国仍会存在部分使用化石燃料的船舶。2020 年 1 月，韩国制定《环保船舶开发与普及相关法律》。同年 12 月，海洋水产部联合产业通商资源部制定计划期限为 10 年的《第一次环保船舶开发与普及基本计划（2021—2030）》，为加强与文在寅政府"绿色新政"及碳中和政策的联系，创造韩国特色的环保船舶形象，命名为"2030Greenship-K 推进战略"。

1.推动现有船舶向环保船舶转型，开发未来环保船舶先导技术

为应对国际海事组织（IMO）的温室气体排放限制和欧盟碳排放交易权（EU-ETS）实施，全世界的造船、海运市场正经历从现有的油类船舶向环保船舶的转型。为此，韩国积极应对海洋环境规制和环保船舶新市场，推进海运由低碳船舶向零碳船舶的阶段性转型，提高低碳（LNG、混合动力、混合燃料）技术和零碳（氢、氨等）技术水平，开发现有船舶温室气体减排装置，确保在全球环保船舶市场的主导权。

为保障韩国环保船舶技术处于世界领先水平，韩国不仅支持 LNG、电气、混合动力等低碳船舶核心技术开发与国产化，同时重视氢能、氨能等零碳船舶技术的系统性、综合性开发。通过提升已经投入商业化的 LNG、电气、混合动力推进技术核心器械的国产化水平，降低成本，增强技术竞争力。今后，作为开发零碳技术的桥梁（Bridge）技术，韩国计划开发使用现有燃料和零碳燃料混合使用的混合燃料推进技术和减少温室气体排放、提高能源利用效率的低碳技术。韩国政府计划在 2022—2031 年投入约 9500 亿韩元，推进"环保船舶全周期创新技术开发"项目，预计到 2030 年，温室气体排放

量比现有的油类船舶减少70％。①

2.推进韩国型实证项目,普及环保船舶

建造搭载环保技术的小型沿岸船舶并进行运行测试,如果技术性、经济性得到验证,则将环保技术推广至大型船舶,使技术开发与陆海测试、市场化相结合。韩国计划建造10艘以上的LNG加注船(LNG Bunkering Vessel,2022年)、LNG-氨混合燃料推进船(2025年)等搭载新环保技术的船舶。同时,韩国计划通过改造退役公务船(2022年)、建造多功能海上测试船舶(2023年起)等方式,建造4艘以上验证安全性、可靠性的海上实证测试平台,推进应用新技术的"Greenship-K示范船舶建设"项目。

目前,公务船的温室气体排放量尚未计入国家温室气体统计体系中的海运部分,但是根据《环保船舶法》,政府有义务订购、推广环保公务船。韩国计划将LNG、混合动力等新技术首先应用到政府部门的公务船上,再逐步推广至民间部门。预计到2030年,388艘公务船将升级为环保船舶,这包括199艘老旧公务船的替代建造和在船龄未满10年的189艘公务船上安装灰尘减排装置。在此过程中,可以利用标准设计等方式减少建设费用,减轻地方自治团体为环保船舶转型的负担。另外,韩国支持包括油船、客轮等58艘内港船舶和货船等82艘,总计140艘私有船舶的环保转型计划。如果该528艘环保船舶转型项目(其中公务船388艘,私有船舶140艘,占全部3542艘目标船舶的15％)进展顺利,预计到2030年,可以创造4.9万亿韩元的销售额,4万个以上的就业岗位。环保船舶的普及有望对造船、海运产业密集的釜山、全南、蔚山、庆南等地区的经济发展做出贡献。②

3.构建燃料供给基础设施与运营体系

为充分普及环保船舶,韩国将阶段性地扩充LNG、电力等环保燃料供给基础设施,通过运营LNG加注船、建设陆上总站等措施实现LNG燃料供应方式的多元化。将靠岸船舶的陆上电源供应装置AMP用作小型电力、混合动力船舶的高速充电设备,进一步扩充燃料供应基础设施。此外,为了营造

---

① 参见韩国海洋水产部:《为实现绿色新政,碳中和积极开发与普及环保船舶——第一次环保船舶开发与普及基本计划公布》,2020年12月23日,https://blog.naver.com/koreamof/222183012231。

② 参见韩国海洋水产部:《为实现绿色新政,碳中和积极开发与普及环保船舶——第一次环保船舶开发与普及基本计划公布》,2020年12月23日,https://blog.naver.com/koreamof/222183012231。

环保船舶主导的市场环境,韩国引入环保船舶认证制度,开发环保燃料仓储技术,LNG-氨混合燃料储藏、供给设备等,构建环保船舶从业者教育与培训体系。韩国计划以环保船舶的实际运营信息为基础,建设集分析与检验温室气体和大气污染物排放量、船舶远程诊断等功能于一体的环保船舶支援服务中心,保证环保船舶的安全航行。环保船舶的应用是全球海运市场发展的大势所趋,为造船、海运等传统海洋产业带来新挑战的同时,也为市场进一步发展提供契机。韩国海洋水产部计划严格落实减排计划,推动海运、造船等领域实现"2050 碳中和"目标,打造可持续发展的绿色产业生态体系,成为引领时代发展的新成长动力。

(二)渔业渔村的绿色化转型

《海洋水产领域 2050 碳中和路线图》规定 2050 年水产与渔村领域目标排放量为 11.5 万吨,与 2018 年的 304.2 万吨相比减少 96.2%。主要减排方式为开发与推广环保渔船,提升养殖和水产加工的能源利用效率,利用可再生能源等。为实现水产领域的碳中和,海洋水产部从 2021 年 7 月起正式启动燃料与电力相结合的节能型环保混合动力渔船技术开发。现有的渔船大多具备以作业为中心的渔船结构与设备,是在柴油机的基础上建造的,能源利用效率较低。对此,海洋水产部计划到 2025 年投入 289 亿韩元经费,推进突出安全和福利、搭载能源高效利用技术的环保混合动力渔船开发项目。环保混合动力渔船技术开发以沿海综合渔业、沿海挂网渔业、近海捕捞渔业为对象,开发电动机、电池等电复合推进核心器材技术,优化电复合推进器空间,通过相关设备技术开发和复原力、安全性评价等进行新标准船体设计。[1]

海洋水产部计划加速以低碳、电力供给为基础的水产业设备设施转型和渔船更换。加速老旧渔船器械更换与替代建造,制定以温室气体排放多的沿海渔船为中心的减排方案,提升渔业领域的能源使用效率。开发、推广环保渔船(LNG、电力等)技术,通过养殖场能源减排装备(热泵、逆变器等),构建减排型水产业。在水产加工业普及能源效率化装备,促进冷藏冷冻仓库等水产流通加工基础设施中环保制冷设备的使用。

---

① 参见韩国海洋水产部:《海洋水产领域 2050 碳中和路线图》,2021 年,第 11 页。

海洋水产部计划通过开发新的环保混合动力渔船,降低30％的耗油量和25％的温室气体排放量。开发环保混合动力渔船技术不仅有利于保障渔业从业者安全,提高福利待遇,还可以提高能源的利用效率,节约能源,构建可持续发展的绿色渔业基础。[①]

此外,韩国计划在养殖场、国家渔港的闲置用地或闲置区域扩大太阳能、小水力等环保能源生产基础。例如,养殖场排水利用小水力发电,国家渔港闲置区域利用水上太阳能发电等。

(三)海洋可再生能源的发展

海洋能源通常指海洋中所蕴藏的可再生自然能源,主要为潮汐能、波浪能、海流能(潮流能)、海水温差能和海水盐差能。更广义的海洋能源还包括海洋上空的风能、海洋表面的太阳能以及海洋生物质能等。韩国海洋能源赋存量非常丰富,潮汐能主要分布在朝鲜半岛西海岸(始华湖、加露林、仁川湾、江华湾等地),潮流能主要分布在南海岸(郁陶项、长竹水道、孟骨水道等地),波浪能主要分布在南海、东海岸(济州岛、郁陵岛等地)。韩国海洋能源技术研发活动始终保持上升趋势,以2018年为基准,其海洋能源技术水平已达到发达国家的81.5％(见表2-15)。其中,潮汐能、潮流能领域的技术水平相对较高,波浪能、温差能领域的技术水平相对较低。

表 2-15　海洋能源技术水平与技术差距现状与变化[②]

	技术水平、差距			研究阶段水平		研究开发活动倾向
	水准(％)	差距(年)	阶段	基础	应用开发	
韩国	81.5	4.3	发展	优秀	优秀	上升
中国	71.5	5.5	发展	一般	一般	上升
日本	86.5	4.0	发展	优秀	优秀	保持
欧盟	100	0	最高	卓越	卓越	上升
美国	93.5	1.8	主导	优秀	优秀	上升

①　参见韩国海洋水产部:《为实现碳中和目标正式启动环保节能型渔船技术开发》,2021年7月6日,https://blog.naver.com/koreamof/222422300700。

②　参见韩国产业通商资源部:《2020新可再生能源白皮书》,2021年,第585页。

　　韩国海洋能源中最先实现市场化的是潮汐发电。海水在地球、月亮、太阳等天体引潮力作用下产生周期性涨落,这种现象被称为"潮汐"。利用高、低潮位之间的落差推动水轮机旋转,带动发电机发电的方式被称为"潮汐发电"。经历两次石油危机后,韩国政府着手对西海岸的加露林湾、仁川湾、江华湾、牙山湾等潮汐差较大的海域进行开发。1994年,韩国政府为了修建一个淡水湖即始华湖而建设了12.7公里的水坝。始华湖大坝建成后,切断了海水流通,加之陆上污染源流入,始华湖生态遭到严重破坏,一度被称为"死亡湖"。为实现改善水质、普及新可再生能源的目标,韩国政府科学把握客观环境的变化,建议新建一个潮汐发电站,利用大规模的海水流动改善始华湖的水质。2011年始华湖潮汐发电站建成,这是目前世界上最大的潮汐发电站,装机容量为254兆瓦,年发电量552吉瓦时,可供50万人口规模的城市使用,减少温室气体排放32万吨左右。[①] 目前,始华湖水质已得到明显改善,已建成游客众多、钓鱼爱好者、自行车爱好者经常光顾的环境友好型空间,成为闻名世界的典型案例。

　　韩国以海洋科学技术院为中心,开展涨潮式、落潮式及双向式潮汐发电的开发运营及技术优化。除了始华湖潮汐发电站外,韩国也在对加露林湾、仁川湾、江华湾及牙山湾潮汐发电进行初步可行性调查(见表2-16)。以仁川湾为对象开发环保运营模式,开展仁川湾潮汐发电可行性调查;开发落潮式潮汐发电运营技术,开展加露林湾、牙山湾及江华湾潮汐发电初步可行性调查。同时,韩国通过对潮汐发电环境影响的模拟,对环境影响进行预测,制定减少环境影响的方案。始华湖潮汐发电站的顺利建设与运营确保了韩国掌握潮汐发电的基础技术,但是为实现涡轮的国产化,韩国仍需继续进行技术开发。

表2-16　韩国国内潮汐发电的可行性调查[②]

	始华湖	加露林湾	仁川湾	江华湾	牙山湾
位置	京畿安山市	忠南泰安郡瑞山市	仁川江华郡瓮津郡	仁川江华郡	忠南唐津市 京畿平泽市

① 参见韩国海洋水产部:《海洋能源资源现状》,2018年,第6页。
② 参见韩国产业通商资源部:《2020新可再生能源白皮书》,2021年,第586页。

续表

	始华湖	加露林湾	仁川湾	江华湾	牙山湾
大潮差 （平均潮差）	7.8m （5.6m）	6.7m （4.8m）	7.7m （5.5m）	7.8m （5.5m）	8.0m （5.7m）
防波堤长度	12.7km	2.05km	18.3km	4.45km	2.9km
发电方式	单向式 涨潮发电	单向式 落潮发电	单向式 落潮发电	单向式 落潮发电	单向式 落潮发电
设施容量	25.4 万 kW （25.4MW×10）	52 万 kW （26MW×20）	132 万 kW （30MW×44）	42 万 kW （30MW×14）	39.9 万 kW （28.5MW×14）
年发电量	552GWh	950GWh	2410GWh	710GWh	670GWh
滩涂 减少面积	—	73.61→50.99km² （减少 30.1%） 最大发电运行	104.7→86.8km² （减少 17.1%） 环保运行	7.2→5.0km² （减少 29.9%） 环保运行	18.3→12.0km² （减少 34.4%） 环保运行

除潮汐发电外,韩国海洋能源发电市场仍停留在创造市场之前的技术研发阶段,正在营造研发市场环境。

1992 年 6 月联合国环境与发展大会召开后,韩国海洋水产科学技术振兴院(KIMST)计划使用"潮流"建设环保能源发电系统。2005 年起,韩国开始推进亚洲首座潮流发电站——珍岛郁陶项试验潮流发电站建设项目,2009 年,建成并投入运行。为提升岛屿地区的能源独立性,韩国计划开发"适合岛屿地区的综合潮流发电 EES 联动汇聚系统",提升用电效率,稳定岛屿地区的供电效果。[①] 为促进潮流发电、波浪发电的技术开发与普及,韩国于 2020 年和 2022 年在济州和珍岛分别建设波浪发电实海域试验场和潮流发电实海域试验场。

韩国海上风力发电潜力巨大。韩国海上风力潜在技术发电量为 33.2 吉瓦。现有一个商用园区——耽罗海上风力发电园区,共有 10 个 3 兆瓦级海上风力发电所,装机容量为 30 兆瓦。拥有三个试点园区,即月亭、群山两个装机容量为 8 兆瓦的海上发电所和装机容量为 34.5 兆瓦的灵光海陆复

---

① 参见 KIOST:《亚洲首座潮流发电站"珍岛郁陶项试验潮流发电站"》,2023 年 2 月 14 日,https://blog.naver.com/kordipr/223015207397。

合发电所。在西南海域,韩国 2018 年启动投资约 2 兆亿韩元建设的试点园区,装机容量高达 400 兆瓦。2019 年,韩国投资约 4570 亿韩元建成装机容量为 60 兆瓦的发电园区。韩国风力发电分为三个阶段,第一阶段是小规模沿岸型(1.74 吉瓦)开发阶段。该阶段属于 100 兆瓦以内小规模开发,地点在海岸附近的浅水区,是充分利用现有电力系统的短期性开发。第二阶段是大规模外海型(2.54 吉瓦)开发阶段。该阶段属于 500 兆瓦级中等规模开发,范围在第一阶段园区基础上向外扩大,在外海中度水深处,是巩固现有电力系统的中期性开发。第三阶段是 HVDC＋海上风力吉瓦级(9.6 吉瓦)大规模开发阶段。该阶段地点在外海深水处,大规模扩充电力系统的长期性开发(2025 年以后)。[①] 2020 年 7 月,产业通商资源部会同有关部门共同发布《与居民共建、水产业共赢的海上风力发电方案》,该方案将"2030 年跃升为海上风能世界五大强国"作为发展目标,提出四大推进策略。

第一,政府和地方自治团体将负责选址,简化许可程序。韩国政府将综合考虑风况信息、监管信息、渔船活动信息等因素,制作选址信息图,在此基础上于 2021 年上半年将海上风能发展潜力大、对渔业影响小的区域指定为"海上风能规划区域"。政府将对海上风能规划区域进行风况监测和可行性调查。地方自治团体将以此为基础,通过官民讨论大会提高接受程度,推进园区集成化建设(地方自治团体申请,产业部指定)。政府将对集成化园区提供额外的可再生能源证书(Renewable Energy Certificate,REC)、优先进行系统连接等激励政策。按照集成化园区从指定到建成所需时间长短决定优先发放 REC 的竞赛制度。另外,为简化海上风力发电的多层级规章制度,韩国还计划设置适合本土环境的一站式许可综合机构(韩国型 One-Stop Shop)。

第二,制定适合海上风能的支持服务系统,提高国民的接受度。韩国将划定与海上风力相适应的风能发电站周边地区范围,重新制定各地方自治团体的分配方案。为扩大国民参与,计划通过绿色新政为国民股东项目追加预算,支持长期低息融资。

第三,制定并推进海上风能和水产业共同发展模式。韩国计划在对海

---

① 参见［韩］姜金锡:《海上风力现状与课题》,韩国电力公司电力研究院,2019 年,第 7 页。

上交通安全环境进行评估的基础上,允许海上风力园区内的船舶通行及渔业活动,最大限度地减少作业区域。事实上,全罗北道西南圈示范园区(60兆瓦)计划允许10吨以下的船舶进行通行及渔业活动,并计划推进利用海上风力发电设施之下的建筑物建设养殖场、设置人工鱼礁等养殖资源综合园区示范项目,今后将普及与海上风力发电相关的海洋牧场项目。另外,韩国政府将在选址、施工、项目结束前的全过程加强海洋环境保护,在开展海水风力发电的过程中尽最大努力避免海洋污染。

第四,计划与大型项目相结合,培育海水风力产业生态系统。韩国计划全面推进全罗北道西南圈、新安、蔚山、东南圈等大规模海上风力发电项目,创造国内产业生态系统的需求,通过多部门支持体系保障项目顺利实施。为了减少海上风力发电项目的不确定性,韩国电力公司计划新设、加强海上风力发电机的公用网络连接及共同设备连接。韩国政府计划根据大规模项目开工时间,到2024年完成浮式海上风力系统开发,支持建设港口园区及各种海上风力测试台等配套基础设施,提高风力发电产业竞争力。此外,为提升海上风力发电项目的经济性,韩国计划在REC加权值上增加水深等因素。为了反映实际工程费用,新设碳减排担保制度(绿色担保),加强对风力发电企业、风力发电运营商的金融支持。

在丰富的可再生能源基础上,韩国积极推动绿氢的生产、储运和利用。韩国在2018年8月制定的《创新成长战略投资方向》中将氢能经济选为三大重点投资领域之一。继成立"氢能经济推进委员会"后,韩国于2019年1月制定《促进氢能经济路线图》,包含"氢能汽车"和"燃料电池"两个轴心,以"建设世界最高水平的氢能经济先导国家"为远景目标。

如果《促进氢能经济路线图》顺利实施,到2040年,氢能经济有望成为韩国每年创造43万亿韩元附加值和42万个就业岗位的创新增长动力。韩国政府的主要目标有四:一是在氢能汽车和能源生产(电、热)领域的世界市场占有率达第一;二是生产模式从灰氢(石油或天然气等化石燃料产生的氢气)转变为绿氢(可再生能源产生的氢气);三是建立稳定经济的氢气运储体系;四是打造氢气产业生态体系,确立全周期安全管理体系。此外,韩国还出台一系列氢能相关政策,其主要内容如表2-17所示。

表 2-17　韩国氢能经济实施现状①

制定时间	政策名称	主要内容
2019 年 4 月 3 日	《氢能经济标准化战略路线图》	以韩国可主导的技术领域为核心提出国际标准,争取获得 20％以上的全氢气领域国际标准。 制定符合国际标准的国家标准,通过核心零件的 KS 认证,普及性能和安全性得到保证的产品和服务。
2019 年 10 月 22 日	《氢能基础设施和充电站建设方案》	氢气生产方式多样化,扩充储运基础设施,适当应对日益增加的氢气需求,保持氢气价格持续稳定。 建立加氢站。到 2022 年为止,在主要城市(250 座)、高速公路及换乘中心等交通枢纽(60 座)共建设 310 座普通充电站和公交车专用充电站。
2019 年 10 月 31 日	《氢能技术开发路线图》	(氢能生产)开发应对需求量(预计 2040 年为 526 万吨/年),保证化石燃料价格竞争力(预计 2040 年为 3000 韩元/千克),应对气候变化(温室气体减排)等阶段性技术。 (氢能储运)提高气体储运技术,增加氢气运输量,开发出能够大量稳定储存和运输氢气的液体氢气、液态氢化物储运技术。 (氢能利用)战略性地利用在其他领域扩张性高的燃料电池系统,防止重复投资,降低价格,促进垄断性高的零部件国产化。 为推进氢能全周期技术开发,到 2030 年完善基础设施。

---

①　参见《氢能经济》,2020 年 2 月 24 日,https://www.korea.kr/special/policyCurationView.do?newsId＝148857966♯L7。

续表

制定时间	政策名称	主要内容
2019 年 12 月 26 日	《氢能安全管理综合对策》	构建国际水准的安全体系。 重点管理三大核心设施:加氢站、氢气生产基地、燃料电池设施。 营造可持续的安全生态环境。 通过沟通与合作推广安全文化。
2020 年 1 月 9 日	《氢能经济培育与氢安全管理法》	保证低压氢气用品和氢燃料使用设施的安全,成立并运营以国务总理为委员长的"氢能经济委员会",制定氢能产业振兴、氢气流通和氢安全支援专门机构等氢能经济推进体系。

三、海洋产业集群化发展

为了提升韩国海洋产业竞争力,韩国政府出台一系列海洋产业集群相关政策,并指定釜山港北港和光阳港为海洋产业集群建设示范港口,制定海洋产业集群发展战略,仁川南港、群山港部分码头也纳入海洋产业集群建设规划。

(一)韩国海洋产业集群政策

与世界先进国家相比,韩国海洋产业的附加值和竞争力仍处于较低水平,产业基础薄弱。造船、港口物流、海运等传统海洋产业经营困难,海洋成套设备及器材核心技术水平不足,海洋休闲设备进口依赖度高,海洋新兴产业竞争力低,附加值外流严重。

2016 年 11 月,韩国出台《海洋产业集群的指定与培育相关特别法》(以下简称《海洋产业集群法》)。该法旨在通过划定与培育海洋产业集群,促进海洋产业与海洋相关产业集聚、复合发展,支持技术开发,活跃地区经济,为增强韩国的国际竞争力做出贡献。《海洋产业集群法》规定,"海洋产业集群"是指为促进海洋产业和海洋相关产业的集聚与复合发展,根据《海洋产业集群开发计划》划定的以闲置港口设施为中心的地区。闲置港口设施是指《港口法》第 2 条第 5 项规定的港口设施,即因新港口设施建设而明显减少货物处理功能的港口设施。此外,该法第 6 条第 1 项规定,海洋水产部应每五年制定一次《海洋产业集群基本计划》,对海洋产业集群的基本目标与中长期发展方向,海洋产业集聚、复合发展,海洋产业集群对象园区,海洋产业集群特色发展战略等内容做出明确规定。

2017年4月,海洋水产部制定《第一次海洋产业集群基本计划(2017—2021)》(以下简称《第一次基本计划》)。该计划的愿景是"建设以集群为中心的海洋产业先导国家",设置了六大中长期发展方向:一是建立与各地方自治团体发展战略紧密结合的集群;二是选定各集群特色核心产业;三是提供与各集群核心产业相适应的支援;四是构建地区经济连接网络;五是制定集群发展阶段性培育战略;六是建设可持续的核心产业生态系统,期待实现"到2021年海洋产业集群附加值效果达2000亿韩元""到2021年创造3800个海洋产业集群就业岗位""到2021年海洋产业集群的销售额达4300亿韩元"的目标。[①] 在综合考虑港口种类和港口设施种类、闲置标准、面积等后,《第一次基本计划》选定釜山港北港和光阳港作为建设对象,总计投资433亿韩元(釜山港262亿韩元,光阳港171亿韩元)。

韩国政府选中釜山港北港处于闲置状态的牛岩码头及腹地码头外集装箱堆场(Off Dock Container Yard,ODCY)为"可指定区域",将海洋休闲船舶与高端零部件制造业作为"核心产业",促进相关产业入驻釜山港,实现产业集群效果最大化,促进流通、金融等服务业与IT产业有机融合。在集群内建设海洋休闲船舶相关的基础设施,如停船场、船舶制造及修理设施设备、保护设施等,与有关机关合作联合培养人才。光阳港选中的"可指定区域"为中马普通码头,集装箱码头1阶段(3、4号泊位),"核心产业"是海运港口物流研发业。光阳港通过引进物流装备、IT等相关产业入驻,极大地提升了集群效果,建立了多样化产业物流研发测试基础设施。

《第一次基本计划》期间,韩国海洋水产部等政府有关部门相继出台《海洋产业集群发展指南》(2017年11月)、《海洋产业集群指定与开发计划(釜山港、光阳港)》(2017年12月)、《釜山港、光阳港海洋产业集群推进计划》(2018年7月)、《海洋产业集群开发计划变更公告》(2019年3月)、《海洋产业集群管理业务处理规定》(2020年7月)等配套政策,极大地促进了釜山港

① 参见韩国海洋水产部:《第一次海洋产业集群基本计划(2017—2021)》,2017年,第16页。

与光阳港海洋产业集群的探索与实践。第一轮海洋产业集群指定与运营现状如表 2-18 所示。

表 2-18　第一轮海洋产业集群指定与运营现状①

	釜山港	光阳港
目标区域	牛岩码头 （面积 178613.9m²）	中马普通码头 （面积 78470m²） 海洋产业集群码头 （面积 209414m²）
总经费	240 亿韩元 （国家 60 亿、地方 60 亿、港口公司 120 亿）	138 亿韩元 （国家 32 亿、地方 30 亿、港口公司 76 亿）
核心产业	海洋休闲船舶 高端零部件制造	海运港口物流研发测试平台
入驻（预备）机关	Marina 商务中心研发中心（海洋水产部主管，总投资 480 亿韩元） 知识产业中心（中小风险企业部主管，总投资 274 亿韩元） 环保氢燃料船舶研发平台（产业通商资源部主管，总投资 420 亿韩元）	智能汽车港口商业化技术开发（海洋水产部主管，总投资 396 亿韩元） 进出口无人驾驶车辆自动装卸支持系统开发项目（海洋水产部主管，总投资 188 亿韩元）
开发经营者	釜山港务局	丽水光阳港务局
2022 年计划	2022 年 6 月海洋产业集群竣工	2022 年起公开招募入驻企业

2022 年 4 月，为进一步促进海洋产业集群的系统性发展，海洋水产部制定《第二次海洋产业集群基本计划（2022—2026）》（以下简称《第二次基本计划》）。该计划在梳理海洋水产业国内外发展动向与展望、总结《第一次基本计划》经验与教训的基础上，提出海洋产业集群的新发展方向。《第二次基本计划》以"打造国际水准集群，建设世界一流的海洋强国"为愿景，设置"集群支持与培育战略""各地区因地制宜的培育战略""新增划定"三个部分，设立 5 个推进课题和 14 个具体推进课题（见表 2-19）。

---

① 参见韩国海洋水产部：《第二次海洋产业集群基本计划（2022—2026）》，2022 年，第 28 页。

表 2-19 《第二次海洋产业集群基本计划(2022—2026)》推进课题①

	5 个推进课题	14 个具体推进课题
集群支持与培育战略	海洋产业集群促进基础	(1)完善指定条件 (2)建立集群支持中心 (3)建立运营体系
	提升企业入驻吸引力	(4)扩大入驻企业奖励政策 (5)支持核心产业发展 (6)建设集聚、复合合作基础
各地区因地制宜的培育战略	釜山港海洋产业集群培育战略	(7)考虑申办釜山世博会 (8)调查正式运营需求 (9)利用釜山海洋产业基础设施
	光阳港海洋产业集群培育战略	(10)积极开展研发(R&D) (11)提升对入驻机关、企业的支援 (12)调整对象区域、核心产业
新增划定	第二轮海洋产业集群新增划定	(13)指定新的"可能区域" (14)讨论"可能核心产业(群)"

(二)韩国海洋产业集群建设案例

釜山港北港和光阳港是韩国海洋产业集群建设的两个重要示范港口。《第二次基本计划》针对釜山港北港和光阳港的实际情况分别制定了两个港口的海洋产业集群三大发展战略,目前两个港口的海洋产业集群建设都取得了一定进展。此外,仁川南港、群山港部分码头也被指定为第二期海洋产业园区"可能区域"。

1.釜山港北港海洋产业集群建设案例

《第二次基本计划》针对釜山港北港的实际情况,调整制定了三大新发展战略。

一是制定申办 2030 年釜山世博会相关计划。在与申办 2030 年釜山世博会计划并行的前提下,推进海洋产业集群用地的高效利用。对已确定招商引资的 3 个机关,正常推进设施建设、开放,为最大限度地发挥集群园区

---

① 参见韩国海洋水产部:《第二次海洋产业集群基本计划(2022—2026)》,2022 年,第 11 页。

入驻效果,灵活处理申报世博会前短期闲置地皮的使用需求。目前,闲置用地被用作釜山—济州渡轮码头、集装箱临时货栈等。

二是探索集群正式运营后的招商引资方案。针对各企业现状,制定有针对性的、能够成为集群集聚核心的"锚(Anchor)企业"招商战略。以各行业企业库(Pool)为基础,针对各企业制定营销战略。

三是推进积极利用附近海洋水产基础设施。与位于釜山的海洋相关机构(海洋大学、韩国海洋水产开发院、海洋环境公团等)及相关业界建立合作网络,并制定推进合作方案。

目前,釜山港整体吞吐量呈增加趋势,但北港的吞吐量却呈下降趋势。北港的牛岩码头在 2015 年 4 月转变为普通码头,目前处于闲置状态,且暂无日后运营开发计划,具备选为"可指定区域"的条件。支撑牛岩码头运营的腹地 ODCY 可能会丧失部分功能,因此也包括在"可指定区域"内。

综合考虑地区经济贡献度、复合效果、成长潜力、企业入驻可能以及地区意愿等因素,釜山港北港的核心产业选定为海洋休闲船舶和高端零部件制造。2023 年 6 月,釜山知识产业中心牛岩分中心正式投入运营。该中心是根据《海洋产业集群的指定与培育相关特别法》在韩国建立的第一个产业设施,配备 40 间租赁空间与装卸场、停车场、休息室、会议室、健身房等,优先招募海洋新兴产业、海洋造船器材业、海洋成套设备等相关产业。釜山港北港具体投资计划如表 2-20 所示,釜山港海洋产业集群可指定区域如图 2-2 所示,釜山港机关、企业招商现状如表 2-21 所示。

表 2-20　釜山港北港具体投资计划①

	牛岩码头	腹地 ODCY
实施主体	港务局	开发项目负责人
总经费	262 亿韩元	2500 亿韩元
项目内容	基础设施②(127 亿韩元) 支持设施(135 亿韩元)	土地补偿(2100 亿韩元) 基础设施(400 亿韩元)

① 参见韩国海洋水产部:《第一次海洋产业集群基本计划(2017—2021)》,2017 年,第 24 页。
② 基础设施包括柏油路铺设与拆除、道路、用电、自来水,游艇停泊设施等。

图 2-2　釜山港海洋产业集群"可指定区域"①

表 2-21　釜山港机关、企业招商现状:3 个机关招商完毕②

	牛岩码头知识产业中心	釜山 Marina 商务中心	氢燃料船舶平台中心
项目概要	6000m²,6 层 总经费 274 亿韩元 (国家 160 亿、私人 114 亿)	20158m²,5 层 总经费 480 亿韩元 (国家 240 亿、私人 240 亿)	5000m²,4 层 总经费 399 亿韩元 (国家 260 亿、私人 118 亿、其他 21 亿)
中央部门	中小风险企业部	海洋水产部	产业通商资源部
主管部门 (釜山市)	创业风险科	海洋休闲旅游科	制造创新科
推进计划	设计公开招募: 2019.7—2019.10 实施设计: 2019.11—2020.12 工程进展: 2020.12—2023.12	设计公开招募: 2020.3—2020.6 实施设计: 2020.10—2022.8 工程进展: 2022.10—2024.12	设计公开招募: 2020.5—2020.9 实施设计: 2020.11—2021.11 工程进展: 2021.12—2023.02

2.光阳港海洋产业集群建设案例

《第二次基本计划》针对光阳港的实际情况,调整制定了三大新发展战略。

一是积极吸引海运港口物流研发项目入驻。通过进行入驻企业需求调查,掌握有意愿入驻的企业或机关信息,通过 1∶1 量身定制型咨询服务,吸

① 参见韩国海洋水产部:《第二次海洋产业集群基本计划(2022—2026)》,2022 年,第 9 页。
② 参见韩国海洋水产部:《第二次海洋产业集群基本计划(2022—2026)》,2022 年,第 17 页。

引有关企业和部门入驻。对于计划或正在进行的海洋水产研发项目,通过宣传光阳港集群或入驻激励等方式,增强与海洋水产部海洋水产科学技术政策科、海洋水产科学技术振兴院(KIMST)等的联系。定期(每年 2 次以上)向国民宣传海洋产业集群园区,挖掘潜在园区入驻需求者,提高普通国民对光阳港海洋产业集群的认知度。

二是提高对入驻机关和企业的补贴与援助。为推动入驻机关、企业招商引资,制定并推进租金减免方案。以入驻机关、企业为对象进行满意度调查,收集对集群园区运营方案的意见与建议,并提出解决或支持方案。

三是推进集群核心产业以及目标区域调整方案的讨论。为促进光阳港海洋产业集群,提升海洋产业集聚效果,根据需求调查结果,扩大核心产业范围。例如,将"海运港口物流研发"扩大为"海洋水产研发测试平台"。为高效利用港口设施,考虑到入驻需求和港口使用需求的变动,探讨目标区域调整的必要性,尤其是讨论将目前包括在海洋产业集群区域的中马码头(78469m²)暂时转换为普通码头的必要性。

目前,丽水港、光阳港共有 99 个泊位投入运营,其中光阳港有 35 个码头(国有 23 个,私有 12 个)、97 个泊位(国有 70 个,私有 27 个),丽水港共有 2 个码头、2 个泊位(见表 2-22)。

表 2-22　丽水、光阳港码头现状[①]

	码头数(个)	泊位数(个)	码头长度(米)	装卸能力
总计	37	99	22967	279871 千吨/460 万 TEU
丽水港	2	2	692	—
光阳港	35	97	22275	279871 千吨/460 万 TEU
普通码头	34	85	17875	279871 千吨
集装箱码头	1	12	4400	460 万 TEU

光阳港总吞吐量在 2006—2015 年 10 年间增加了 4.3%,增长率有所上升;集装箱吞吐量在 2006—2015 年 10 年间的增长率为 4.8%,2011—2015年 5 年间的增长率为 2.2%,增长率呈放缓趋势。光阳港"可指定区域"划定

---

① 参见韩国海洋水产部:《第一次海洋产业集群基本计划(2017—2021)》,2017 年,第 25 页。

为中马普通码头和集装箱码头第 1 阶段（3、4 号泊位）（见表 2-23、图 2-3）。
中马普通码头目前正处于闲置状态，集装箱码头第 1 阶段（3、4 号泊位）根据
未来运营情况，处于闲置或部分闲置的时候可成为"可指定区域"。

表 2-23　光阳港总投资计划①

	中马普通码头	集装箱码头第 1 阶段 （3、4 号泊位）
实施主体	港务局	港务局
总经费	171 亿韩元	—
主要内容	基础设施②（18 亿韩元）	利用现有设施

图 2-3　光阳港产业集群"可指定区域"③

　　光阳港海洋产业集群的核心产业定为海运港口物流研发业。研发产业
需求调查结果显示，全部企业中约有 70％ 具有入驻意向，尤其是物流机械、
物流 IT、物流仓库等呈现出较高的入驻意愿。光阳港机关、企业招商现状如
表 2-24 所示。

---

① 参见韩国海洋水产部：《第一次海洋产业集群基本计划（2017—2021）》，2017 年，第 26 页。
② 基础设施包括柏油路铺设与拆除，道路、用电、自来水等。
③ 参见韩国海洋水产部：《第二次海洋产业集群基本计划（2022—2026）》，2022 年，第 9 页。

表 2-24　光阳港机关、企业招商现状:2 个研发项目招商完毕①

	智慧汽车港口商业化技术开发	进出口无人驾驶车辆自动装卸支援系统开发
期限/预算	2019.12.1—2024.12.31 396 亿韩元	2021.4.1—2027.12.31 188 亿韩元
主管部门/机关	海洋水产部 韩国海洋水产开发院(KMI)	海洋水产部 韩国交通研究院(KOTI)
主要内容	高生产率新概念自动化集装箱港口系统(Overhead Shuttle System,OSS)商业化技术开发和验证	进出口的无人驾驶车辆装卸技术开发
租赁面积	用地 28800m²,建筑物 324m²	用地 10070m²,建筑物 337m²

3.新海洋产业集群目标区域与核心产业设置

仁川南港集装箱码头、群山港 1 码头被指定为第二期海洋产业园区"可能区域",但能否推进和推进时间等问题,要根据地区需求、考虑相关动向以后再做决定。指定"可能的核心产业(群)",需要考虑到与海洋产业园区制度宗旨的适配性、与正在推进中的课题联系的可能性及重复与否等。仁川南港核心产业具体内容如表 2-25 所示,群山港海洋产业园区"可能的核心产业(群)"研讨情况如表 2-26 所示。

表 2-25　仁川南港仁川鲜光集装箱码头(SICT)及 E1 集装箱码头(E1CT)的核心产业选择②

	仁川市推进课题	关于指定为"可能的核心产业(群)"的研讨
机器人	培养特色领域(教育娱乐、物流、医疗); 构建国际航空港湾物流机器人集群	因仁川市正在推进自主构建"机器人产业革新园区"计划,所以该领域将被排除在外

① 参见韩国海洋水产部:《第二次海洋产业集群基本计划(2022—2026)》,2022 年,第 19 页。
② 参见韩国海洋水产部:《第二次海洋产业集群基本计划(2022—2026)》,2022 年,第 24 页。

续表

	仁川市推进课题	关于指定为"可能的 核心产业（群）"的研讨
生物制品	持续推进松岛生物前台建设事业； 培育海洋生物资源联通产业	仁川内虽然建有生物产业园区，但主要集中在医药领域，因此"海洋生物"有可能成为核心产业（群）；可以利用仁川港腹地建设与海洋生物特色园区相联系的集群
物流	东北亚枢纽机场、港口基础设施建设； 船舶物流园区早期建设及招商引资； 仁川综合物流支援中心成立； 仁川港功能重新部署，韩中航线完全开放	考虑仁川港、仁川机场等物流基础设施，核心产业（群）可聚焦"港口物流"；但今后指定"港口物流"时，有必要研讨光阳港园区与核心产业的关系
旅游	培育主题海岛旅游； 利用 Marina 打造松岛海洋复合休闲园区； 实现松岛绿色智能 MIT 城市模型	与松岛水上乐园建设项目内的 Marina 构建相连接，园区核心产业（群）可实现"海洋观光"
其他	海洋生物及滨海产业培育； 打造海上风力融复合港湾	是否符合海洋产业园区建设宗旨及相关产业动向、地区社会接受可能性等需要进一步探讨

表 2-26　群山港海洋产业园区"可能的核心产业（群）"研讨①

	仁川市推进课题	关于指定为"可能的 核心产业（群）"的研讨
造船海洋	环保型船舶替代燃料推进系统示范平台建设项目； 为验证燃料推进系统核心器材性能，构建陆基试验台	考虑到地方自治团体对环保船舶等类似事业的意志，"造船海洋"可以作为核心产业（群）

① 参见韩国海洋水产部：《第二次海洋产业集群基本计划（2022—2026）》，2022 年，第 25 页。

续表

	仁川市推进课题	关于指定为"可能的核心产业（群）"的研讨
港口物流	构建以港口为中心的地区经济增长动力基础； 为扩大吞吐量，建设7码头露天堆放场、特殊目的船只先进化园区等	考虑到群山港1码头的选址等，"港口物流"可作为核心产业（群）
海洋能源	绿色氢气生产园区建设工程； 构建可再生能源数字孪生及环保交通示范研究基础	考虑到地方自治团体对氢能等环保再生能源的意志，"海洋能源"可作为核心产业（群）
水产	打造新万金智能水产加工综合园区； 新品种（贝类）养殖渔场开发项目； 群山海参、花虾产地据点流通中心（FPC）建设项目	为了培育智能养殖等环保、智能水产业，机关、企业有必要进行支援，但考虑到贸易港群山港的位置，"水产"作为核心产业是适合的
海洋观光	开发新万金旅游休闲用地； 广域海洋休闲体验综合园区建设项目； 构建地区相生型海洋文化观光基础设施； 将陈旧、闲置的港湾空间与城市空间相连接； 海洋文化观光空间建设（金兰岛）	与新万金、古群山群岛、金兰岛等全罗北道丰富的海洋观光资源相联系，"海洋观光"可作为核心产业（群）

第三章　韩国海洋环境政策与实践

　　早在 20 世纪 60 年代,当世界还处于"产业化"和"经济增长"的大潮中时,韩国就注意到环境保护的重要意义。1962 年,美国蕾切尔·卡逊的著作《寂静的春天》一书出版后,开始引起人们对环境问题的关注。20 世纪 90 年代,为了解决日趋严重的环境污染问题,韩国相继成立了环境部和海洋水产部。此后,在环境部和海洋水产部的主持下,韩国政府制定了一系列海洋环境政策和法律,积极开展海洋环境管理实践活动。

第一节　韩国海洋环境管理机构

　　早期海洋环境污染问题并未引起足够的关注,因为海洋环境与陆地环境相比具有更强大的自净能力,海洋污染的破坏性不易被察觉。所以,韩国政府更加重视对陆地环境的管理,相对忽视海洋环境政策的制定。韩国环境部是负责制定并推进韩国整体性环境政策的部门,再加上海洋环境污染大多来源于陆地环境污染,因此,韩国海洋环境管理职能最早是归属环境部的。海洋水产部成立之后,关于海洋环境的管理职能才归属海洋水产部。韩国海洋水产部成为本国负责制定包括《海洋环境管理法》在内的海洋环境政策与法律的专门机构,主导推进海洋管理实践。韩国环境部组织结构如图 3-1 所示。

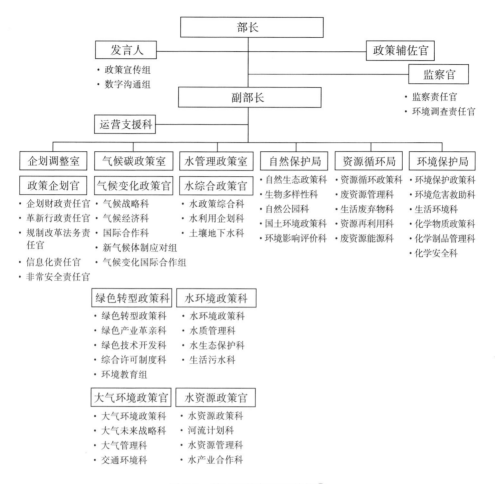

图 3-1　韩国环境部组织结构①

　　韩国的环境主管机构环境部最早起源于 1967 年 2 月在保健社会部环境卫生科设立的污染系。1973 年,韩国政府在卫生局内新设污染科,负责环境管理。此后,历经多次组织调整,1980 年 1 月,韩国成立环境厅,由企划管理官、计划调整局、大气保护局、水质保护局组成,韩国国立环境研究所的所属机构也由保健社会部变更为环境厅。为进一步整合协调环境事务,1990年 1 月,环境厅升级为总理办公厅下属的环境处。1994 年 12 月,环境部正式成立,它拥有更大的权力和自主性来制定和实施环境政策。1996 年 8 月,韩国成立海洋水产部,国立环境研究院的海洋环境科转移至海洋水产部。

---

　　① 韩国环境部:《2021 年韩国环境白皮书》,2022 年,第 877 页。

2008年2月,李明博总统进行政府机构改革,环境部由原来的2室5局4官41科调整为2室3局6官38科,由科学技术部管理的气象厅移至环境部管理。2012年1月,环境部成立"环境保护管理科"和"温室气体管理组",在科学院下设"国立湿地中心",同年7月,环境部设立"水质管理科"。2013年12月,环境部组建"政策宣传组"和"环境监视组",加强环境政策宣传力度。2014年5月,在国立环境科学院内设立"大气质量综合预报中心"。2015年1月,成立"气候变化应对科",实施排放权交易制度。2018年1月,为全面、有效运行排放权交易制度,将曾隶属于国务调整室的温室气体综合信息中心迁移至环境部。2018年6月,韩国将国土交通部管辖的水资源保护、利用与开发相关事务移交给环境部,新设立水资源政策局和洪水统计所。2022年1月,为构建可持续的综合性水管理体系,韩国将河流相关事务由国土交通部移交至环境部,在环境部内新成立河流计划科,在流域、地方环境厅内新成立河流局。截至2022年1月1日,韩国环境部下设3室3局9官46科5组,共计2704名工作人员。[1] 此外,韩国环境部还设有大量附属机构(见表3-1)。

表3-1 韩国环境部附属机构及下属公共机关[2]

外厅	附属机构	下属公共机关
气象厅	国立环境科学院 国立环境人才开发院 温室气体综合信息中心 国家微尘信息中心 国立野生动物疾病管理院 流域、地方环境厅(7处) 首都圈大气环境厅 洪水统计所(4处) 中央环境纠纷调解委员会 国立生物资源馆 化学物质安全院	韩国水资源公司 韩国环境公团 国立公园公团 首都圈建筑地管理公司 韩国环境产业技术院 国立生态院 国立洛东江生物资源馆 国立湖南圈生物资源馆 韩国上下水道协会 环境保护协会 水资源环境产业振兴 韩国水资源调查技术院

注:外厅是韩国处理数量或性质上具有特殊性事务的机构,例如气象厅、统计厅、国税厅等。

---

① 参见韩国环境部:《环境部沿革》,2023年11月16日,http://me.go.kr/home/web/index.do?menuId=10427。

② 参见韩国环境部:《韩国环境部附属机构及下属公共机关》,2023年11月16日,http://me.go.kr/home/web/index.do? menuId=10429。

海洋水产部作为韩国综合管理海洋事务的机构,也肩负着管理海洋环境的职能,与环境部互为补充。韩国海洋水产部下设海洋政策室,设有海洋环境政策官,主管海洋环境政策科、海洋空间政策科、海洋保护科和海洋生态科。海洋环境政策科主要负责海洋环境政策相关的人事、组织、评定工作和制定、修订海洋环境管理法令,总管海洋环境相关的国际合作业务和海洋环境研发,制定与实施环境管理海域(特别、保护)管理基本计划。海洋空间政策科主要负责管理《沿岸管理法》及其主要制度、海洋空间综合管理法令、海洋水产信息共同使用法令、公共水面管理与填埋法令等。海洋保护科主要负责制定并实施《海洋废弃物管理基本计划》,管理废弃物海洋倾倒制度,管理并完善海域使用协议和评价制度,负责海洋污染沉积物净化、修复项目。海洋生态科主管海洋生态系统的保护与管理相关法律,进行海洋生态系统基本调查及生态图绘制等相关业务,调查与管理内分泌障碍物及残留性有机污染物。

第二节　韩国海洋环境主要法规政策

韩国海洋环境管理法律的起点是 1977 年制定的《海洋污染防治法》,这部法律在 2007 年被《海洋环境管理法》取代。为了应对日益复杂的海洋环境问题,韩国政府于 2017 年制定了目前起着海洋环境领域基本法作用的《海洋环境保护及利用相关法律》。韩国政府从 20 世纪 70 年代开始制定海洋环境相关计划,迄今为止,已出台 5 个海洋环境相关综合计划。在此基础上,又分领域制定有针对性的工作计划或推进项目。韩国已初步形成较为完善的海洋环境管理法律与政策体系。

一、韩国海洋环境相关法律

韩国海洋环境管理法律的起点是 1977 年制定的《海洋污染防治法》。《海洋污染防治法》是为配合 1954 年国际海事组织出台的《防止海洋石油污染国际公约》(International Convention for the Prevention of Pollution of the Sea by Oil, OILPOL)而制定的韩国国内法律。1990 年,《海洋污染防治法》根据《国际防止船舶造成污染公约》(International Convention for the

Prevention of Pollution from Ships，MARPOL)和《防止倾倒废物及其他物质污染海洋的公约》(Convention on the Prevention of Marine Pollution by Dumping of Wastes and Other Matter，简称《伦敦倾废公约》)相关规定进行全面修订，主要对船舶和海洋设施的污染排放做出规定。

此后，随着海洋环境保护重要性日益凸显，韩国引入环境管理海域制度等措施，海洋环境管理活动大量增加。世界主要海洋国家不断强化对海洋资源可持续开发、保护及海洋资源管理的责任，韩国也开始主动参与海洋环境保护，开展近海垃圾收集和海洋污染沉积物清理工作。

为应对国内外海洋环境的变化，韩国政府决定彻底改革韩国海洋环境管理体系，全面修订已实施 30 年的《海洋污染防治法》，于 2007 年 1 月制定《海洋环境管理法》。《海洋环境管理法》制定后，《海洋污染防治法》被废止。

《海洋环境管理法》增加了包括引入海域使用影响评价制度，强化海域使用协议制度，引入废物及海洋设施管理制度，制定国家紧急防治计划等在内的新规定，扩大或强化现有规定的适用范围，根据现实需要反复修订并一直沿用至今。

2017 年，为满足气候变化、海洋空间规划、保护生物多样性等多种海洋环境政策需求，韩国制定了起着海洋环境领域基本法作用的《海洋环境保护及利用相关法律》。《海洋环境保护及利用相关法律》根据海洋污染原因不易查明、污染原因和污染结果之间的因果关系不明显的海洋环境特殊性，在"污染者责任原则"的基础上更进一步，设定"事前关怀原则"，即在可能发生严重的海洋污染事故的情况下，即使没有掌握充足的证据也能先发制人地阻止危险行为。另外，该法律对综合利用海洋空间、应对气候变化、促进海洋环境教育等内容做出规定。

以《海洋环境保护及利用相关法律》为基础，韩国相关部门出台海洋环境各领域的下位法律。为了对韩国全海域进行系统地、科学地管理，2018 年韩国制定《海洋空间规划及管理相关法律》，为"先计划、后使用"的海洋空间管理方式奠定法律基础。

2019 年 1 月，为系统推进滩涂生态修复项目，韩国制定《滩涂及周边地区可持续管理与修复相关法律》；同年 4 月，为保障港口附近居民"呼吸的权利"，出台《港口地区空气质量改善相关特别法》，对管理港口微尘排放、指定排放限制海域和船舶低俗航行海域、设置陆上电源供应设备等做出详细规定;同年 12 月,制定《海洋废弃物及海洋污染沉积物管理法》,将《海洋环境管理法》有关内容体系化的同时,新增通过河流减少污染物流入措施、强化原因者责任等相关规定。韩国海洋水产部正式成立后制定的主要海洋环境相关法律如表 3-2 所示。

表 3-2　1996 年后韩国制定的海洋环境相关法律①

制定时间	法律名称	主管部门
1999 年	海岸管理法	海洋水产部
	湿地保护法	海洋水产部
2002 年	海洋水产发展基本法	海洋水产部
2004 年	南极活动与环境保护相关法律	外交部、海洋水产部、环境部
2006 年	海洋生态系统保护与管理相关法律	海洋水产部
2007 年	海洋环境管理法	海洋水产部
2008 年	Hebei Spirit 号漏油事故居民受害援助与海洋环境修复等相关特别法	海洋水产部
2012 年	海洋生命资源管理与利用相关法律	海洋水产部
2016 年	动物园与水族馆管理相关法律	环境部、海洋水产部
2017 年	海洋环境保护与利用相关法律	海洋水产部
2019 年	滩涂及周边地区可持续管理与修复相关法律	海洋水产部
	港口地区空气质量改善相关特别法	海洋水产部
	海洋废弃物与海洋沉积物管理法	海洋水产部

　　除了制定国内环境法律,韩国还加入大量关于油污、渔业、海洋生物资源养护、海洋垃圾处理等领域的国际环境条约(见表 3-3)。

---

① 参见韩国海洋水产部:《第三次海洋水产发展基本计划(2021—2030)》,2021 年,第 29—31 页。

表 3-3　韩国加入的海洋与渔业领域国际环境协定现状①

序号	英文名称	中文名称	协约		韩国	
			通过日	生效日	加入（批准）日	生效日
1	International Convention for the Regulation of Whaling (ICRW)	国际捕鲸管制公约	1946.12.2	1948.11.10	1978.12.29	1978.12.29
2	International Convention for the Conservation of Atlantic Tunas (ICCAT)	养护大西洋金枪鱼国际公约	1966.5.14	1969.3.21	1970.8.28	1970.8.28
3	Convention on the Conservation of the Living Resources of the Southeast Atlantic	养护东南大西洋生物资源公约	1969.10.23	1971.10.24	1981.1.19	1981.2.18
4	Convention on the Conservation of Antarctic Marine Living Resources (CCAMLR)	南极海洋生物资源养护公约	1980.5.20	1981.4.7	1985.3.29	1985.4.28
5	International Convention for the Prevention of Pollution of the Sea by Oil (OILPOL)	防止海洋石油污染国际公约（包括 1962 年和 1969 年修正）	1954.5.12 1962.4.11 1969.10.21	1958.7.26 1967.6.28 1978.1.20	1978.7.31	1978.10.31
6	Convention on the Prevention of Marine Pollution by Dumping of Wastes and Other Matter	防止倾倒废物及其他物质污染海洋的公约（伦敦倾废公约）	1972.12.29	1975.8.30	1993.12.21	1994.1.20
7	International Convention on Civil Liability for Oil Pollution Damage, 1969 (CLC 1969)	1969 年国际油污损害民事责任公约	1969.11.29	1975.6.19	1978.12.18	1979.3.18
8	Protocol to the International Convention on Civil Liability for Oil Pollution Damage, 1969（1976）(CLC PROT 1976)	1969 年国际油污损害民事责任公约的 1976 年议定书	1976.11.19	1981.4.8	1992.12.8	1993.3.8

---

① 参见韩国环境部：《2021 年韩国环境白皮书》，2022 年，第 894—897 页。

续表

序号	英文名称	中文名称	协约		韩国	
			通过日	生效日	加入（批准）日	生效日
9	International Convention on the Establishment of an International Fund for Compensation for Oil Pollution Damage, 1971 (FUND 1971)	1971 年设立国际油污损害赔偿基金公约	1971.12.18	1978.10.16	1992.12.8	1993.3.8
10	Protocol of 1978 Relating to the International Convention for the Prevention of Pollution from Ships, 1973	关于 1973 年国际防止船舶造成污染公约的 1978 年议定书	1978.2.17	1983.10.2	1984.7.23	1984.10.23
11	Convention on Future Multilateral Cooperation in the Northwest Atlantic Fisheries	北大西洋渔业未来多边合作公约	1978.10.24	1979.1.1	1993.12.21	1993.12.21
12	United Nations Convention on the Law of the Sea	联合国海洋法公约	1982.12.10	1994.11.16	1996.1.29	1996.2.28
13	Agreement Relating to the Implementation of Part XI of the United Nations Convention on the Law of the Sea of 10 December, 1982	关于执行 1982 年 12 月 10 日《联合国海洋法公约》第十一部分的协定	1994.7.28	1996.7.28	1996.1.29	1996.7.28
14	Protocol of 1992 to Amend the International Convention on Civil Liability for Oil Pollution Damage, 1969 (CLC PROT 1992)	1969 年国际油污损害民事责任公约的 1992 年议定书	1992.11.27	1996.5.30	1997.3.7	1998.5.15

序号	英文名称	中文名称	协约		韩国	
			通过日	生效日	加入（批准）日	生效日
15	Protocol of 1992 to Amend the International Convention on the Establishment of an International Fund for Compensation for Oil Pollution Damage，1971（FUND PROT 1992）	1971 年设立国际油污损害赔偿基金公约的1992 年议定书	1992.11.27	1996.5.30	1997.3.7	1998.5.15
16	International Convention on Oil Pollution Preparedness，Response and Co-operation，1990（OPRC 1990）	1990 年国际油污防备、反应和合作公约	1990.11.30	1995.5.13	1999.11.9	2000.2.9
17	Agreement for the Establishment of the Indian Ocean Tuna Commission	建立印度洋金枪鱼委员会协定	1993.11.25	1996.3.27	1996.3.27	1996.3.27
18	Convention on the Conservation and Management of Pollock Resources in the Central Bering Sea（CCBSP）	中白令海狭鳕资源养护与管理公约	1994.6.16	1995.12.8	1995.12.5	1996.1.4
19	Convention for the Conservation of Southern Bluefin Tuna（CCSBT）	南方蓝鳍金枪鱼养护公约	1993.5.10	1994.5.20	2001.10.17	2001.10.17
20	Convention for the Conservation of Anadromous Stocks in the North Pacific Ocean	北太平洋溯河性鱼类种群养护公约	1992.2.11	1993.2.16	2003.5.27	2003.5.27
21	Agreement to Promote Compliance with International Conservation and Management Measures by Fishing Vessels on the High Seas	促进公海渔船遵守国际养护和管理措施的协定	1993.11.24	2003.4.24	2003.4.24	2003.4.24

续表

序号	英文名称	中文名称	协约		韩国	
			通过日	生效日	加入（批准）日	生效日
22	Convention on the Conservation and Management of Highly Migratory Fish Stocks in the Western and Central Pacific Ocean	中西太平洋高度洄游鱼类种群养护和管理公约	2000.9.5	2004.6.19	2004.10.26	2004.11.25
23	1996 Protocol to the Convention on the Prevention of Marine Pollution by Dumping of Wastes and Other Matter，1972	《防止倾倒废物及其他物质污染海洋的公约》1996 年议定书	1996.11.7	2006.3.24	2009.1.22	2009.2.21

二、韩国海洋环境相关政策

《海洋环境保护及利用相关法律》第 10 条："总统令规定,为实现海洋环境保护与利用,海洋水产部部长应每 10 年制定一次综合计划。"《海洋环境综合计划》是韩国海洋环境领域最重要的计划,它虽然是《国家环境综合计划》《海洋水产发展基本计划》的下位计划,但统领海洋水质、生态、生命资源等各海洋环境领域的基本计划。自 1996 年《第一次海洋污染防治 5 年计划(1996—2000)》制定以来,韩国共制定了五次海洋环境综合计划。

韩国的海洋环境政策最早始于 20 世纪 70 年代。当时韩国为履行国际海事组织出台的《国际防止船舶造成污染公约》,于 1978 年制定了《海洋污染防治法》。1996 年 3 月,韩国政府在建立海洋水产部的过程中,颁布《第一次海洋污染防治 5 年计划(1996—2000)》,这是韩国海洋环境保护领域的第一个泛政府综合计划。该计划以环境部为中心,由通商产业部、建设交通部、科学技术处、警察厅、水产厅、海运港口厅、气象厅等 8 个海洋环境相关部门联合制定。五年间共投资 4.34 万亿韩元预算,预计到 2000 年,以营造舒适的海洋环境空间为目标,将沿岸地区的污水处理率从 23% 提高到

63％,100％处理粪便,新建 269 处环境初期设施,大力推动渔场净化项目。[①]
另外,韩国政府不断制定与修订《沿岸保护法》《湿地保护法》《海洋污染防治
法》等海洋环境相关法律,为保护海洋环境奠定基础。

2001 年 4 月,韩国公布《第二次海洋环境保护综合计划(2001—2005)》,
政策方向是从污染物的事后处理转变为事前管理,构建污染物质事前预防
管理体系。该计划从"防止陆上污染源流入海洋""管理海洋污染源""改善
海洋水质""促进国际合作""巩固海洋环境管理基础"等五个方面展开,设置
83 个实践课题,共投资 5.43 万亿韩元,同比增长 115.7％。在该计划的努力
下,下水道普及率从 1999 年的 46.6％提高到 2004 年的 68.5％,水质得到明
显提升,也扩大了海洋保护区,韩国国民海洋环境保护意识得到提高,海洋
环境测量网从 1999 年的 296 个扩大至 2005 年的 347 个,巩固了《第一次海
洋污染防治 5 年计划(1996—2000)》建立的海洋环境保护基础。[②]

2006 年,韩国制定《第三次海洋环境保护综合计划(2006—2010)》,以追
求人类和海洋环境的共存与和谐为基本方向,目标是引入沿岸污染总量管
理制度,建立有效控制陆上污染源的管理系统。该计划明确今后五年韩国
将在海洋生态系统的保护与管理、陆源污染管理、海洋环境改善及污染源的
预防性管理、海洋环境管理政策基础等 4 个领域设立 58 个项目,总预算为
6.38 万亿韩元,同比增长 99.1％。此外,韩国还决定制定《海洋环境管理
法》《海洋生态系统保护管理法》《无人岛屿的保护与利用法》,修订《沿岸管
理法》,为确保《第三次海洋环境保护综合计划(2006—2010)》的顺利、有效
推进奠定制度基础。海洋水产部计划从 2007 年下半年起,以马山湾特别管
理海域为起点,引入沿岸污染总量管理制度,加强陆源污染的海洋排放管
理,制定发电站温排水管理标准。同时,推进自然海岸、栖息地净损失防治
制度和沿海用途区域制,开展海洋生态系统基本调查,为海洋生态系统管理
提供科学依据。[③]

---

① 参见韩国环境部:《第一次海洋污染防治 5 年计划(1996—2000)》,1996 年,第 1—2 页。
② 参见《海洋环境管理 25 年,将去向何处》,2021 年 2 月 8 日,http://www.hdhy.co.kr/news/articleView.html？idxno＝13904。
③ 参见《到 2010 年海洋生态系统保护将投入 6.43 万亿韩元》,2006 年 7 月 12 日,https://n.news.naver.com/mnews/article/005/0000251001？sid＝101。

2007 年,韩国制定《海洋环境管理法》,将《海洋环境保护综合计划》改为《海洋环境管理综合计划》。2011 年,韩国修订《海洋环境管理法》,又将计划名称改为《海洋环境综合计划》。该计划有效期延长至 10 年,内容增加对海洋环境的投资与资源分配、专业人才培养等。2011 年 11 月,国土海洋部、环境部、农林水产食品部、海洋警察厅联合制定《第四次海洋环境综合计划(2011—2020)》。该计划的目标是营造健康的海洋生态环境,为此,设置 5 大推进战略和 22 个重点推进课题(见表 3-4)。

表 3-4　《第四次海洋环境综合计划(2011—2020)》推进战略与重点推进课题[①]

5 大推进战略	22 个重点推进课题
确立陆上污染源国家管理体系	(1)完善陆上污染源管理体系 (2)制定符合不同海域特点的针对性管理策略 (3)加强沿岸流入污染物及海洋垃圾的管理 (4)提升合作管理体制及能力
增强海洋污染源应对能力	(5)加强海洋事故预防性管理 (6)完善油类及有害有毒物质污染应对制度,扩充相关设备 (7)科学应对海洋污染 (8)主动完善船舶导致的海洋环境管理制度 (9)保护渔场环境,降低环境危害性
维护海洋生态系统健康	(10)促进海洋生态界的调查、推进政策实施 (11)加强主要海洋生态系统保护和修复 (12)刺激海洋生态旅游的发展 (13)加强关于海洋环境、生态知识的教育、宣传
强化气候友好型海洋环境的管理	(14)加强温室气体减排能力 (15)加强气候变化适应能力 (16)夯实应对气候变化的基础 (17)积极开展应对气候变化领域的国际合作

① 参见韩国国土海洋部等:《第四次海洋环境综合计划(2011—2020)》,2011 年,第 60 页。

续表

5 大推进战略	22 个重点推进课题
强化海洋环境政策基础设施	(18)系统调整海洋环境法制度 (19)强化科学政策基础 (20)加强海洋环境治理 (21)培养民间海洋环境专门人才 (22)加强海洋环境领域的国际合作

《第四次海洋环境综合计划(2011—2020)》取得了较为丰富的推进成果:第一,完善海洋环境各领域法律、制度基础和管理体系。韩国通过制定《海洋环境保护法》《海洋空间规划法》等法律和制度,建立陆上污染源等管理体系。第二,海洋环境政策管理对象数量实现明显增长。韩国扩大海洋生态系统及海洋生物保护制度的范围,制定海岸浸水预测图,扩大海洋环境政策的保护对象。海洋保护区由 2011 年的 15 处、288 平方千米扩大至 2020 年的 30 处、1782 平方千米;海洋保护生物由 2012 年的 52 种扩大至 2020 年 80 种。[1] 第三,构建科学技术基础设施。构建海洋环境监测网及海水水质自动监测站、海洋环境信息综合系统、船舶大气污染物管理系统、海洋污染防治综合系统等科学基础设施体系,实现海洋环境科学管理。但仍存在一系列问题:第一,陆—海环境保护政策及机构间缺乏联系,推进国家层面的海洋环境管理政策限制了地方自治团体、市民等的参与。未来需要完善陆—海、国家—地方自治团体—民间联合等综合管理体系的转换。第二,仍需提升海洋环境政策质量,提高相关信息的利用度。划定海洋保护区等管理对象后,需要探索相关对象的具体保护措施、政策利用方案。第三,虽然具备了科学的基础设施,但对人工智能、物联网、大数据等第四次科技革命技术的全面应用尚且不足。

从各推进战略看,实践目标之一是确立陆上污染源国家管理体系。主要成果有:第一,加强陆上污染源管理体系,减少陆上排放的污染物。2016 年,韩国全面禁止向海洋倾倒陆上废弃物,确立海洋环境标准体系,完善海洋环境监测网,制定全国非典型污染源管理体系。第二,以海域为中心进行

---

[1]　参见韩国海洋水产部等:《第五次海洋环境综合计划(2021—2030)》,2021 年,第 6 页。

环境管理,推进符合不同海域特点的针对性管理。韩国分别于 2013 年和 2019 年制定《第二次环境管理海域基本计划》《第三次环境管理海域基本计划》,扩大沿岸污染总量管理(管理对象由马山湾增加至始华湖、釜山沿岸、蔚山沿岸等)。第三,全面推进国家主导的海洋垃圾政策。韩国在 2011 年开始运行海洋垃圾应对中心,2014 年和 2019 年制定《第二次海洋垃圾管理基本计划》《第三次海洋垃圾管理基本计划》,2019 年制定《海洋垃圾管理法》,同年开展"海洋环境守护者"项目,系统、积极地推进相关政策的实施。但是,陆—海环境保护管理负责机关(海洋水产部、环境部、地方自治团体等)之间的差异性导致了综合政策管理方面的困难,国家层面的海域管理需要提高地方自治团体、市民等的参与度,第四次科技革命新技术在海域环境管理体系中的应用方面准备不足。因此需要建立综合(多部门合作、全海域综合管理、地方自治团体和市民参与)的海洋环境管理体系,通过创新技术的应用及研究开发,推进海域管理实现智能化。

实践目标之二是增强海洋污染源应对能力。主要成果有:第一,建立油类污染事故及有害有毒物质(Hazardous and Noxious Substances,HNS)污染事故国家应对体系。2018 年,韩国建设船舶、器材防治储备基地,构建海洋污染防治综合系统。同年,韩国建立 HNS 国家应对体系,组建 HNS 污染事故联合应对组(地方自治团体、化学物质安全院),保障 HNS 防治船舶、器材及个人保护装备,制定包含多种类情形的最佳应对手册。第二,开发科学的海洋污染应对及环保防治技术。2018 年,韩国构建海洋污染预防管理系统和船舶、海洋设施污染物信息系统,以研究泄漏油的特性变化为基础,开发防治技术。第三,为响应海洋大气污染相关的国际规制,调整国内体系。2019 年,韩国为应对船舶燃料油限制等国际制度的变化,制定《港口空气质量法》《港口微尘减少强化方案》①等法律法规。

实践目标之三是维护海洋生态系统健康。主要成果有:第一,通过加强海洋生态调查体系,夯实科学认识基础。2015 年,韩国实施国家海洋生态系统综合调查,从制度层面完善海洋生态系统调查体系,管理综合调查信息数

---

① 《港口微尘减少强化方案》包括提高船舶燃料含硫量标准、更换环保船舶、指定排放限制海域、扩大船舶岸电(Alternative Maritime Power,AMP)等措施。

据库,扩大对国民开放的程度。第二,加强海洋生态系统保护措施,完善海洋生物管理体系。大幅扩大海洋保护区域范围和海洋保护生物指定范围,2020 年海洋保护区增加至 30 处,共计 1782 平方千米。① 2016 年起,实施海洋动物救助、治疗、放生活动,2019 年制定《滩涂法》,2020 年推进滩涂修复项目,指定 16 种有害海洋生物及 1 种扰乱海洋生态系统生物。虽然海洋保护区、海洋保护生物、有害海洋生物等的指定数量实现了增长,但此后仍需探索具体的保护和利用方案。第三,刺激海洋生态旅游和海洋环境教育的发展,夯实相关的制度基础。韩国于 2020 年制定《滩涂生态旅游认证指南》,推进西川、高敞郡拉姆萨尔的湿地城市认证和加露林湾海洋保护区的"海洋庭院"建设。2016 年,制定《海洋环境教育综合计划》,指定国家海洋环境教育中心。

实践目标之四是强化气候友好型海洋环境的管理。主要成果有:第一,明确沿岸灾害脆弱地区的情况,夯实沿岸灾害应对基础。制定海岸浸水预测图,查明沿岸灾害脆弱地区的情况。2020 年,韩国修改《沿岸管理法》,新设沿岸灾害应对条款。第二,构建 IMO 温室气体限制标准的国内实施体系。为在韩国国内履行 MARPOL,2012 年,韩国制定修改《海洋环境管理法》。建立履行目标管理制的船舶温室气体管理系统,引进改善船舶能源效率(EEDI、EEOI、SEEMP)②的制度。韩国计划构建海洋气候变化信息综合管理及预测的体系,通过自然空间保护、修复等促进沿岸地区政策的落实,开发船舶温室气体减排和管理的政策和技术,为船舶温室气体管理系统的对接和利用奠定基础。

实践目标之五是强化海洋环境政策基础设施。主要成果有:第一,通过海洋环境对象及空间分类法整顿海洋环境法律、制度。2017 年,韩国制定具有基本法性质的《海洋环境保护及活用相关法》,2018 年制定《海洋空间规划法》,2019 年制定《海洋废弃物法》《港口空气质量法》《滩涂法》等专门性法律。为构建以空间为基础的系统性海洋环境管理体系,韩国于 2019 年制定

① 参见韩国海洋水产部:《第五次海洋环境综合计划(2021—2030)》,2021 年,第 9 页。

② EEDI——船舶能效设计指数(Energy Efficiency Design Index),EEOI——船舶能效运营指数(Energy Efficiency Operational Indicator),SEEMP——船舶能效管理计划(Ship Energy Efficiency Management Plan)。

《第一次海洋空间基本计划》。第二,建设基于科学数据和技术的海洋环境基础设施体系。构建海洋环境测量网及海洋水质自动测量站、海洋环境信息综合系统等海洋环境调查、信息系统。2018年,韩国制定海洋水产领域科学技术政策优先计划《第一次海洋水产科学技术培养基本计划(2018—2022)》。第三,通过提高国民参与度开展海洋环境保护活动,促进专业人才培养。2013年起,韩国为提高国民保护海洋环境意识,开始开展官民联合活动。2014年起,为预防海洋污染、促进海洋环境领域民间专业人才的教育,实施海洋污染防治管理人教育等政策。第四,加强以亚洲区域为中心的海洋环境国际交流与合作。参与东亚主要国家开展的海洋环境交流合作会议及共同调查,提高支援发展中国家的相关政策力量。2012年至今,韩国参与"韩日海洋环境交流合作会议";2014年至今,重启韩中黄海海洋环境共同调查。第五,建立海洋生物资源馆,构建海洋生物资源保护与管理体系。2015年,韩国建立海洋生物资源馆;2019年,制定《第一次海洋水产生命资源基本计划》。

《第五次海洋环境综合计划(2021—2030)》于2021年1月正式出台,指明韩国2021—2030年十年海洋环境保护领域的基本方向。该计划适用于韩国领海、内水、专属经济区的海洋环境治理,但必要时也会扩展至公海。该计划将"人与自然健康共存的海洋"作为发展蓝图,设立保护、利用、成长三大计划目标。保护是指加强海洋环境分类管理,有针对性地管理环境和生态系统,提升海洋价值;利用是指提升海洋活动的活跃度,营造国民友好、轻松舒适的海洋环境;成长是指扩大绿色产业领域,发掘并支持海洋环保产业的特点。该计划设置"保持洁净水质的清洁大海""维持生态系统健康的大海""享受舒适海洋生活的大海""实现环保型经济活动的大海""发展绿色产业的大海""系统应对气候变化的大海"六大推进战略。

第一,保持洁净水质的清洁大海。该战略共有三个推进课题。其一,营造参与型智慧海域环境管理基础。改善以ICT为基础的海域环境监控体系,利用大数据技术设定海洋环境标准,持续推进海域环境管理技术的研究开发,落实参与型海域环境管理治理模式,提升放射性物质流入海洋前的应对与管理能力。其二,减少陆源污染物质。运营海岸环境基础设施,减少非点污染源污染物质流入海洋,加强河流河口区海洋环境管理能力,分类管理陆地污染源。其三,提升海域分类管理能力。将海域环境管理对象扩大到全国各海岸,有效管理环境管理海域,扩大特别管理海域海岸污染总量管理,改善海域的海底沉积物污染。

第二,维持生态系统健康的大海。该战略共有四个推进课题。其一,科学评价海洋生态系统状态与变化。完善海洋生态系统调查体系,监控海洋生态系统威胁因素,提升海洋生态系统管理的系统化水平,扩大信息利用,预测气候变化导致的海洋生态系统变化。其二,维持海洋生物多样性。扩大海洋生物保护区,引入海洋保护区用途区域制度,改善海洋保护生物生命周期管理体系,提升水族馆内海洋生物管理水平,强化外来海洋生物和基因变异生物管理能力。其三,修复并改善海洋生态系统。扩大并丰富海洋生态系统修复项目,成立海洋生物种群保护的专门机构,强化与公众合作。其四,扩大海洋生态系统管理与合作治理。制定海洋生态系统单位海域调查管理体系,着力推进与朝鲜和东北亚海洋生态系统保护合作。

第三,享受舒适海洋生活的大海。该战略共有四个推进课题。其一,管理生活海洋垃圾。诊断海洋垃圾污染,改善事前预防体系,利用智慧技术提升海洋垃圾收集效率,构建海洋垃圾循环经济体系,营造合理的海洋垃圾管理基础。其二,扩大海岸提供的多样亲水机会。营造快乐、安全的"三无"①海边和方便弱势群体舒适利用的沿岸空间。其三,营造海洋生态旅游氛围。制定海洋生态旅游调查和基本计划,制定滩涂生态旅游体系,打造海洋庭院。其四,推进海洋环境教育。促进学校海洋环境教育,扩充市民团体海洋环境教育力量,推广以海洋工作人员为对象的海洋环境意识教育项目,强化海洋环境教育的政策基础。

第四,实现环保型经济活动的大海。该战略共包括三个推进课题。其一,重整海洋污染事故应对体系。构建国家、公共、私人综合性海洋污染防治体系,加强海上 HNS 污染事故的应对能力,建立针对新增海洋污染源泄漏事故应对体系,强化船舶、海洋设施海洋污染预防管理能力,构建实时海洋污染监视体系,提高海洋污染物质分析能力和防治技术研究。其二,强化温室气体和大气污染物质管理。推进温室气体、大气污染物质低排放环保

---

① "三无"是指无水质污染物质、无危险有害物质、无有害海洋生物。

船舶转型,强化港口区域大气环境管理,丰富海洋温室气体减排手段。其三,构建海洋、港口大气环境分析预测平台。构建海洋—沿岸—港口大气环境调查体系,有无线网络下排放—污染测量体系,建立以数字孪生为基础的港口大气污染物质分析预测平台。

第五,发展绿色产业的大海。该战略共有三个推进课题。其一,完善海洋生物产业基础。完善海洋水产生命资源保护管理基础,扩大海洋生物研究开发,培育先进海洋生物产业。其二,环保能源产业转型。扩大海洋能源发展,发展与海洋环境和生态系统相适应的海上风电。其三,培育融合型海洋环境保护产业。利用 ICT、大数据技术培育海洋环境产业和海洋环境保护产业。

第六,系统应对气候变化的大海。该战略共有五个推进课题。其一,提升海洋气候变化科学应对能力。构建海洋气候环境综合观测系统和海洋气候变化分析预测模型,制定海洋气候变化脆弱性评价与应对战略。其二,与气候变化相适应的海岸管理。推进沿岸灾害应对体系和市民共同参与的海岸管理方案,制定沿岸灾害危险评价制度和沿岸侵蚀区最小化开发方案。其三,构建海洋空间管理支持体系。构建海洋空间能动型综合管理基础和海洋空间智慧管理基础,制定海洋生态系统服务空间价值地图,完善海洋空间和生态管理政策制度。其四,提升海洋环境影响评价体系的专业性。构建并运营海洋环境影响评价技术和信息支持系统,完善海洋环境影响评价体系。其五,主导海洋环境领域的国际合作。推进海洋环境国际合作推进体系,加强海洋环境各领域的国际合作,支持新南方国家等海洋环境应对力量。

根据上述六大战略,韩国提出十大具有代表性的政策课题,作为未来十年的任务重点。(1)提高科学应对海洋气候变化的能力。(2)增加海洋领域温室气体减排方式。(3)加强海洋生态系统对气候变化的适应能力。(4)主导海洋环境领域的国际合作。(5)建立市民参与型海洋垃圾管理基础。(6)构建智慧海域环境管理体系。(7)扩大海洋保护区,完善管理体系。(8)构建数字基础的智慧海洋大气管理系统。(9)发展海洋生态旅游。(10)激活前沿海洋生物产业。

历次海洋环境综合计划如表 3-5 所示。

表 3-5 韩国五次海洋环境综合计划①

	第一次海洋污染防治5年计划	第二次海洋环境保护综合计划	第三次海洋环境保护综合计划	第四次海洋环境综合计划	第五次海洋环境综合计划
计划时间	1996—2000年	2001—2005年	2006—2010年	2011—2020年	2021—2030年
蓝图	打造21世纪人海共存的海洋亲水空间	营造舒适、充满活力的海洋环境	生态中心、经济共赢、参与合作	健康且增效的海洋	人与自然健康共存的海洋
目标	切断陆上污染源头,营造无赤潮海域;扩充海洋污染事故预防及防治体系;建立海洋环境保护支持体系	实现干净水质;营造健康的海洋生态;保护富饶的海洋资源	提升海洋生态健康;改善海洋水质和海底沉积物环境;确立政策施行基础	营造生态健康的海洋环境	加强海洋环境分类管理;提升海洋活动的活跃度;扩大绿色产业领域
政策战略	防止赤潮综合对策;提升海洋污染事故防治能力;保护海洋生态;改善补偿渔民损失等支持制度;海洋环境保护国际合作;强化海洋环境保护能力	防止陆上污染源流入海洋;管理海洋污染源;改善海洋水质,保护生态;促进国际合作,保护地球环境;巩固海洋环境管理基础	保护并管理海洋生态;系统管理陆源污染;改善海洋环境,污染源预防式管理;强化海洋环境管理政策基础与国际合作	确立陆上污染源国家管理体系;提升海源污染应对能力;维持海洋生态健康;强化气候友好型海洋环境管理;强化海洋环境政策基础	维持干净水质;维持生态系统健康;宜人的海洋生活;开展环保型经济活动;发展绿色海洋产业;系统性应对气候变化

① 参见韩国海洋环境部:《第五次海洋环境综合计划(2021—2030)》,2021年,第3、38页。

142

以海洋环境综合计划的内容为指引,海洋水产部联合相关部门,根据现实需要,分领域、有针对性地制定工作计划或推进项目(见表 3-6)。

表 3-6　海洋环境政策动向[①]

领域	计划或项目
海洋水质环境管理	第三次环境管理海域基本计划(2019—2023)
	第二次水环境管理基本计划(2016—2025)
海洋污染管理	先进防治应对体系建设方案研究(2008)
	HNS 事故国家先进应对体系方案研究(2011)
	海洋污染防治业务发展计划(2015)
	应对海洋污染事故趋势变化国家海洋污染防治政策改善方案研究(2019)
海洋大气及温室气体管理	港口地区空气质量改善相关特别法(2019 年制定)
	大气管理区内大气环境改善相关特别法(2019 年制定)
	开发及推广环保船舶相关法律(2018 年制定)
海洋生态保护与管理	第二次海洋生态基本计划(2019—2028)
	第三次湿地保护基本计划(2018—2022)
	第三次自然环境保护基本计划(2016—2025)
海洋生物资源	第一次海洋水产生命资源管理基本计划(2019—2023)
	第三次生命工学开发基本计划(2017—2026)
	第二次国家传染病危机应对技术开发推进战略(2017—2021)
研究开发及产业化	第一次海洋水产科学技术开发基本计划(2018)
海岸管理与气候变化	第二次沿岸综合管理计划(2011—2021)
	第二次沿岸综合管理变更计划(2016—2021)
	第二次应对气候变化基本计划(2020—2040)
	第二次国家气候变化适应对策(2016—2020)

---

① 参见韩国海洋水产部:《第五次海洋环境综合计划(2021—2030)》,2021 年,第 21—27 页。

第三节　韩国海洋环境管理实践

为了解决海洋环境污染问题,韩国政府积极完善海洋环境政策体系,加强海洋环境保护及管理,维持海洋生态系统健康,提升海洋环境污染事故管理能力,清理海洋垃圾,充分利用海洋水产生命资源,参与多边海洋环境治理,强化海洋环境管理水平。

一、完善海洋环境政策体系

韩国政府积极构建海洋空间综合管理体系,完善海域使用协议及影响评价体系,运行海洋环境测量网,提升公众对海洋环境的认识,通过上述举措不断完善海洋环境政策体系,加强海洋环境污染治理能力。

（一）构建海洋空间综合管理体系

韩国拥有的海洋空间是国土面积的 4.5 倍,是非常重要的国土资源,但是一直存在"先占后用"的错误认知,海洋空间开发利用矛盾频发。为此,韩国摒弃"先占"的错误观念,向"先计划、后利用"模式转型。2018 年,韩国政府将"构建海洋空间综合管理与规划利用体系"选定为国政课题。同年,韩国制定《海洋空间规划及管理相关法律》并于 2019 年 4 月正式实施。2019年 7 月,韩国政府制定《第一次海洋空间基本计划(2019—2028)》,为海洋空间管理政策指明方向。

《海洋空间规划及管理相关法律》的核心是由各市、道制定海洋空间管理规划。海洋空间管理规划的核心内容是根据韩国海洋利用现状及特点划分 9 个海洋用途区。① 海洋用途区规定各类海洋活动的优先顺序,是海洋空间管理的基础。

海洋用途区是历经海洋空间特点评价和意见收集两个阶段后划定的。海洋空间特点评价是以科学的数据和资料为基础,评价海洋空间的地理特点、位置与利用能力。此后,根据特点评价的结果,经地区协会、听证会、有

---

① 9 个海洋用途区包括渔业活动保护区、矿物资源开发区、能源开发区、海洋旅游区、环境生态管理区、研究和教育保护区、港口与航行区、军事活动区、安全管理区。

关机关商议等阶段收集意见,最终划定海洋用途区。

2020 年 2 月,韩国只在釜山和附近的专属经济区海域制定了海洋空间管理计划,2021 年扩大至韩国全海域,计划于 2022 年正式实施。

海洋水产部系统支持海洋空间综合管理,为促进海洋水产信息的共同使用,于 2018 年起开始建设"海洋水产大数据平台"。截至 2020 年,为提高信息的利用效率,该平台按信息的质量和标准整理了 50 家机关部门收集的 405 份原始信息和 1385 份材料信息。[①] 此外,为迅速了解海洋空间的动向,快速收集各类信息,海洋水产部提供"海洋空间综合地图"(www.vadahub.go.kr)服务。该服务旨在打破时间和空间制约,利用人工智能等新技术,连续提供时间(年/月/日)和空间(各海域)信息。为提高大数据平台功能,扩大民间使用情况,韩国计划开展为期 3 年的"第二次海洋水产信息共同使用综合计划(2022—2024)"。

(二)完善海域使用协议及影响评价体系

海域使用协议制度是在推进海洋开发、利用项目前,事先分析、预测海洋利用行为对海洋环境的影响,最大程度降低对海洋环境负面影响的事前预防性海洋环境管理政策手段。该制度最早体现在环境厅时期限制特别管理海域行为的《海洋污染防治法施行令》(1982 年 9 月 15 日施行)中。此后,环境部的《海洋污染防治法》施行令(1996 年 6 月 30 日施行)首次使用"海域使用协议"术语,一直到《海洋污染防治法》废除前都未发生明显改变。1996 年韩国组建海洋水产部后,海域使用协议制度的主管部门由环境部变更至海洋水产部。海洋水产部不仅强化了海洋和海洋环境的法律、制度基础,而且于 2000 年提升了海域使用制度的法律地位,由施行令提升至《海洋污染防治法》。

2007 年 1 月,随着韩国废除《海洋污染防治法》、制定《海洋环境管理法》(2008 年 1 月施行),海域使用协议制度也历经诸多变化。

第一,海域使用协议制度的概念变更。在《海洋环境管理法》制定之前,想要使用海域的机关会和海域管理机关进行行政协商。但在《海洋环境管理法》制定后,海域使用协议制度和环境部负责的环境影响评价制度一并成

---

① 参见韩国环境部:《2021 韩国环境白皮书》,2022 年,第 659 页。

为事前预防性环境管理手段。

第二,新设海域使用影响评价制度。2004年,随着国务调整室推进"骨材供给安全综合对策",韩国新设与环境影响评价(战略环境影响评价)制度类似的海域使用影响评价制度。

第三,强化海域使用协议、海域使用影响评价制度基础。为专门探讨项目负责人提交的协议书或评价书设立了专门的研究机构(海域使用影响研究机构),为该制度的实际运行提供行政保障。

最近,随着人民生活水平的提升,海域使用行为也愈发多样,海域使用协议、海域使用影响评价的案例也在不断增加。为更好地保护及管理海洋环境,海洋水产部将海域使用协议、海域使用影响评价制度视为牵制海洋开发利用行为的重要手段,持续推进对该制度的多种研究。

(三)运行海洋环境测量网

自1997年起,韩国合并了环境部的海洋污染测量网和水产厅的渔场环境污染调查网,构建了海洋环境测量网。海洋环境测量网的调查对象包括海水、海洋生物、海底沉积物等。自2004年起,细分为港口近海海洋管理海域环境测量网,2006年在河口区增加环境测量网。

2017年,海洋水产部在韩国近海共设置425个测量网,测量结果将通过海洋环境信息门户(www.meis.go.kr)公开,每年发布韩国海洋环境调查年报。

2016—2020年5年间,韩国Ⅰ、Ⅱ级水质(良好)比例为75%以上,Ⅳ、Ⅴ级水质(差)不足5%。2020年受长达50日的梅雨影响,韩国水质污染较为严重。Ⅰ、Ⅱ级水质占比为76%(322处),与上一年(81%,346处)相比减少约5%(24处);Ⅳ、Ⅴ级水质占比4.5%(19处),与上一年(3.8%,16处)相比增加了0.7%(见表3-7)。①

---

① 参见韩国环境部:《2021韩国环境白皮书》,2022年,第663页。

表 3-7　2016—2020 年韩国海洋环境测量网水质等级结果[①]

	评价结果					
	Ⅰ级	Ⅱ级	Ⅲ级	Ⅳ级	Ⅴ级	小计
2020 年	162	160	84	17	2	425
2019 年	222	124	63	12	4	425
2018 年	218	130	59	17	1	425
2017 年	199	163	59	4	0	425
2016 年	205	146	58	8	0	417

海洋水产部设定海洋环境标准。考虑到韩国海域的地理环境特点,海洋水产部将 65 个海域重新划分为 31 个,修订并公布《海洋环境标准》(海洋水产部公告第 2018-10 号,2018 年 1 月 23 日)。在修订后的标准中,考虑到半封闭海域的地理特征、潮汐和海水流动特点等因素,将 31 个海域划分为 14 个淡水海域、7 个半封闭海域、10 个一半海域,并根据各海域的特点实施海洋环境保护政策。另外,海洋水产部还制定了各海域 2026 年前需达成的水质目标,为日后韩国实施特性化海洋环境政策奠定基础。[②]

(四)提升公众对海洋环境的认识

为了提升公众对海洋环境的认识,一方面,韩国政府积极推进海洋污染防治管理员教育和专业防治教育。为增强预防和应对海洋污染事故的能力,《海洋环境管理法》第 121 条(海洋污染防治教育与训练)规定,海洋污染防治管理员应按总统令的要求接受海洋污染防治相关的教育和训练。船舶上的海洋污染防治管理员是除总吨数 150 吨以上的油船和 400 吨以上的油船外,船上负责防止海洋污染物质和大气污染物质排放的船舶职员。[③] 海洋设施等的海洋污染防治管理员是海洋环境管理行业的技术人员。此前,海洋污染防治管理员任命后每 5 年需参加至少 1 次教育或训练活动。但为进一步提升海洋污染防治管理员的海洋污染事故应对能力,2020 年 12 月,相关法律修订为在参加教育、进修并取得资格证后,才能被任命为海洋污染防

---

① 参见韩国环境部:《2021 韩国环境白皮书》,2022 年,第 663 页。

② 参见韩国环境部:《2021 韩国环境白皮书》,2022 年,第 663 页。

③ 除船长、通信长、通信员外的船舶职员。

治管理员。海洋污染防治管理员的教育主要包括海洋环境管理法和国际条约、海洋环境保护对策、出入检查、海洋污染防治设备使用、识别污染水质、海洋污染事故实践等内容。为做到教育内容全覆盖,韩国以渔民等海洋从业人员为对象,开展有针对性的专业海洋环境教育,提升海洋污染事故预防和危机应对能力。专业防治教育的主要内容包括环境保护对策、海洋污染案例、海洋污染预防与应对、海上与海岸污染防治办法、各类污染防治器材使用方法等。韩国海洋污染防治管理员教育和专业防治教育现状如表 3-8 所示。

表 3-8　韩国海洋污染防治管理员教育和专业防治教育现状[①]

	2016 年		2017 年		2018 年		2019 年		2020 年	
	次数	人数	次数	人数	次数	人数	次数	人数	次数	人数
船舶的海洋污染防治管理员	35	1324	35	1422	36	1427	37	1425	37	1062
海洋设施等的海洋污染防治管理员	11	476	11	366	11	518	11	492	11	367
专业防治教育	24	654	35	989	47	1480	71	2337	107	3083
合计	70	2454	81	2777	94	3425	119	4254	155	4512

　　另一方面,韩国政府努力营造学校和社会海洋环境教育氛围。韩国目前缺少面向学生和公众的海洋环境教育项目和支持市民团体海洋环境教育活动的专门教育部门,因此有必要整合学校和社会的海洋教育资源,建立系统、高效的海洋环境教育组织。由此,在 2015 年 12 月《第一次海洋环境教育综合计划(2016—2020)》制定后,根据《环境教育振兴法》第 16 条,海洋环境公团(海洋环境教育院)首次被指定为国家海洋环境教育中心。2020 年,国家海洋环境教育中心通过和民间团体等海洋环境教育组织开展合作项目,支持海洋环境领域体验式教育,组建专家讲师团,以学生、渔民等海洋从业者为对象进行海洋环境保护教育。韩国还开展海洋环境移动教室项目,

---

① 参见韩国环境部:《2021 韩国环境白皮书》,2022 年,第 667 页。

将搭载有海洋环境保护资料的车辆直接开往各个小学,提高小学生的海洋环境保护意识。2021年下半年,韩国建立了线上海洋环境教育在线平台,使国民能够随时随地接受海洋环境教育。韩国学校和社会海洋环境教育现状如表3-9所示。

表3-9 韩国学校和社会海洋环境教育现状[①]

	2016 年		2017 年		2018 年		2019 年		2020 年	
	次数	人数	次数	人数	次数	人数	次数	人数	次数	人数
海洋环境移动教室	131	3634	349	11518	282	7975	347	8386	97	2136
讲师团教育	170	11651	396	14626	716	22937	685	23729	449	11985
海洋环境教育部门合作	676	20966	645	19326	620	16028	812	24582	1093	29215
专门人才培养	8	192	4	126	5	119	3	140	—	—
合计	985	36443	1394	45596	1623	47059	1847	56837	1639	43336

二、加强海洋环境保护及管理

为了加强海域环境保护及管理,韩国政府制定并完善应对气候变化海洋环境适应政策,推进港口地区微尘减排,以应对气候变化,实现国家碳中和目标。

(一)实施环境管理海域及沿岸污染总量管理制度

为了实施环境管理海域及沿岸污染总量管理制度,一方面,韩国政府划定并管理特别管理海域。1981年《海洋污染防治法》规定特别管理海域的概念,新增沿岸污染特别管理海域划定依据,环境厅(现环境部)以此为基础将蔚山沿岸、釜山沿岸、镇海湾(现马山湾)、光阳湾等4个海域(共934平方千米)划定为特别管理海域。1996年,有关特别管理海域的事务全部移交至海洋水产部。1999年修订的《海洋污染防治法》将保护价值高的海域定为"环境保护海域",将污染严重且需要通过集中投资的方式改善海洋环境的海域

① 参见韩国环境部:《2021韩国环境白皮书》,2022年,第668页。

定为"特别管理海域"。将加幕湾、得良湾、道岩湾、咸平湾等 4 个海域划定为海洋保护海域,将釜山沿岸、蔚山沿岸、光阳湾、马山湾、仁川沿岸等 5 个海域划定为特别管理海域进行针对性管理。为进一步提升海洋环境科学、系统治理能力,海洋水产部制定《第一次环境管理海域基本计划(2002—2012)》,但是由于缺乏法律支持无法有效执行。2008 年制定的《海洋环境管理法》为基本计划奠定了法律基础。2013 年制定《第二次环境管理海域基本计划(2013—2017)》,2014 年根据基本计划制定并实施《第二次环境管理海域各海域管理计划(2014—2018)》。2019 年制定并实施《第三次环境管理海域基本计划(2019—2023)与各海域管理计划(2019—2023)》。2015 年,韩国建立起评估各海域管理计划实施情况的检查评价体系,力求确保海域管理政策的有效性。

另一方面,韩国政府实施沿岸污染总量管理制度。海洋水产部综合考虑海域生态、环境承载力、陆上污染源等因素,于 2008 年引入《沿岸污染总量管理制度》。《沿岸污染总量管理制度》是通过有计划地管理污染物质,设定对象海域的水质目标,确定达成该目标的污染负荷量,将流入海域的污染负荷量(污染物质量由浓度乘以流量计算)控制在允许总量以内,以最大程度发挥海洋环境管理和区域发展效果的海洋环境管理制度。海洋水产部于1996 年修订的《海洋污染防治法》新增总量规则条款;2008 年制定的《海洋环境管理法》以特别管理海域为对象,引入并实施《沿岸污染总量管理制度》(第 15 条),同年,首次制定并实施《第一次马山湾沿岸污染总量管理基本计划(2007—2011)》。在马山湾沿岸污染总量管理制度试运行后,2013 年该制度扩大至始华湖,2015 年和 2017 年进一步推广至釜山沿岸、蔚山沿岸。

(二)制定并完善应对气候变化海洋环境适应政策

52 年间(1968—2019 年)朝鲜半岛海水温度上升 1.26℃,与全球平均的0.51℃相比增长 2 倍以上;近 30 年间(1990—2019 年)朝鲜半岛的海洋面以3.12 毫米/年的速度上涨,明显超过全球 2.00 毫米/年(1971—2010 年)。[①]韩国位于太平洋西岸,受对马暖流、东韩暖流影响,其气候变化问题加速凸显。2020 年,为了实现气候安全国家的目标,有关部门制定《第三次国家气

---

① 参见韩国环境部:《2021 韩国环境白皮书》,2022 年,第 670 页。

候变化适应对策》,并制定海洋水产领域适应气候变化的政策方案。

《第三次国家气候变化适应对策》中列举了包括监控海洋、滩涂、淡水生态,管理海洋有害生物,开发海洋灾害应对技术,污染源管理在内的 34 个海洋水产领域基本任务。此外,为保证课题的顺利落实,海洋水产部还积极推进海洋气候预测资料特点评估、异常水温预测系统建设等课题。

为应对气候变化,实现韩国国家碳中和目标,海洋水产部在 2021 年 12 月制定《海洋水产领域 2050 碳中和路线图》,计划通过推进减排措施、扩大碳汇等手段实现碳中和目标。韩国海洋水产领域主要减排措施如表 3-10 所示。

表 3-10　韩国海洋水产领域主要减排措施①

领域	主要减排措施
海运	LNG 船、氢动力船、混合燃料、电力船、氨水船等
水产与渔村	更换渔船老旧设备、LNG/电力/氢动力渔船、节约水产加工能源、普及养殖场环保设备、支持养殖场太阳能设备、生产国家渔港环保能源等
海洋能源	潮汐发电、波浪发电、小型水力发电等
蓝碳	滩涂湿地、修复海藻群落、保护大陆架、养殖牡蛎(贝壳利用)等
海洋地下储量	二氧化碳捕集利用与封存(CCUS)

(三)推进港口地区微尘减排

2019 年史无前例的雾霾引起了韩国政府和公众对微尘危害的警惕,韩国于 2019 年 4 月出台了规定港口减排政策法律依据的《港口区域空气质量改善相关特别法》,拥有船舶、装卸设备的港口区域成为韩国微尘治理的重点。

美国国家环境保护局(Environmental Protection Agency,EPA)的研究结果表明,船舶燃油硫含量标准从 3.5% 下降至 0.5% 有助于减少 70% 以上的微尘。因此,韩国决定自 2021 年 1 月起将国内船的船舶燃油含硫量标准从原来的 3.5% 降低至 0.5%,减排效果显著。除此之外,韩国在 2019 年 12 月引进船舶低速航行项目,支持公共或民间组织更换环保船舶,同时加速对

---

① 参见韩国环境部:《2021 韩国环境白皮书》,2022 年,第 670 页。

151

新一代环保船舶技术的研发速度。自 2020 年 9 月起,实施船舶排放限制海域制度,将釜山港、仁川港、蔚山港、丽水港、光阳港、平泽唐津港等韩国国内大型港口滞留的船舶燃油含硫量标准限制在 0.1% 以下,并计划进一步扩大至所有使用船舶。针对港口装卸设备造成的污染,韩国增设港口装卸设备排放气体许可标准,通过升级装卸设备动力、增加减排装置等诸多举措持续推进港口装卸设备环保转型。为测量港口区域空气质量情况,2020 年韩国建设 15 个位于港口内的空气质量测量点,未来将根据测量情况制定有针对性的政策。①

三、维持海洋生态系统健康

为科学地保护海洋生物多样性和海洋生态健康,韩国制定了"海洋生态保护与管理基本计划",通过实施国家海洋生态调查制度,扩大海洋保护区规模,划定与管理海洋保护生物,改善栖息地,积极使用蓝碳(滩涂、盐生植物、海草等)作为碳吸收源,修复受损滩涂等措施持续推进海洋生态修复。

(一)扩大海洋生态调查,助推海洋政策实施

扩大海洋生态调查范围。韩国最早的海洋生态保护与管理法律是 1999 年制定的《湿地保护法》、2007 年制定的《海洋生态保护与管理相关法律》和下位法律,并一直沿用至今。"滩涂生态调查与可持续利用方案研究(1999—2004 年)"是韩国首次以国家为单位进行海洋生态调查,自 2006 年起,制定了周期为 10 年的"海洋生态基本调查(2006—2014 年)",周期为 5 年的沿岸湿地基础调查(1999—2004 年、2008—2014 年,包括补充调查)和海洋保护区调查观察(2011—2014 年)。2015 年,韩国将此前分别进行的海洋生态基本调查、沿岸湿地基础调查、海洋保护区调查观察、海洋生物多样性调查等项目统一整合为"国家海洋生态综合调查",调查周期由原来的 5—10 年缩短为 2 年(全海域调查),以便及时应对海洋生态环境变化,构建综合性海洋生态调查体系。目前,韩国已完成全海域第三周期(2015—2020 年)调查,建立气候变化导致的海洋生态变化、海洋生态多样性的判断标准,以便更有针对性地制定海洋生态保护管理政策。

---

① 参见韩国环境部:《2021 韩国环境白皮书》,2022 年,第 674—675 页。

体系化管理海洋生态调查信息。为积极宣传与推广沿岸湿地管理活动与相关政策,韩国于2005年将"滩涂信息系统"投入使用,2010年使用滩涂信息系统将沿岸湿地基础调查结果数据化,2013年整合沿岸湿地基础调查、海洋生态基本调查、海洋保护区调查与观察的结果建立起海洋生态信息综合系统,2019年将海洋生态综合调查等与海洋生态相关的信息转移至"海洋环境信息门户",进一步提升了海洋生态信息的使用效率。

构建海洋保护生物繁殖修复与管理体系(繁殖海洋保护生物,建设海洋保护生物管理体系)。为保护海洋保护生物和其栖息地,增加海洋生物多样性,韩国于2013年起推进人工繁殖、栖息地恢复、提高国民认识等多样化海洋生物保护项目。2018年11月,开展海洋保护生物(斑海豹)海洋栖息地改善项目。2021年5月,开展江豚死亡原因分析项目,均取得明显效果。未来,韩国计划通过确立保护政策与制度基础、修复栖息地、多部门合作等方式提升海洋保护生物数量。

(二)强化海洋生态系统保护措施

为了强化海洋生态系统保护措施,一方面,韩国政府划定沿岸、海洋保护区,指定拉姆萨尔湿地。韩国重视保护湿地生态,为有效保护与管理海洋保护生物栖息地等在地形、地质或生态学上存在极高价值的区域,2001年起划定"(沿岸)湿地保护区""海洋生态保护区""海洋生物保护区""海洋景观保护区",2006年起将(沿岸)湿地保护区指定为拉姆萨尔湿地。韩国共划定30处保护区,包括13处(沿岸)湿地保护区(1421.65平方千米)、14处海洋生态保护区(261.27平方千米)、2处海洋生物保护区(94.14平方千米)和1处海洋景观保护区(5.23平方千米)。各保护区根据区域特点制定管理计划,设立生态旅游设施,进行海洋垃圾收集处理等管理项目。韩国海洋保护区现状如表3-11所示。

表 3-11　韩国海洋保护区现状[①]

	数量(处)	面积(平方千米)	相关法令
湿地保护区	13	1421.65	《湿地保护法》第8条

---

① 参见韩国海洋水产部:《第五次海洋环境综合计划(2021—2030)》,2021年,第16页。

	数量（处）	面积（平方千米）	相关法令
海洋生态保护区	14	261.27	《海洋生态保护与管理相关法律》第 25 条
海洋生物保护区	2	94.14	《海洋生态保护与管理相关法律》第 25 条
海洋景观保护区	1	5.23	《海洋生态保护与管理相关法律》第 25 条
总计	30	1782.29	

2018 年韩国将西南海岸湿地保护区面积扩大为首尔市面积的 2 倍,努力推动西南海岸滩涂(西川滩涂、高敞滩涂、新安滩涂、宝城顺天滩涂)纳入联合国教科文组织(United Nations Educational, Scientific and Cultural Organization, UNESCO)世界自然遗产名录。2021 年 1 月,韩国政府制定《第五次海洋环境综合计划(2021—2030)》,该计划将"扩大海洋保护区(领海面积的 20%),改善管理体系"定为十大核心课题之一,持续探索有效的海洋保护区实施政策。

另一方面,韩国政府扩大海洋生态修复项目。2008 年滩涂修复项目选址地调查结果表明,在 81 个(32 平方千米)滩涂修复目标中,考虑到是否接近湿地保护区、各区域安排、修复类型等因素,选定了 17 处(17 平方千米)首批修复目标区域。2010 年,将顺天、高敞、泗川 3 处定为项目试点区。截至 2013 年,韩国政府分别向顺天、高敞、泗川投入 11 亿韩元、50 亿韩元和 14 亿韩元的资金支持,确保示范项目的顺利推进。

2018 年,韩国政府再次调查滩涂修复项目选址地,了解滩涂生态现状和利用实情,增加 28 处滩涂修复目标。截至 2020 年,韩国通过修复泗川、顺天(2 处)、高敞、新安(3 处)、务安、高兴、江华、泰安等 11 处 1.5 平方千米的滩涂,疏通 3.4 千米的海水,极大地改善了受损滩涂的功能。2021 年,韩国政府持续推进西川、高敞(熊渊湾)、西山、保宁、顺天、新安等 9 处 2 平方千米的滩涂修复和 1.9 千米的海水疏通项目。[①]

韩国为系统地推进滩涂生态修复项目,在 2019 年 1 月制定《滩涂及周边区域可持续管理和修复相关法律》(简称《滩涂法》),2021 年制定滩涂管理

---

① 参见韩国环境部:《2021 韩国环境白皮书》,2022 年,第 690 页。

和修复相关计划,有利于保护滩涂多样性。与此同时,韩国计划以滩涂修复项目的成果为基础,努力开发适应海洋生物栖息处和生态特点的修复技术,持续扩大海洋生态改善和修复项目,推进滩涂生态旅游认证制度,探索滩涂保护与利用兼备的成功模式。

四、提升海洋环境污染事故管理能力

海洋污染事故不仅破坏海洋生态和海洋环境,也会对沿岸居民造成直接或间接的生命、财产损失。1995 年海洋王子号、2007 年"Hebei Spirit"号事故致使海洋环境遭到严重破坏,但同时也印证海洋污染事故需要系统管理。时至今日,韩国每年约发生 250 起海洋污染事故。为预防海洋污染事故、营造干净的海洋环境,韩国政府制定了不同的海洋污染事故应对计划,不断提升应对海洋污染事故的能力。

（一）海洋环境污染事故预防应对行动

制定并使用大规模海洋污染事故危机管理标准及工作手册。韩国针对其管辖海域中发生的船舶和海洋设施大规模海洋污染事故,制定了全政府的危机管理体系和各部门的行动分工,此举极大地提升了韩国对大规模海洋环境污染事故的应对能力。韩国每年都会根据实际情况,结合专家意见,制定应对大规模海洋污染事故危机管理标准工作手册,每年对市、道地方自治团体和地方海洋水产厅的公务人员进行全政府的事故应对训练,提升海洋污染事故的应对能力。

提升 HNS 污染事故应对能力。最近,随着有害有毒物质的种类和数量极速增加,海洋污染泄漏事故发生概率不断增大。韩国于 2008 年加入 OPRC-HNS 协议（Protocol on Preparedness, Response and Co-operation to Pollution Incidents by HNS）,参与国际合作。2015 年起,韩国开始推进有害有毒物质污染事故管理研发项目。该项目结合韩国国内对有害有毒物质的管理需求及国际协议的要求条件,正有针对性地推进技术研发。韩国计划以技术开发的结果为基础,制定有害有毒物质应对综合手册,完善相关法律修正案,以保证有充足的资金来源和设备支持来应对有害有毒物质污染事故。

实施预防二次海洋污染事故的沉船管理措施。为防止沉船二次海洋污染事故,有必要实施现场调查、清除残油等降低海洋污染风险评估的措施。2020年12月,韩国对2243艘沉船进行了风险评估,选中了68艘现场调查船舶。其中2015年3艘,2016年8艘,2017年5艘,2018年10艘,2019年5艘,2020年5艘,2021年5艘,共对41艘沉船完成现场调查。2022年预计将对5艘沉船进行现场调查,对1艘船舶进行清除残油作业。[①]

强化海洋设施的安全管理。2014年1月,丽水"武夷山"号碰撞漏油事故发生后,韩国强化了对海洋设施的安全检查。2020年,韩国对全国396个机油及有害液体物质的储藏储备设施和污染物质储藏设施进行仔细检查,加强海洋设施管理。同时,韩国有关部门组织召开油料仓储设施等相关行业会议,增强安全意识,每年对主要危险物质、油类存储设施进行联合安全检查。

推广使用多功能大型防治船。为及时应对发生在恶劣天气或外海的海洋污染事故,韩国正在推进具有疏浚和收集大型浮游物功能的5900吨级的大型防治船建设,已于2022年建设完成并投入使用。这将克服目前海洋污染事故应对体系的局限,迅速应对突发性大规模海洋污染事故,降低海洋环境损害。

(二)海洋环境污染事故应对和善后行动

在发生大规模海洋污染事故时,韩国将启动中央事故处理本部。中央事故处理本部将迅速联合国家安保室、海洋警察厅等相关部门,领导海洋污染防治部门间合作,处理海洋污染事故。发生海洋污染事故时,应按照原因者责任原则,对海洋设施或者船舶采取防治措施,但是当现实情况不允许时,将由国家直接采取防治措施统筹指挥。目前韩国政府和海洋环境公团在韩国国内主要港口配置防治船、防治装备,为船舶和其他海洋设施制定海洋污染非常态计划书,以应对大规模海洋环境污染事故。

韩国进行海洋污染事故对海洋环境的影响调查和损害赔偿。分析海洋污染事故中排出的污染物质对海洋环境、生态造成的影响,有利于政府查明事故原因并制定事前防范对策。2007年12月7日,泰安海域发生了"Hebei Spirit"号漏油事故。该事故作为韩国史无前例的国家环境灾难案例,根据

---

① 参见韩国环境部:《2021韩国环境白皮书》,2022年,第692页。

《海洋环境管理法》和相关特别法规定,韩国自 2009 年开始进行为期 10 年的长期环境影响评价和环境修复的相关研究。

环境影响评价和环境修复的研究资料不仅被用作事故海域长期的环境影响举证和渔业损失赔偿的旁证材料,同时也有助于建设以地理信息系统为基础的数据库,为日后政府制定政策提供重要的依据。另外,各类现场调查方法和研究成果将通过指南、长期教育训练推广普及,提升海洋污染调查机关的行动能力。

《海洋环境管理法》第 77 条规定,海洋环境公团等 7 个机构为海洋污染影响调查专门机构,若发生有害液体物质 10—100kL(按类别区分)和原油、燃料油、重油、润滑油 100kL 以上的污染事故时,有关部门将在 3 个月内进行海洋污染影响调查。①

五、清理海洋垃圾

海洋垃圾是指海洋和海岸环境中具有持久性的、人造的或经加工的固体废弃物。海洋垃圾会破坏景观和水生生物栖息地、阻碍船舶正常运行,造成严重损失。随着太平洋垃圾带和微塑料污染等问题日益凸显,联合国正在推进制定全球性的应对措施。

根据《海洋环境管理法》,自 2009 年起,韩国政府有关部门相继制定《第一次海洋垃圾管理基本计划(2009—2013)》《第二次海洋垃圾管理基本计划(2014—2018)》《第三次海洋垃圾管理基本计划(2019—2023)》,建立起全政府的海洋垃圾治理体系。2021 年,韩国政府制定《第一次海洋废弃物与海洋污染沉积物管理基本计划》,在提升各阶段海洋废弃物和海洋污染沉积物治理水平的同时,向以预防为中心的管理政策转型。

2019 年 12 月,韩国为综合管理诱发多种社会、经济问题的海洋废弃物,制定了《海洋废弃物及海洋污染沉积物管理法》(2019 年 12 月 3 日制定,2020 年 12 月 4 日实施),在迁移《海洋环境管理法》规定内容并体系化的同时,增加减少污染流入河流的措施,强化污染者责任等规定。

---

① 参见韩国环境部:《2021 韩国环境白皮书》,2022 年,第 694 页。

（一）海洋垃圾的预防与收集

阻止海洋垃圾进入海洋是预防海洋垃圾最有效的方式。由于陆地上产生的垃圾会通过河流流入海洋，海上作业或养殖工程中也会有垃圾产生，因此需要制定综合性的海洋垃圾预防对策。

为减少陆源海洋垃圾，五大江流域缔结《河流、河口垃圾管理协定》，同时推进地方自治团体和韩国中央政府的合作项目。根据该协议，地方自治团体和韩国中央政府共同分担清理河流垃圾、设置河口垃圾隔断的费用。另外，为有效清除堆积在水库和大型水坝里的垃圾，韩国进一步强化水面垃圾管理者的垃圾管理责任。2019 年 12 月韩国政府制定的《海洋废弃物与海洋污染沉积物管理法》规定，为减少河流垃圾流入海洋，河流管理厅应义务采取减排措施。

养殖用泡沫塑料浮标是韩国最常见的海洋垃圾之一。泡沫塑料浮标容易碎成无数小块，是造成海洋微塑料污染的主要原因。韩国计划实施渔具浮标保证金制度，以减少泡沫塑料浮标、废弃渔具等污染物质流入海洋。此外，为方便渔业从业者收集作业过程中产生的垃圾，韩国设立并运营海洋垃圾堆积场。

韩国重视开展贴近生活的海洋垃圾收集项目。为使韩国国民能舒适地、安全地使用海岸，韩国政府积极支持地方自治团体和市民参与海洋垃圾收集活动。尤其是为解决岛屿地区海洋垃圾污染严重的问题，韩国政府计划向地方自治团体提供 7 艘污染净化运输船舶，在需要特别管理的主要海岸地带安排管理人员，持续推进"海洋环境守护者"项目。

韩国为提升海洋垃圾收集项目的效率，不断推进调查研究。2015 年，"海洋沉积垃圾管理体系改善方案研究"提出评价沉积垃圾净化工作周期及优先顺序的"净化指数"，开发出监测环境改善效果的实用技术。2016 年，韩国有关部门编制海岸垃圾存量分析调查指标，经试点调查和现场勘查，绘制"全国沿岸污染地图"。2017 年，韩国升级"全国沿岸污染地图"，运营海洋环境信息门户，进一步强化海岸垃圾调查体系。

（二）构建科学自主的海洋垃圾管理基础

加强海洋垃圾应对中心和综合信息系统建设。海洋垃圾产生于陆地和海上的日常生活与经济活动中，因此需要各部门及利益攸关方之间的通力合作。2011年,韩国政府成立"海洋垃圾应对中心",共享各部门之间的信息,帮助政府制定政策。海洋垃圾应对中心组织相关专家和地方自治团体负责人召开政策研讨会,2015年发布《海洋垃圾年报》,收录了韩国政府和民间团体进行的各类海洋垃圾应对活动。由于海洋垃圾可能会越过国境移动到周边国家,因此需要和周边国家密切合作,海洋垃圾应对中心也负责支持海洋垃圾治理的国际合作。

为有效预防与处理海洋垃圾,有必要及时掌握海洋垃圾的产生原因、数量、分布现状等信息。2008年,韩国开始实施持续性的海洋垃圾监测工作,将通过调查、研究项目等方式获取的各类信息统一汇总至"海洋垃圾综合信息系统"中。该系统还提供多样的海洋垃圾教育和宣传资料,满足公众需要。

进行针对性的宣传教育。减少海洋垃圾需要广泛的教育和宣传,改变公众的认知与行为。为让更多市民了解到海洋垃圾问题的严重性,韩国政府利用广播、电视、网络等多媒体渠道开展各类环保活动。"国际净滩活动"是韩国具有代表性的市民参与海洋垃圾活动。每年9月的第三个星期六各地志愿者们自发地捡拾海岸垃圾,记录垃圾种类,调查垃圾产生原因。此外,韩国每年也会联合地方海洋水产厅、自治团体、民间团体、学校等开展多样的实践活动。

提升研究与开发能力。韩国政府从2020年起推进海洋塑料垃圾收集设备、处理技术、回收技术开发项目,定期开展海洋微塑料调查,精准掌握海洋微塑料的时间和空间分布变化。

六、充分利用海洋水产生命资源

为了充分利用海洋水产生命资源,韩国政府积极建设国立海洋生物资源馆,宣传海洋生物的重要性,提高公众对海洋生物的关注。同时,发展海洋水产生物技术,为大力开发海洋生物资源提供技术支持。

（一）建设国立海洋生物资源馆

《生物多样性公约》和《名古屋议定书》确认了国家对生物资源的主权权利,国家间对海洋生物资源的竞争愈发激烈,进一步凸显海洋生物资源的重要性。韩国海洋水产部为紧跟海洋生物资源的国际潮流,系统性管理作为国家资产的海洋生物资源,在忠清南道舒川郡建设国立海洋生物资源馆。韩国国立海洋生物资源馆作为海洋生物资源的研究、展示、教育机关,充分利用海洋生物资源助力海洋产业发展。国立海洋生物资源馆保存着多样的海洋生物资源,能够向企业提供遗传资源提取物质等材料,支持韩国培育海洋生物产业。此外,该机构还提供多种教育、展示项目,提升韩国民众对海洋生物资源的认识。

2008年1月,国立海洋生物资源馆开始动工建设,2013年12月竣工。在正式投入使用(2015年)之前,2014年5月,为宣传海洋生物的重要性,提高公众对海洋生物的关注,韩国在展示馆设立了约8000份展示标本和影像资料。2014年10月,韩国公布《国立海洋生物资源馆的设立与运营相关法律》,2015年4月16日起正式实行。2015年4月,国立海洋生物资源馆设立正式法人,为韩国国家层面综合管理海洋生物资源奠定基础。2016年,韩国政府将国立海洋生物资源馆指定为海洋生命资源的责任机关,进一步提升了国立海洋生物资源馆对海洋生物管理的中心地位。2019年1月,韩国制定《第一次海洋水产生命资源管理基本计划(2019—2023)》,为系统管理海洋水产生命资源奠定制度基础。

韩国在海洋生物资源获取、保存、管理、利用等方面开展了多样化的研究课题。在资源确定方面,2017年起,韩国将其管辖海域分成东海中部、东海南部、南海东部、南海西部、西海5个海域,按顺序开展资源调查,建立14507种有韩国国内栖息记录的海洋生物资源总目录,获取8660种实物。此外,韩国与海洋生物多样性高的越南、马来西亚、俄罗斯、东帝汶四国建立合作基地,共同保护海外海洋生命资源。在资源管理方面,韩国每年制定国内栖息资源的总目录,利用已确认资源的遗传资源信息等构建海洋生命综合信息系统(MBRIS)和国家海洋水产基因组信息中心。2018年开始,韩国将19个委托登记保存机关分散管理的海洋水产生命资源通过MBRIS进行综合管理。在资源利用与研究开发方面,为了将研究成果应用于实际产业,与CJ第一制糖等企业举行了座谈会,今后将推进与企业的共同研究等,为海洋生物产业化做出贡献。此外,通过利用海洋生命资源运营海洋蛇展、海龟展、海狮展等多种展示项目,新设置大型黑露脊鲸骨骼(14米)及全面改编哺乳类动物区,每年多达20万人访问,顾客满意度也连续3年达到90分以上(S等级)。为了提高人们对海洋生命资源的认识,运营了不同水平的针对性教育项目、海洋生态教室等,每年有7000多人参加。为了更充分地发挥公共机关的社会价值,以社会关怀人员为对象实施教育捐赠,以教育资源匮乏的学校为对象运营海洋水产生命资源学校。这一行动得到了联合国教科文组织韩国委员会的认可,于2019年被选定为可持续发展教育正式认证制项目。

未来,韩国国立海洋生物资源馆将继续发挥法律规定的责任机关作用,并致力成为海洋生物研究枢纽,持续推进高海外依赖性资源的国产替代研究等反映社会需求的研究。

(二)发展海洋水产生物技术

海洋生物技术(Marine Biotechnology)是指了解海洋生物体内发生的现象、结构和功能,利用从中获得的知识生产产品或提供服务,应用于促进产业和人类福利的科学技术。作为海洋生物技术的源泉,海洋生物资源是开发具有巨大利用潜力的新一代新物质的堡垒。海洋占地球表面积的70%左右。据推测,地球生物种类的80%左右都栖息在海洋,每年地球上生产的2000亿吨光合作用量中有90%来自海洋。从滩涂及沿岸到深海、热带、寒带,海洋生物广泛分布在各种海洋空间。它们调节气候、自我净化污染的能力是陆上生物的2倍,创造了年均26万亿美元的经济价值。海洋生物技术产业是指利用海洋生物的系统、组成成分、过程和功能生产产品和服务的产业,这是继信息通信产业之后成为国家经济增长核心产业的领域。[1]

海洋生物占全部生物的80%以上,但产业研发的比例不到1%,是处于萌芽期的新领域。最近,随着新材料竞争加剧,处于未知领域的海洋生物备受关注。以美国为首,欧洲、日本、中国等国家为了抢占海洋生物技术市场,争先恐后地进行政策倾斜和投资支援。为了培育韩国海洋生物技术产业,率先引领世界市场,海洋水产部也正在大力推进研究事业。

海洋水产部制定的《2018年海洋水产科学技术培育基本计划》和《海洋生物产业培育战略》为培养系统性生物产业奠定了基础框架。2019年制定了以获得系统性资源和扩大生物银行运营等十二大重点课题为基础的《第

---

① 参见韩国环境部:《2021韩国环境白皮书》,2022年,第702—703页。

一个海洋水产生物资源管理基本计划(2019—2023)》;2021 年制定了《全球海洋生物市场抢占战略(2021—2030)》,作为旨在提高海洋生物产业竞争力和创造国家增长动力的中长期产业培育政策,促进海洋生物领域的成果转化。另外,为了获取和利用海洋生物技术的源泉——海洋生物资源,韩国在《国立海洋生物资源馆的设立与运营相关法律》(2014 年 10 月制定)的基础上,于 2015 年 4 月成立了专门机构"国家海洋生物资源馆";2016 年,为了海洋生物资源和水产生物资源的综合管理,制定了《海洋生物资源的保存管理和利用》等法律。

海洋生物产业是技术周期上处于萌芽期、引进期阶段的产业,也是有望实现高增长的产业。因此,韩国海洋水产部计划以《全球海洋生物市场抢占战略》为基础,系统、综合地管理海洋生命资源,提升资源的利用率。开发高附加值剂型化技术,支援利用海洋材料的医疗、医药领域新技术开发,培养高附加值产业。同时,培养专业人才,构建孵化器及中间材料良好生产规范(Good Manufacturing Practice,GMP)设施等,建设各区域集群等,强化产业基础,打造海洋生物领域代表性成功事例,为韩国经济增长提供动力。

七、参与多边海洋环境治理

韩国主要通过加入区域海洋环境治理机制参与多边海洋环境治理。在东北亚地区,韩国主要参与四个环境治理机制。一是西北太平洋行动计划(NOWPAP)。韩国釜山建立 NOWPAP 区域协调办公室,负责统筹数据信息交流网络,全面负责执行各成员国关于行动计划的决议;韩国海洋科学与技术研究所负责建立 NOWPAP 海上环境应急与反应区域活动中心,该中心与国际海事组织共同合作制定有效的区域合作措施,以应对包括石油和有害有毒物质泄漏在内的海洋污染事故。二是东北亚次区域环境合作计划(NEASPEC)。东北亚次区域环境合作计划在海洋环境领域注重建立海洋保护区,自 2013 年起运营东北亚海洋保护区网络(NEAMPAN),目标是在该次区域建立一个有效、功能齐全的海洋保护区(MPA)网络,以保护海洋和沿海生物多样性,提高海域管理能力。韩国的务安湿地生态保护区、顺天湾湿地生态保护区以及高敞滩生态保护区加入了东北亚海洋保护区网络,组建东北亚区域信息共享、联合评估与监测的海洋环境治理平台。三是中日韩环境部长会议(TEMM)。中日韩环境部长会议2015年开始关注海洋垃圾治理与生态保护领域,将海洋环境保护列为优先发展领域。中日韩环境部长会议建立三国环境部门的良好互动关系,以规范治理保持环境协议的紧密联系,利用国家政策的权威性塑造治理秩序。在2022年召开的第23届会议中,韩国环境部长韩和真介绍了韩方推动碳中和、改善空气质量、促进循环经济、保护生物多样性、加强国际合作等领域的工作进展。四是黄海大海洋生态系统战略行动计划(YSLME SAP)。中韩两国共同建立黄海大海洋生态系统战略行动计划,同时得到朝鲜、全球环境基金会等的支持。该计划旨在解决黄海海域的海洋溢油、海洋垃圾以及跨境环境问题,为黄海环境治理制定跨界诊断分析(TDA)、国家行动计划(NAP)和区域战略行动计划(SAP)。由于可实践性强,该机制也成为东北亚海域互动较为频繁的双边环境合作机制。

在东亚地区,韩国主要参与三个环境治理机制。一是东亚海协作体(COBSEA)。东亚海协作体重点解决海洋污染问题,加强海洋和海岸带规划管理,加强海洋环境管理区域治理。韩国外交部作为国家联络点加入东亚海协作体,为"东亚海洋行动计划"项目提供政策支持。二是东亚海环境管理伙伴关系计划(PEMSEA)。韩国1994年加入该计划,2000年韩国始华湖被指定为沿海综合管理(ICM)试点。2001年,在韩国财政部、PEMSEA、安山市政府的支持下,《始华湖宣言》通过;2008年,韩国昌原举行《拉姆萨尔公约》第十届缔约方大会,通过《昌原宣言》;2010年,韩国参加第三届PEMSEA理事会会议;2011年,韩国釜山主办第四届PEMSEA理事会会议,韩国海洋环境管理公团(KOEM)与PEMSEA签署谅解备忘录,并以非国家身份加入其中;2013年,韩国主办由KOEM和PEMSEA组织的东亚地区高级官员海洋环境国际教育计划;2017年,韩国主办由KOEM组织的海水水质分析与监测培训;2019年,韩国主办由KOEM组织的海水水质分析与监测培训、海洋微塑料国际研讨会、主海洋废弃物专家培训工作坊、海洋污染问题技术工作组会议,重点通过信息共享来解决海洋脱氧问题;2021年,韩国仁川港务局(IPA)与PEMSEA签订了谅解备忘录,决定编写温室气体排放报告;2022年,韩国参与编制《2023—2027年东亚海可持续发展战略(SDS-SEA)实施计划》,参与由韩国海洋科学技术院(Korea Institute of Ocean Science and Technology，KIOST)组织的区域工作组会议，以制定东盟生物污染管理区域战略。三是东盟"10＋3"环境部长会议。东盟与中日韩环境部长之间定期举行高级别会议，2019 年的会议首次提出针对海洋塑料垃圾治理的举措。东盟 10 国与中日韩在 2018 年提出海洋塑料废弃物的合作行动倡议，主张通过多边国际合作进行海洋废物管理和海洋废弃塑料的 3R (Reduce，Reuse，Recycle——减量化、再使用、再循环)处理，并于 2019 年 3 月举行东盟海洋垃圾特别部长级会议，探索建立海洋塑料垃圾区域知识中心(RKC-MPD)的可能性。《10＋3 合作工作计划(2018—2022)》文件也体现了中日韩三国参与到东南亚地区海洋环境治理中的必要性。

在北极地区，韩国主要参与中日韩北极事务高级别对话机制。2015 年 11 月，三国领导人发布《关于东北亚和平与合作联合宣言》，决定启动中日韩北极事务高级别对话机制，探索在北极的域外合作方式。2016 年 4 月 28 日，中日韩举办有关北极事务的首次高级别对话，明确开展北极合作的指导原则，并一致表明在北极环境与气候治理上的决心。在 2017 年 6 月 8 日进行的第二轮北极事务高级别会议中，三国政府以环境科学研究作为切入点，确立具体科研合作项目，邀请专家进行具体环境项目合作的商谈，为北极理事会的"北极太平洋扇区工作组"(Pacific Arctic Group，PAG)以及 2020 年夏季进行的"北极全面调查"(Synoptic Arctic Survey，SAS)提供支持；在 2018 年与 2019 年的第三、第四轮北极事务高级别对话中，三国继续深化对北极地区海洋环境的科学研究，并相继出台北极环境保护政策。

第四章　韩国北极政策与实践

近年来,全球气候变暖日趋加剧,北极冰川加速融化,北极航路和资源开发利用的可能性大为增强,对海洋的利用使北极成为备受关注的焦点。韩国为确保北极开发优先权和北极治理影响力,积极制定北极政策规划,加快进军北极步伐。

第一节　韩国北极政策出台的背景与沿革

韩国的北极活动始于 1988 年建设南极世宗科学基地后,1993 年,韩国海洋研究所极地研究本部进行为期 2 年的"北极研究开发基础调查研究"。1994 年,韩国参加了开展北极研究的国家共同举办的"北极论坛"。1999 年,韩国海洋科学技术院(KIOST)前身韩国海洋研究所的两名研究者搭乘中国破冰科考船"雪龙号"首次开展北极实地考察研究。

2000 年之后,韩国正式开始北极科学考察工作。为了加入"国际北极科学委员会",韩国开始建设能够持续开展北极研究的科学考察基地,选定位于北纬 79 度附近挪威斯匹次卑尔根群岛的新奥尔松科学基地村建立科学基地,正式开展独立研究。2002 年 4 月 25 日,在荷兰格罗宁根召开的"国际北极科学委员会"上,韩国在全体会员国一致同意下决定加入该委员会。当月 29 日,正式启动北极茶山科学基地。目前,以茶山科学基地为基础,进行陆地及海洋生态系统、气象、地质等多种研究,并从 2005 年开始运营选拔青少年体验北极研究活动的北极研究体验团(21C 茶山青少年)项目。韩国从 2008 年开始申请成为北极理事会观察员国,并为此进行多方努力。2009 年 10 月,韩国首艘破冰船"ARAON 号"按照打碎 1 米厚冰川并保持 3 节速度航行的标准建造完成,执行北冰洋海洋生物和矿物资源基础调查、北极圈气候环境变化观测、观测技术支持与应用等任务。此外,其主要任务是在北极结冰海域独立进行极地研究,对北极基地进行补给及人员输送。"ARAON号"建成后,从 2010 年开始极地研究所每年夏季都开展北冰洋科学考察。2011 年 3 月,韩国主办北极科学高峰周。2012 年,韩国加入《斯瓦尔巴条约》(又称《斯匹次卑尔根群岛条约》),获得在北极活动的合法身份。

2013 年 5 月,韩国成为北极理事会永久观察员国。同年 7 月,在对外经济部长会议上,相关部门联合推出《北极综合政策促进计划》,确立北极政策基本方向、远景规划和政策目标,重点推进课题是加强北极圈国际合作、加强北极科学研究活动、发掘和推进北极商业模式、扩充法律制度基础,在此基础上制定北极政策推进体系和今后推进计划。同年 12 月,作为其后续措施,海洋水产部、外交部、产业通商资源部、未来创造科学部、环境部、国土交通部、气象部 7 个部门共同制定了《北极政策基本计划(2013—2017)》,该计划预计到 2017 年实现三大政策目标、四大战略课题的 31 项政策。三大政策目标即构建为国际社会做出贡献的北极伙伴关系(强化国际合作)、加强为解决人类共同课题做出贡献的科学研究(强化科学研究)、通过经济领域的参与创造北极新产业(创造经济和商业价值);四大战略课题的 31 项政策即国际合作领域 8 个课题、科学考察研究领域 11 个课题、北极圈经济与商业领域 10 个课题、制度领域 2 个课题等。① 2015 年 4 月,韩国海洋水产部与外交部、环境部、国土交通部等部门又出台《北极政策执行计划》,表明韩国北极战略步入实施阶段。

2015 年 11 月 3 日,极地研究所、韩国海洋水产开发院、船舶海洋成套设备研究所、韩国海洋财团、荣山大学北极物流研究所等机关、企业、学校等 21 个单位在汝矣岛肯辛顿酒店召开"韩国北极研究联盟"(Korea Arctic Research Consortium,KOARC)创立大会并开始开展活动。截至 2021 年,已扩大到 34 个单位。韩国海洋水产开发院从 2015 年开始运营北极专门教育项目"北极学院",这是由约 180 个大学和研究机构组成的北极圈最大的

① 参见韩国海洋水产部:《〈北极政策基本计划(2013—2017)〉制定》,2013 年 12 月 10 日,https://www.korea.kr/multi/cartoonView.do? newsId=148771000。

学术交流网络。

2015 年 11 月,第 6 届中日韩领导人会谈后作为后续措施,三国就共享北极政策、挖掘合作事业、探索加强北极合作方案达成协议。2016 年 4 月,首轮中日韩北极事务高级别对话在首尔召开,截至 2019 年已召开四轮会议(见表 4-1)。

表 4-1 中日韩北极事务高级别对话进展

	场所	主要讨论事项
第一轮 2016 年	首尔	介绍本国在国际合作、科学研究、经济活动等领域的北极政策及实践; 就北极是一个充满挑战和机遇的地区达成共识; 讨论三国北极合作方向,表示继续对北极理事会做出贡献,在各种国际论坛内认同合作发展; 探讨在科学研究领域合作的可能性
第二轮 2017 年	东京	东北亚三国签署北极合作愿景共同声明; 三国共同挖掘和推动北极科学领域具体合作项目,在其他领域也将持续寻求合作; 三国将共同研究北冰洋、太平洋地区环境变化,参与环北极海洋观测国际项目
第三轮 2018 年	上海	介绍各国的北极政策及实践现状,探讨加强北极科学领域合作方案,针对在北极理事会中的合作、《预防中北冰洋不管制公海渔业协定》、各国国内立法动向和北极合作对话发展方向等问题进行讨论; 签署旨在加强北极合作的联合声明
第四轮 2019 年	釜山	第 7 届中日韩领导人会谈通过共同宣言,再次确认了支持三国间北极合作的意志; 专家们就北极合作对话进行有意义的讨论
第五轮 2020 年	—	原计划在日本召开,但因新冠疫情延期

海洋水产部和外交部从 2016 年开始每年 12 月的第二周举行为期一周的国内最大规模的北极热点会议。2017 年 11 月 30 日,美国、加拿大、俄罗斯、挪威、丹麦(格陵兰岛)、中国、日本、韩国、欧盟、冰岛等十国就《预防中北冰洋不管制公海渔业协定》(Agreement to Prevent Unregulated High Seas Fisheries in the Central Arctic Ocean,CAOFA)达成共识。2018 年 10 月,

十国正式签署该协定,2021 年 6 月正式生效。2022 年 11 月,第一次会议在韩国召开。2018 年 7 月,海洋水产部等 8 个相关部门制定《北极活动振兴基本计划(2018—2022)》,实现了北极政策体系化。此次计划制定者除了参与《北极政策基本计划(2013—2017)》的 7 个政府部门外,还增加了"北方经济合作委员会",由政府部门和下属公共机关共同推动北极政策的制定。《北极活动振兴基本计划(2018—2022)》设定了三大政策目标和四大战略课题。三大政策目标即利用北极航线进军北极经济圈(创造经济和商业价值)、扩大参与北极治理以提高国家地位(强化国际合作)、加强应对北极问题的能力及为国际社会做出贡献(强化科学研究)。四大战略课题即创造与北极圈相辅相成的经济合作成果(创造经济和商业价值)、作为负责人的观察员国建立北极伙伴关系(强化国际合作)、为解决人类共同课题加强科学研究(强化科学研究)、为推进北极政策完善制度建设(构建基础)。

在此基础上,2018 年 12 月,韩国极地研究所与韩国海洋水产开发院共同颁布《2050 极地蓝图》,这是包含七大促进战略的极地政策长远规划。第一,推进先发制人应对气候变化的极地政策。构建气候变化综合观测系统,推进国际共同研究,为国民提供海平面上升等警报服务。第二,确保新能源和资源获取能力。通过与极地国家资源合作构建国家能源和资源供给新网络。第三,推动极地未来产业成为新的增长动力。落实"环欧亚物流倡议",培育极地旅游业、水产业等增长动力产业。第四,推动极地研究技术革新及创造实用化成果。在极地研究中引进工业革命 4.0 技术,支持极地土木工程技术、生物新医药开发和极地技术实验台建设。第五,积极参与国际社会保护极地环境的努力。为应对极地环境变化和保持生态平衡,主导研究和制定国际规范。第六,通过扩大交流确保进军北极的桥头堡。与北极圈国家开展人文和社会交流,为保护原住民文化、改善其生活开展社会基础设施投资合作。第七,加大研究基础设施建设和人才培养的政策力度。扩建南极第 3 基地、北极第 2 基地、最尖端破冰考察船等研究基础设施,实施培养人才的"Pdlar100 计划"。①

---

① 参见《到 2050 年跃升为极地活动 7 大先导国 政府颁布〈2050 极地蓝图〉》,2018 年 12 月 9 日,https://www.etoday.co.kr/news/view/1697219。

2019 年,海洋水产部发行《极地政策动向白皮书》,确立了极地政策的发展方向。2021 年 4 月,韩国出台《极地活动振兴法》,为极地科学研究、人才培养、国际合作、经济活动振兴提供法律依据。同年 11 月,海洋水产部及相关部门联合出台《2050 北极活动战略》。其战略目标是韩国到 2050 年跃升为北极治理先进国家,并制定四大促进战略,即推动北极圈争端解决、开创北极外交新局面、共同参与北极可持续发展、奠定北极活动基础。

第一,打造北极圈研究和数字化先进国家,与北极圈国家形成稳固的信任关系,推动北极圈争端解决。其一,提高北极研究和数字化水平,强化应对气候危机的能力。韩国计划建造新一代破冰船,建立高纬度观测中心和数据大坝,主导高纬度地区观测和北冰洋气候研究。预计到 2033 年建成能够预测和分析北冰洋整体气候变化和影响的 K-Arctic2033,将寒流等预测精确度从目前世界最高水平的 40％提高到 2035 年的 90％,2050 年完全到达世界最高水平。① 其二,提高海洋环境预测和应对技术,保护北冰洋生态安全。强化对北冰洋的监测体系和数字孪生(Digital Twin)技术,开发黑炭、海洋垃圾、雾霾治理技术。开发冰海航行模拟技术和绿色船舶技术,强化北极圈国家船舶事故的应对合作。其三,加强与北极原住民合作,建立与北极圈国家的互信。扩大对气候变化导致的原住民居住地和传染病等问题的研究,在此基础上引领国际合作。目前重点关注北极有害微生物危险性评价研究,按照新规定将加强碳中和共同体建设。定期与原住民团体举行研讨会,重视原住民文化保护与传承工作,加强北极原住民研究。

第二,开创北极外交新局面,推动双边和多边合作。其一,有针对性地强化双边合作,构建互利互惠的伙伴关系。将 8 个北极圈国家分为重点合作国、战略合作国、潜在合作国三种类型,有针对性地提出合作促进方案(Arctic-8 项目)。与重点合作国之间的合作是指与俄罗斯的能源开发和北极航道开辟合作、与挪威的水产合作、与丹麦的永久冻土层研究合作。与战略合作国之间的合作是指与美国的北极航道开辟合作、与加拿大的原住民合作。与潜在合作国之间的合作是指与冰岛的能源和水产合作、与瑞典的自主航行船舶合作、与芬兰的绿色船舶和海底电缆合作。深化韩国极地研

① 参见韩国海洋水产部等:《2050 北极活动战略》,2021 年 11 月 30 日,第 ii 页。

究所与俄罗斯、丹麦等北极研究机构间的合作，推动韩国与北冰洋沿岸国家新设企业间商务对话。其二，共建多边合作平台，主导北极事务对话。通过与8个北极理事会常任理事国、北极经济理事会42家企业、北极圈论坛(Arctic Circle)、北极前沿大会(Arctic Frontiers)等平台加强合作，扩大北极事务参与度。利用新一代破冰考察船等研究基础设施，与联合国和北冰洋沿岸国针对北冰洋环境、北极航运、水产、绿色船舶等开展共同研究，争取与挪威联合举办2025年的第5届北极科学部长会议，以科学活动为中心开展多边合作。

第三，共谋北极可持续发展，迎接2050年北极时代。其一，立足造船和航运新技术，开辟安全的北极航道。在安全航运领域，为了确保海上航行安全，韩国作为"海上导航系统开发国际组织"的创始成员国，积极推动北冰洋海上交通信息服务能力建设，与国际社会共建共享海上导航系统(e-Navigation)。在绿色航运领域，韩国与北极圈国家共同开发清洁燃料船舶技术，力争主导制定北冰洋船舶燃料国际规则。在物流领域，韩国与俄罗斯探讨北极航道引航和港湾费用减半的可能性，合作推动北极航道与俄罗斯内陆水道的连接以打造复合运输物流体系。其二，强化绿色能源合作。推动与俄罗斯建设利用氢能的北极"雪花"国际科考站，与加拿大氢能分布式电网，与挪威氢能生产、储存、充电技术开发等的合作。与俄罗斯开展LNG运输项目一揽子合作，开发绿色船舶，建立甲醇等清洁燃料供给网络，实现海运、造船、物流、能源同步推进。其三，共同促进北冰洋水产业可持续发展。应对北极公海商业捕捞，主导渔业非法捕捞预防和资源调查及评价研究，积极参与区域水产机构的建立。推动北极水产品现场加工、联营出口第三国的智能加工流通园区、渔船现代化等相关技术转移与合作。其四，发掘和促进北极圈相生合作示范课题。利用适应极地的生物资源开发医药材料，推动北极生物医药研发。向关注北极圈绿色邮轮、海底电缆等北极活动的企业提供市场信息。

第四，北极活动基础准备。设立极地研究所和韩国科学技术联合大学院大学(University of Science & Technology，UST)，运营韩国北极研究共同体网络，开展北极航运人才培养。召开北极活动相关法律部门政策讨论会，强化极地政策协调功能，开展大众北极教育。

第二节　《第一次极地活动振兴基本计划》中的北极政策

2022年11月,韩国相关部门出台《第一次极地活动振兴基本计划(2023—2027)》,这是韩国第一个涵盖南极和北极的泛政府最高法定基本计划,提出了开展极地活动的愿景——"造福于民的极地领先国家:向未知挑战,向未来迈进";明确了进军未知领域、应对气候变化、打造极地新产业基础等三大目标;制定了拓展南北两极未知领域的探索、主导气候与环境问题的解决、打造推动国民经济的极地产业发展基础、构建国内国际多元合作生态圈、加强参与和沟通的极地活动等五大促进战略。

其中涉及大量北冰洋开发利用的相关内容。关于进军未知领域。目前韩国利用首艘"ARAON号"破冰考察船可在8—10月期间在海上考察35天,能够到达北纬65—75度(最高北纬79度)的楚科奇海、波弗特海、东西伯利亚海、白令海等部分北极海域。韩国预计到2026年建造新一代破冰科考船,新破冰考察船可在7月至次年1月期间在海上考察156天。2027年,韩国计划主导北极高纬度(北纬80度以上)海域亚洲首次国际共同考察研究,可抵达中央北极海等北极点周边大部分海域(最高纬度90度),预计2033年抵达巴伦支海、格陵兰海等北极全部海域。

关于气候、环境保护。为了应对气象灾害,韩国建立北极观测网,开发北极大气、海洋、海冰综合预测模型。目前,韩国对北极环境变化引发的朝鲜半岛气象变化预测的精确度是国际最高水平的40%,预计2027年将达到60%,2032年将达到90%。预计到2027年韩国能够掌握海冰浮标安装等观测技术,观测范围将达到国际最高水平的70%(北纬82度);2032年综合观测网将建到第3期,观测范围将达到国际最高水平的90%(到达北极点附近)。为了应对环境变化和地质灾害,韩国加强对北极海底地质、地体构造的研究,提高北冰洋海底地质勘探技术,利用无人海底勘探设备,绘制详尽的海底地质图,建立精确的海底地形数据库。预计到2027年韩国将达到国际最高水平的80%,2032年将达到90%。预计到2027年韩国北极环境因子无线系统监测数据获取率将达到国际最高水平的95%,2032年将达到

100%。水中噪声污染对生态环境的影响是韩国新的关注领域,预计到 2027 年韩国水中噪声分析技术将达到国际最高水平的 50%,2032 年北冰洋远距离水中噪声观测网的建设将达到国际最高水平的 80%。此外,韩国也在评估海洋塑料垃圾、冻土层融化对北极环境的影响,探讨应对方案。[1]

关于打造极地产业发展的基础。在造船业方面,为了发展北极航运事业,韩国积极开发适用于北冰洋的船舶建造技术,已制定破冰集装箱船研发计划。预计 2026 年具备绿色破冰集装箱船建造核心技术,2027 年完成验证,2032 年建造绿色破冰集装箱船并开展北极航运。为建造绿色破冰集装箱船奠定坚实的技术基础。利用超小型卫星密切监测北极海冰变化,提供准确、安全的航行信息,减少船舶建设成本。预计 2027 年能够利用数字孪生技术模拟船舶航行环境,2032 年通过模拟技术确定最佳航线,进行模拟实船航行试验。开发安全的自主航行系统,避免船只冲撞和事故发生。预计 2027 年开发完成自主航行船舶技术,2032 年开展航行试验,并制定国际标准。此外,韩国预计 2024 年实现船舶监测、评价、维修管理综合技术开发。在海运业方面,为了推动北极航道的开发利用,韩国积极探讨参与国际海运船公司开展北极航运的可能性,推动国内港口(釜山港)与国际港口(摩尔曼斯克港)的连接及北极航道物流基础设施建设,并建立北极航道船舶航行、物流量以及与之连接的内陆运输信息系统,帮助有意向进军北极的企业。在渔业方面,为了确保北极水产捕捞配额,韩国积极参与北极水产业的可持续发展,主导北极鱼类种类、渔业资源储量、渔业资源分布等状况监测工作,提升在区域性渔业管理组织中的影响力,并在扩大废弃渔具等海洋废弃物的回收、管理、再利用及智慧水产养殖技术开发等方面大力推动国际共同研究。在生物制药业方面,韩国目前已在研发新型抗生素和治疗痴呆的药物,预计 2027 年普及这些药物并研发新医药技术,2029 年生产新的抗菌、免疫机能调节药物。

关于构建国内国际多元合作生态圈。韩国从建立泛政府政策协议体、拓展政府间国际合作渠道、推动国内民官国际合作多样化等三个方面构建国内国际多元合作生态系统。

---

[1] 参见韩国海洋水产部等:《第一次极地活动振兴基本计划(2023—2027)》,2022 年,第 30 页。

首先,建立泛政府政策协议体。为了推动极地活动,韩国将政府各专门机构与民间自治团体和各领域专家联合起来成立了泛政府政策协议体,进一步强化政府对极地政策的统筹协调职能。政策制定由泛政府政策协议体负责,主要确定政策制定方向,出台北极基本政策规划。科学研究由海洋水产部、科学技术信息通信部、产业通商资源部、环境部等负责,主要推动各领域研究、技术开发、多部门合作研究开发等。产业扶持由海洋水产部、产业通商资源部、国土交通部、农林畜产食品部、地方自治团体负责,主要关注北极航道、极地海域水产业的发展与合作、极地勘探装备开发、极地船舶技术开发、极地能源和建设技术开发、自治团体与极地城市合作和地方企业进军极地等。国际合作由海洋水产部、外交部、环境部等负责,主要讨论北极理事会、《预防中北冰洋不管制公海渔业协定》等提出的议题;研究地缘政治变化对极地合作的影响,预先把握动向,提出应对措施。危机管理由海洋水产部、外交部、国防部(海军)、海警等负责,主要应对国际海域发生的各种事故。韩国政府重视发挥地方自治团体的积极作用,通过地方自治团体的参与,开展建立城市间友好关系、召开城市间论坛等极地合作活动,探讨企业进军北极的支持政策。目前,釜山、仁川都与北极圈内主要城市建立了友好关系,双方企业间交流和能源等产业合作的需求也在不断增大。韩国政府明确了以产业界为中心的进军北极策略,通过强化国内产学研力量振兴北极经济活动。"韩国北极研究联盟"与北极经济理事会开展合作,大量吸纳水产、海运、能源等相关企业为会员,通过企业协会和签订备忘录等形式与企业建立合作关系,根据企业需要开展政策、科学、产业融合研究,打造进军北极的基础,搭建北极合作平台。

其次,拓展政府间国际合作渠道。为了扩大在北极地区的影响力,韩国积极拓展与北极圈国家的双边合作渠道。韩国政府对《2050北极活动战略》中北极圈八国的分类做了调整,将俄罗斯从重点合作国调整为潜在合作国,并进一步提出与各国的分阶段合作目标。重点合作国是丹麦和挪威。与丹麦的短期合作目标是建立北极高纬度陆上(格陵兰岛地区)研究合作网络;中长期合作目标是松茸等养殖和加工技术、北极航道的利用与环境保护。与挪威的短期合作目标是鲑鱼养殖技术、以茶山基地为基础开展北极圈国际共同研究;中长期目标是自主航行和绿色船舶技术开发、海洋垃圾治理。

战略合作国是美国和加拿大。与美国的短期合作目标是开发韩国海洋水产部与美国国家海洋和大气管理局（National Oceanic and Atmospheric Administration，NOAA）关于气候变化的相关合作项目；中长期合作目标是海洋环境治理、北极航道安全通航研究、原住民援助等。与加拿大的短期合作目标是波弗特海实地勘探研究、利用原住民经验开展环境保护和治理；中长期目标是北极冻土层、大气环境变化研究。潜在合作国是冰岛、瑞典、芬兰、俄罗斯。与冰岛的短期合作目标是开发极光等高层大气共同研究课题、共同开发小型电气渔船；中长期合作目标是打造水产业集群、信息提供服务合作。与瑞典的短期合作目标是开发极光等高层大气共同研究课题、开发绿色能源等；中长期合作目标是开发自主航行船舶、ICT 融合智能型船舶。与芬兰的短期合作目标是开发极光等高层大气共同研究课题、出口绿色船舶材料；中长期合作目标是自主航行船舶基础设施建设、海底电缆建设。与俄罗斯的短期合作目标是小型渔船转化为绿色船舶、LNG 和氨燃料动力船建造合作；中长期合作目标是北极航道和港口开发、自主航行船舶。目前，韩国已与除了美国和瑞典之外的其他 6 个国家讨论双边合作方案。

最后，推动国内民官国际合作多样化。韩国调整了"北极合作周"的议题范围、参与对象和运营体制。原来议题以政策、科学、北极航道、原住民等人文社会议题为主，新议题增加了经济论坛和产业对话等经济和产业议题；原来参与者主要是政策、科学、人文社会研究者和部分北极航道、物流相关专家，新参与者拓展至经济和产业领域专家和企业；原来运营方式是由韩国海洋水产开发院履行非常设事务局作用，新运营方式是设立由主要机构和专门人员参与的常设事务局，可以全年开展宣传和活动准备工作，达到提升品牌价值的目的。目前，探讨北极人文、社会、科学以及北极圈投资、能源、蓝色经济等议题的平台主要有北极圈论坛大会和北极前沿大会。韩国计划将"北极合作周"发展成为继北极圈论坛大会和北极前沿大会之后的北极第三大论坛。为了扩大北极理事会相关工作的参与度，韩国成立了政府和各界专家共同参与的韩国北极合作网络，建有北极环境保护、北极监测评价等 6 个工作组，2022 年国内有 54 名产学研专家参与其中。为了加强韩国政府、驻韩北极圈大使、国内学者之间的沟通交流，韩国积极推动"极地外交论坛"。目前，韩国外交部按季度与美国、俄罗斯、加拿大、挪威、芬兰、丹麦、瑞典等7个北极圈国家召开论坛。随着北极环境变化,原住民传统饮食不得不发生改变,有必要探讨用水产品加工食品等替代方案。韩国积极参与"北极饮食创新园区计划",通过水产加工食品技术开发合作为应对北极饮食安全问题做出贡献;邀请大学生、研究生开展交流活动,培养其关注和未来参与航路、科考等合作领域;计划每年邀请北极圈原住民研究生4名,到2032年培养北方物流研究方向硕士生36名。

关于加强参与和沟通的极地活动。首先,实现尖端基础设施共享,扩大安全管理。一方面,进一步扩大开放,促进极地活动基础设施和极地数据共享。在开放式研发设施支援方面,为了在与极地类似的环境下开展试验,韩国计划于2023年建立极地环境模拟实用化中心。为了培育极地初创公司,提供创业空间和试验设备等支持,在企业设立孵化中心,在大学研究机构设立研究试验室,在中学和高中设立开放式实验室。在综合信息系统建设方面,建立一元化极地大数据国际综合平台,预计2023年出台信息化系统总体规划,2024年信息相关数据搭建与整合,2025年系统扩展和共享系统构建,2026年系统稳定化和服务开放。另一方面,强化极地活动基础设施安全性,建立危机应对机制。制定安全管理指南,设定基础设施管理者的责任和权限,以及安全检查项目和检查方法。建立安全管理和教育机制,定期对基地活动基础设施进行安全检查,开展安全教育。在极地环境模拟实用化中心或大学附属医院设立极地医疗援助中心,与极地医学会协作分工,制定派遣医务人员培训、远距离医疗、现场医疗等方案。其次,培养新一代极地专门人才。针对在校学生制定长期培养计划,提供充足的助学经费。针对各领域特色专家的培养,进修芬兰、挪威、俄罗斯等极地航运先进国的全球教育计划,开展船长、领航员等海运人才培养,进行乘务员航行与安全教育,加强专业教员队伍建设。最后,打造国民参与极地活动的动力基础。为了加强系统性成果宣传及扩大国民参与度,韩国政府计划制定中长期路线图和年度宣传战略,通过开展极地体验性、参与性项目等贴近生活的宣传方式,提高国民对开发极地品牌和极地活动价值的认识。

第三节　韩国北极政策的具体实践

　　韩国陆地面积狭小,战略纵深较浅,周边大国林立,地缘政治环境异常复杂。为此,韩国不断探索新的发展空间,北极是其中的重要区域。韩国以延展本国经济与外交发展空间、提升国际影响力及应对北极事务的能力为核心诉求,以梯次推进为空间布局特征,依托参与开发利用北极资源与北极航线的政策重心,以宽领域创造北极经济和商业价值、各梯次强化北极地区的国际合作、多方面强化北极科学研究和多角度构建深入北极的制度基础为多元支柱,积极开展北极战略实践。

一、战略诉求:空间延展与能力提升

　　韩国在北极的存在可以追溯到 21 世纪初。2002 年,韩国在斯瓦尔巴群岛建立北极"茶山站"(Dasan);2009 年,韩国第一艘破冰船"ARAON 号"下水。近年来,伴随着综合国力的稳步提升,韩国拓展更为广阔的战略生存及发展空间的诉求日益高涨。2013 年 5 月 15 日,韩国正式成为北极理事会永久观察员国。此后,韩国历届政府不断提出和调整北极战略,意在拓展北极利用空间和提升北极开发能力。

　　2013 年 10 月,韩国总统朴槿惠提出涉及北极的"欧亚倡议",指出"应结合新开辟的北冰洋航线,积极寻求连接欧亚大陆东端与海洋的途径"①。12 月,韩国政府首次出台《北极政策基本计划(2013—2017)》,奠定韩国的北极政策基调。韩国海洋水产部表示:"北极是人类在发展经济之前共同保护的对象,开展北极环境保护活动及支援原住民社区是观察员国家的责任。韩国应积极开展极地、深海资源勘探和开采技术开发,建立水产合作基础,保持民间企业参与的基调。"②2014 年 10 月,韩国总统朴槿惠在参加第十届亚

---

　　① 《欧亚联盟会议总统主题演讲稿》,2013 年 10 月 18 日,https://www.korea.kr/briefing/speechView.do? newsId=132026512。

　　② 韩国海洋水产部:《韩国政府首次出台制定北极政策基调的基本计划》,2013 年 12 月 10 日,https://www.korea.kr/briefing/pressReleaseView.do? newsId=155932600。

欧会议演讲时表示:"必须在东西方之间建立一个利用铁路、公路、航运、航空和新开通的北极航线的复杂物流运输网络。"[①]2015 年 4 月,韩国推出 2015 年北极政策实施计划,重点涉及加强与北极圈国家的双边合作、支持北极航线运营、制定俄罗斯远东港口开发计划及推进第二破冰研究船建设等内容。同年 9 月,韩国外交部长在参加北极全球领导力大会(Global Leadership in the Arctic,GLACIER)时表示:"在'可持续发展的北极未来'的愿景下,我国政府有史以来第一次选择北极作为主要政策领域,北极是欧亚倡议的重要组成部分。"[②]

文在寅政府执政后将经略北极作为其海洋战略的重要组成部分,并赋予其重要意义。"包括领海和专属经济区在内的韩国海域面积是陆地面积的 4.5 倍,从太平洋的深海到南极和北极,我们的海洋外延正在扩大。"[③]在诸如此类涉及海洋与极地议题的公开讲话中,文在寅政府力图构建富有韩国特色、契合现实利益、以积极进取为价值取向的海洋话语体系,而北极在延展韩国经济与外交发展空间的过程中必然扮演着不可替代的角色。韩国的北极政策兼具海洋政策与外交政策的"双重属性",在追求海洋利益的同时,围绕北极议题开展多边外交进而提升自身参与北极事务的能力也是其北极政策的核心诉求与目标之一。

2017 年 9 月,文在寅在俄罗斯符拉迪沃斯托克"第三届东方经济论坛"上正式提出"新北方政策"和韩俄合作"九桥战略"。"新北方政策"涵盖从朝鲜半岛和俄罗斯远东到东北亚和欧亚大陆的地缘空间。其中,文在寅强调韩俄合作的重要性,推出韩俄两国之间应在天然气、铁路、海港、电力、北极航道、造船、劳动力和渔业等九个不同领域搭建九座"桥梁",即"九桥战略"。为此,文在寅政府在总统办公室下设立"北方经济合作委员会",专门负责北极政策的推进工作。2018 年,文在寅政府公布韩国第二份《北极政策基本计

---

① 《第十届亚欧首脑会议第二次会议领导人发言稿》,2014 年 10 月 17 日,https://www.korea.kr/briefing/speechView.do? newsId=132027775。

② 韩国外交部:《北极全球领导力大会发言稿》,2015 年 9 月 1 日,https://www.korea.kr/briefing/speechView.do? newsId=132028867。

③ 韩国青瓦台:《第 22 届海洋日纪念日致辞》,2017 年 5 月 31 日,https://www1.president.go.kr/articles/38。

划》,确定了该任政府有关北极活动的各项具体政策。随后,韩国不断强化对北极开发和利用活动的建设力度。2019 年 12 月,韩国水产部官员表示:"主要国家近年来均争先恐后地投入北极,为确保韩国进军北极的主导权,我们需要更加积极的投资和努力。今后将通过开发北极航线相关物流基础设施等创造新的增长动力,通过对极地的全方位综合观测,提供提前应对气象异常和海平面上升的信息,并计划通过建造最尖端的新一代破冰研究船以加强研究力量。"①2021 年 11 月 29 日,韩国海洋政策办公室对外公布韩国未来 30 年的北极活动计划,即《2050 北极活动战略》。此次北极活动战略是以成熟的国内政策条件为基础,制定中长期北极活动方向的跨部门战略。韩国政府旨在通过这一战略积极为气候变化、环境保护、原住民合作等此前未深入观察的北极核心问题做出贡献,并与北极圈国家等建立牢固的信任关系,积极参与 2050 年北极时代,在 2050 年之前跃升为北极治理领先国家。②

2022 年 5 月,尹锡悦上台执政,北极空间的开发利用仍然是韩国政府的重要关注领域。韩国政府官员已在多个场合谈及北极开发利用议题。早在2022 年 1 月,尹锡悦尚担任国民力量党总统候选人,曾在会见俄罗斯驻韩大使时表示:"韩国企业对以符拉迪沃斯托克为中心的俄罗斯远东地区开发项目非常感兴趣,对北极航线也非常感兴趣。"③同年 5 月,韩国《时事未来新闻》在尹锡悦上台执政之际发表有关新政府东北亚外交战略走向的特辑社评指出,尽管韩俄关系难免遭受乌克兰危机的负面影响,但待危机缓解后,韩俄关系也有发展空间。具体包括:政府将开辟北极航道的航线和港口建设,加强海洋资源(煤气、油类、鱼类资源等)开发相互合作,探讨俄罗斯东部地区开发的具体合作地点,通过面向未来的合作创造工作岗位的机会等。④

---

① 韩国海洋水产部:《海洋水产部部长文成赫》,2019 年 12 月 13 日,https://www.korea.kr/briefing/pressReleaseView.do? newsId=156366388。

② 参见韩国海洋水产部:《以贡献和信任为基础引领未来北极时代》,2021 年 12 月 2 日,https://www.korea.kr/briefing/pressReleaseView.do? newsId=156484093。

③ 《尹锡悦会见俄罗斯大使:韩国企业非常关心远东开发》,2022 年 1 月 19 日,https://www.hankyung.com/society/article/202201199168Y。

④ 参见《尹锡悦政府执政伊始提出的东北亚外交战略建议》,2022 年 5 月 9 日,https://www.sisamirae.com/mobile/article.html? no=56104。

同年 11 月,尹锡悦政府公布《第一次极地活动振兴基本计划(2023—2027)》。该计划详细提出韩国从极地活动的"追逐国"跃升为"先导国"的具体目标和推进战略,包括"向未知挑战"的极地愿景、"向未来飞跃"的具体方向、实现愿景的支持体系等。在这种推进战略中,将选定利用新一代破冰研究船进行北极点国际联合探测、南极内陆基地建设等 9 个代表性课题作为"极地前沿课题"集中推进。对此,韩国海洋水产部长官赵承焕表示:"虽然极地离韩国很远,但是极地活动离我们很近。探索世界首先要踏入极限环境,我们未知的气候和生命体进化的秘密也在极地。政府将顺利履行基本计划,寻找应对气候变化、开发新尖端技术的钥匙,尽最大努力使大韩民国成为照亮人类未来的极地活动的世界领先国家。"[1]可以预见,尹锡悦政府将持续强化对北极空间的关注程度和投入力度。

二、战略布局:梯次推进与顺势而为

从空间格局来看,韩国的北极战略布局涵盖北极圈及外围国家,涉及北欧、北美和东北亚国家。总体而言,韩国北极政策的空间布局呈现出梯次推进的鲜明特征,即对于北极圈国家,韩国以俄罗斯[2]、挪威、丹麦为北极重点合作国,以美国、加拿大为北极战略合作国,以冰岛、瑞典、芬兰为潜在合作国,以中国、日本等为北极圈外围合作国。同时,韩国还注重同北极国家和以北极理事会为核心的国际组织开展北极多边合作。依托不同梯次推进路径,韩国政府北极政策的合作对象国呈现出宽地域与多元化特征,旨在北极政策实践中构建契合其国家利益的"大北极合作体系"(见图 4-1)。

---

① 韩国海洋水产部:《挑战从北极点到南极内陆的人类未知领域》,2022 年 11 月 22 日,https://www.korea.kr/briefing/pressReleaseView.do? newsId=156537829。

② 尽管《第一次极地活动振兴基本计划(2023—2027)》将俄罗斯调整为潜在合作国,但此前韩国是将俄罗斯作为重点合作国开展合作的。因此,此处仍将俄罗斯划为重点合作国来探讨。

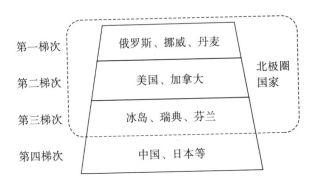

图 4-1　韩国北极合作对象国一览

（一）北极重点合作国：俄罗斯、挪威、丹麦

作为最大的北极国家，俄罗斯是韩国实施北极政策最重要的合作对象国，其态度直接决定了韩国进军北极的深度与广度。自韩俄建交以来，两国关系实现了从"建设性伙伴关系"到"相互信任的全面伙伴关系"再到"战略合作伙伴关系"的三级跨越，从而为进一步开展双边北极合作奠定了较为坚实的战略基础。韩俄北极合作重点表现在港口开发、北极航线、能源和自主运营船舶等方面。

在朴槿惠政府时期，韩国将韩俄港口开发合作、北极航线对接作为欧亚倡议的重要部分。2014 年 1 月，韩国海洋水产部长官和俄罗斯交通部长官在俄罗斯交通部签署了《关于韩俄港湾开发合作的业务协议》，从 4 月份开始，韩国开启同俄罗斯远东五大港的对接合作计划。造船合作是韩俄北极合作的重要方面。韩国大宇造船厂拥有建造破冰船的技术，从 2014 年起承接俄罗斯亚马尔 LNG 破冰船项目，为俄罗斯承建 15 艘大型破冰运输船，成为韩俄共同开拓北极航线的典型事例。同时，朴槿惠政府开启欧亚—北极航线对接活动。2016 年 6 月 13—18 日，韩国外交部在北极航线据点城市圣彼得堡和摩尔曼斯克举行欧亚—北极航线对接活动，以扩大与俄罗斯的北极航线开发。韩国还同俄罗斯建立"韩俄北冰洋合作研讨会"机制，作为官方与民间各界北极交流的重要渠道。

文在寅政府时期，"新北方政策""九桥战略"中的许多合作领域以及具体合作事项都是针对俄罗斯"量身定制"的，在此框架下开展的双边北极事务合作主要依托韩俄外交部间北极协议会、韩俄商业论坛、韩俄地方合作论坛、韩俄北极协商会议以及韩俄远东—西伯利亚小组委员会会议等平台。2017年8月,韩国在总统下设直属机构"北方经济合作委员会",以加强与俄罗斯远东地区的合作。2017年9月,文在寅在出席俄罗斯举办的东方经济论坛时提出"新北方政策"和"九桥战略"。他指出:"新北方政策基于与俄罗斯的合作,韩国打算积极参与俄罗斯远东地区的开发;造船航运合作是两国经济合作的新模式;北极航线将成为开启新能源时代的新丝绸之路。"①通过"九桥战略",即天然气、铁路、港口、电力、北极航线、造船、就业岗位(产业园区)、农业、水产九大合作领域,加强远东开发与欧亚大陆同步合作。2017年11月,韩俄举行第一次外交部间北极协议会,重点讨论了两国北极科学合作、北极航线开发、造船合作、亚马尔项目参与方案、第二破冰研究船合作及包括北极理事会(Arctic Council)在内的北极相关全球论坛上的合作方案等。2019年2月,韩俄双方副总理共同签署"九桥行动计划",确定了旨在搞活北方经济的韩俄未来合作和具体行动计划。该计划以韩国北方经济合作委员会与俄罗斯经济开发部为中心,推进包括韩朝俄的共同研究,以应对铁路、天然气、电力等北方经济合作。2019年6月,韩俄正式开启"韩俄服务、投资自由贸易协定"谈判。2020年10月,韩俄两国在扩大原北极与远东地区经济合作基本框架"九桥战略"的基础上,签署了"九桥战略2.0",将原有合作体系重组为能源、铁路、基础设施、造船、港口、航海、农林、水产、保健、投资、创新平台、文化、旅游等领域。此举在"后疫情时代"进一步丰富了韩俄北极合作关联领域的广度及内涵深度。文在寅政府也注重发展韩俄地方合作。韩俄地方合作论坛是作为双方地方自治团体和俄远东地区地方政府之间直接交流与合作的平台,为韩国地方自治团体参与推进对俄新北方政策奠定基础。2018年8月,韩国举行首届韩俄地方论坛,表示将支持以庆北市和浦项市为代表的地方政府同俄罗斯地方政府之间的合作。

　　挪威作为北极圈内的重要国家,是韩国北极合作的重要对象国。韩挪之间的北极合作较早,挪威是推动韩国作为观察员身份加入北极理事会的重要国家,韩国的北极茶山科学基地正是在挪威成立。2010年3月,韩挪两

---

　　① 《文在寅总统在第三届东方经济论坛的基调演讲》,2017年9月7日,https://www.ajunews.com/view/20170907150359478。

国曾举行第一次安全政策会议,就韩国作为观察员加入北极理事会方面的紧密合作方案进行协商。2013 年 6 月,韩国正式获得北极理事会观察员国身份后,韩挪双方召开第四次安全政策会议,就北极等多种非传统安全领域加强合作达成共识。2019 年 6 月,文在寅成为首位对挪威进行国事访问的韩国总统,他同挪威首相讨论了北极地区的经济和海洋事务。

具体来看,韩挪北极合作集中于科研、海运、水产等方面。在科研方面,韩国科研机构与挪威科研机构建立诸多合作关系。2014 年 4 月,韩国海洋科学技术院附属极地研究所(Korea Polar Research Institute,KOPRI)和挪威极地研究所(Norwegian Polar Institute,NPI)共同在挪威设立极地研究合作中心(Collaborative Polar Research Center),作为两国极地研究机构之间共同开展科研、分享极地科学信息及加强人力交流等北极研究及交流合作的重要据点。韩国由此成为北极理事会新观察员国中首个在北极理事会成员国挪威当地设立合作研究中心的国家。2019 年 6 月,韩国科学技术信息通信部和挪威教育研究部就建立科学技术合作体系达成协议。两国政府计划新设"20 年韩挪科学技术共同委员会",相互共享科学技术政策,在气候环境、极地、新再生能源、信息通信等领域探索推动研究人员交流和开展共同研究工作的方案;同月,韩国外交部、海洋水产部与挪威外交部共同举行韩挪两国北极相关研究机构合作谅解备忘录的签署活动。韩国海洋水产开发院和极地研究所分别与挪威极地研究所、南森环境与遥感中心、比约克内斯气候研究中心、普里乔夫南森研究所以及北极开拓者事务局等 5 家挪威北极研究机构签署了相关合作文件与谅解备忘录,极大扩展了两国北极相关机构间开展科研合作的基础。① 同年 11 月,双方部长在韩国会晤并同意签署旨在巩固韩国和挪威之间科学技术合作体系的谅解备忘录。时任韩国科学技术信息通信部部长崔基英表示:"此次签署谅解备忘录对通过政府间沟通将此前以民间为单位开展的零散合作系统化意义重大。期待今后在科学技术、

---

① 参见韩国外交部:《韩国与挪威加强北极合作》,2019 年 6 月 13 日,https://www.mofa.go.kr/www/brd/m_4080/view.do? seq＝369272&srchFr＝&srchTo＝&srchWord＝％EB％B6％81％EA％B7％B9&srchTp＝1&multi_itm_seq＝0&itm_seq_1＝0&itm_seq_2＝0&company_cd＝&company_nm＝&page＝3。

信息通信相关的多个领域,韩挪两国之间的交流与合作进一步活跃。"①

在海运方面,韩国为开拓北极航线,与挪威于 2012 年签署海运合作谅解备忘录,从 2013 年开始每年定期召开合作会议和研讨会。2014 年 11 月,韩挪双方在挪威首都奥斯陆举行双边海运合作会议及政策研讨会,重点探讨两国邮轮产业合作方案、两国共同执行的北冰洋航线活性化改善方案及召开专家政策研讨会等。2017 年 9 月,韩挪双方水产部召开第四届韩挪海运合作会议,讨论海运产业培育、绿色海运、北极航线利用等两国关心领域的合作方案。

在水产方面,2023 年 4 月,海洋水产部长官赵承焕在世宗与挪威驻韩大使安妮卡里・汉森・奥文(Anne Kari Hansen Ovind)进行面谈时说明了韩挪两国此前在检疫和水产科学领域通过共同研究等进行合作,并表示希望今后将合作范围扩大到整个水产领域。赵承焕表示:"韩国和挪威都是海洋面积比陆地面积大的国家。希望今后两国在海洋、水产、海事等与海洋相关的多个领域加强合作。此次面谈将成为韩国和挪威进一步推进北极合作的契机。"②

丹麦是北极沿岸国家,也是韩国推进北极合作的重要北极圈国家。韩国同丹麦的北极合作主要集中于北极海运合作、可持续发展领域的绿色合作、北极科研合作等方面。在海运方面,韩国于 2012 年与丹麦签署海运合作备忘录,并于 2013 年在釜山举行第一次双边海运合作会议。2015 年 3 月,韩国同丹麦举行第二次海运合作会议,重点讨论北极航线的利用及邮轮产业的培育、船舶金融技术等问题,并就将于当年 5 月到期的韩丹海运合作备忘录延长至 2018 年达成并签署协议。韩国同丹麦于 2011 年建立双边绿色增长同盟会议机制,多年来两国政府、研究机构及船东协会等官方和民间机构以海洋、海运为主题,对发展绿色增长技术、开发北极能源资源等进行讨论,就韩丹之间北极航线开发、e-Navigation 技术开发合作等两国海运物流领域合作强化方案进行协商。在科研方面,2021 年 12 月,韩国海洋水产

---

① 韩国科学技术信息通信部:《促进与挪威科学技术合作》,2019 年 11 月 4 日,https://www.korea.kr/briefing/pressReleaseView.do? newsId=156359087。

② 韩国海洋水产部:《韩国与挪威海洋、水产、海事领域合作讨论》,2023 年 4 月 19 日,https://www.korea.kr/briefing/pressReleaseView.do? newsId=156563582。

部与丹麦高等教育科学部签署"极地科学技术合作谅解备忘录"。该备忘录包括韩国同丹麦在加强北极科学基地、破冰研究船、无人机等极地研究基础设施开发信息共享、增加极地专家交流及教育和培训机会、开展极地调查与勘探合作、召开北极研讨会等促进极地相关多个领域的内容。

（二）北极战略合作国：美国、加拿大

美国、加拿大同韩国关系紧密，是韩国推进北极合作的重要战略对象国。其中，美国作为北极圈内的重要国家，又是韩国的重要盟友，自然是韩国开展北极合作的重要国家。2014 年 10 月，朴槿惠正式访美之后，韩美北极合作成为双方达成的韩美全球伙伴关系"新领域"的重要组成部分。韩美双边北极合作集中于北极科研、经济和科技等方面。

在科研方面，韩美两国于 2015 年在阿拉斯加成立北极共同研究实验室（KOPRI—UAF/IARC Cooperative Arctic Research Laboratory），旨在加强对北极冻土层的研究工作。通过北极共同研究室与美国冻土层研究小组进行研究合作，韩美双方极大地促进了极地科学信息交换及研究人员交流，该研究室将成为与环北极圈国家的交流合作据点。在经济方面，韩美双方通过韩美高级别经济协议会加强北极经济合作。2015 年 11 月，韩国在 1998 年后时隔 17 年重启韩美高级别经济协商机制，召开了首次"韩美高级别经济协议会"。会议就扩大两国在卫生安全、北极、海洋等新前沿问题上的合作，进一步加强气候变化、开发合作、数字经济等全球伙伴关系的方案进行了磋商，韩方代表人表示将韩美北极协议会、北极原住民社会可持续发展贡献事业、利用"ARAON 号"进行韩美共同研究等作为未来韩美北极合作的主要推进课题。[①] 2017 年 1 月，韩国外交部官员访美期间同美国国务院商务部举行"韩美高级别经济协议会"，双方就开发合作、宇宙及科学技术、气候变化、能源、北极及海洋等扩大两国经济合作外延的新前沿议题合作现状进行评价，并讨论进一步加强合作的方案。其中，双方决定加强韩美北极协议会、"ARAON 号"共同研究等北极合作，美方将支持北极协议会观察员国韩国参与北极相关讨论。在科技方面，2023 年 4 月，尹锡悦总统对美国进行国

---

① 参见韩国外交部：《韩国外交部副部长赵泰烈共同主持首次韩美高级别经济协议会》，2015 年 11 月 22 日，https://www.korea.kr/briefing/pressReleaseView.do? newsId＝156086223。

事访问,双方就构建韩国和美国的"科学技术同盟"达成共识。其中,双方表示将重点关注利用科学技术解决气候变化和极地海洋等全球性问题。

加拿大是北极圈的重要国家,也是韩国推进北极合作的重要战略合作国。韩国于2014年与加拿大建立了"战略伙伴关系",两国外交部举行部长级会谈和定期的副部长级战略对话,其中北极合作是重要议题。2015年11月,韩加双方举行外交部长会议,讨论韩加双边、多边层面的政策合作及加强实质性合作的方案。韩国外交部长尹炳世表示,在气候变化、开发合作、北极合作等全球问题上,在地区及联合国等国际舞台上,韩国会同加拿大加强紧密的政策合作。[①] 科技合作是韩加北极合作的重要方面。2016年12月,韩加双方签署《韩加科学技术创新合作协定》,作为双边科学技术、信息通信技术(ICT)及创新相关共同研究和人力交流等合作的重要方案。2017年11月,韩国—加拿大北极协商会议召开,两国决定继续推进在加拿大博福特海域进行海洋地质联合实地调查,同时以海洋和渔业部研究开发课题为基础研究加拿大剑桥湾周边冻土层环境变化,并与加拿大极地研究所签署合作谅解备忘录。[②] 2017年12月,韩国科学技术信息通信部与加拿大外交部共同举行第一次韩加科学技术共同委员会,双方决定推进在第四次工业革命时代备受关注的量子计算领域的研究合作,扩大在北极、能源、资源等领域的合作。2018年2月,韩加举行第四次战略对话,双方代表以"韩加FTA"及"科学技术创新合作协定"等制度框架为基础,同意在经济、科学技术、北极合作等多个领域扩大实质性合作。

(三)北极潜在合作国:冰岛、瑞典、芬兰

以冰岛、瑞典、芬兰为代表的北欧国家,也是近年来韩国开辟北极合作新空间的重要伙伴。作为同为经济发达且同处全球产业链上游的国家,韩国与北欧诸国主要瞄准极地科研合作,在高附加值产业领域开展积极互动。此外,韩国还以"共同价值观"为纽带,积极学习北欧国家经济社会保持绿色

① 参见韩国外交部:《韩国外交部长尹炳世在韩加首脑会谈之前召开外交部长会谈》,2015年11月17日,https://www.korea.kr/briefing/pressReleaseView.do? newsId=156085516。

② 参见韩国外交部:《韩国与加拿大北极协议会召开结果》,2017年11月8日,https://www.mofa.go.kr/www/brd/m_4080/view.do? seq=367306&srchFr=&srchTo=&srchWord=%EB%B6%81%EA%B7%B9&srchTp=1&multi_itm_seq=0&itm_seq_1=0&itm_seq_2=0&company_cd=&company_nm=&page=6。

高质量发展的先进经验,在"双碳时代"到来之际为北极合作赋予全新的科
学内涵。2020 年 2 月,时任韩国外长康京和在出席第 56 届慕尼黑安全会议
期间与芬兰举行了双边会谈,表示"希望与绿色增长、气候变化、北极合作先
行国的芬兰在应对全球环境问题上开展紧密合作"①。韩国与北欧国家主要
通过开展政府首脑与各级别官员机制化的互访会晤、召开"北极圈韩国论
坛"以及一年一度的"北极合作周"等方式推进北极事务合作。

　　韩国同冰岛不断推进北极可持续开发合作。2015 年 11 月,韩国总统朴
槿惠同首次来韩访问的冰岛总统奥拉维尔·拉格纳·格里姆松(Ólafur
Ragnar Grímsson)举行首脑会谈,再次确认了持续半个多世纪的两国友好
合作关系。本次会谈被评价为双方在巩固北极、气候变化、对朝政策等双边
及多边层面紧密合作的契机。同时,韩国时任外交部长尹炳世也和陪同冰
岛总统访韩的冰岛外交外贸部长举行了双边会谈,就北极合作、气候变化、
两国关系、韩半岛及东北亚等地区局势交换了意见。双方一致认为,此次格
里姆松总统访韩,两国首次举行首脑会谈,扩大了在北极、应对气候变化等
共同关心的问题上的互利合作,使两国关系更上一层楼。尹炳世重点介绍
了政府增进亚欧联系的欧亚倡议,并希望在未来北极航线商用化的情况下,
与作为物流枢纽具有巨大潜力的冰岛加强合作。② 从 2016 年开始,韩国与
冰岛共同设立韩国—冰岛北极协议会议机制,积极推进北极合作。2022 年
10 月,时值韩国与冰岛正式建交 60 周年,韩国新任总统尹锡悦与冰岛总统
古德尼·索尔拉修斯·约翰内松(Guðni Thorlacius Jóhannesson)交换贺
信,评价了两国建交以来在包括北极合作在内的多个领域发展合作关系,表
示期待今后两国合作走向充实和成熟的新阶段。③ 同年 11 月,产业部贸易
谈判负责人会见冰岛文化商务部部长,讨论了增进两国经济、通商合作的方

---

① 韩国外交部:《韩国外交部长康京和出席第 56 届慕尼黑安全会议之际与立陶宛、芬兰、挪威双边
会谈结果》,2020 年 2 月 15 日,https://www.mofa.go.kr/www/brd/m_4080/view.do? seq=
369995&srchFr=&srchTo=&srchWord=%EB%B6%81%EA%B7%B9&srchTp=
1&multi_itm_seq=0&itm_seq_1=0&itm_seq_2=0&company_cd=&
company_nm=&page=1。
② 参见韩国外交部:《外交部长尹炳世与冰岛外交外贸部长举行会谈》,2015 年 11 月 10 日,
https://www.korea.kr/briefing/pressReleaseView.do? newsId=156084254。
③ 参见韩国外交部:《韩国与冰岛首脑互致贺信庆祝建交 60 周年》,2022 年 10 月 11 日,https://
www.korea.kr/briefing/pressReleaseView.do? newsId=156529989。

案,双方表示两国的合作正在向北极可持续开发方面扩大。

韩国与瑞典近年来不断在经济合作领域加强北极航线合作。2019 年 6 月和 12 月,时值韩国同瑞典建交 60 周年,当年 6 月和 12 月双方举行两次双边商务峰会。韩国与会代表指出,韩国和瑞典共享应对气候变化、可持续发展、以人为本的第四次工业革命等价值观。以韩半岛为据点连接到瑞典的北极航线,将联通太平洋和北冰洋航线,促使船舶运输更为活跃。2023 年 3 月,韩国与瑞典共同召开双边北极磋商会议,共同讨论北极合作事宜,这也是双方举行的首次双边北极磋商会议。

韩国同芬兰的北极合作重点在北极航线和海运等经济合作方面。2013 年 10 月,韩国国务总理郑烘原在芬兰进行正式访问时同芬兰总理于尔基·卡泰宁(Jyrki Kataine)举行会谈,并就开拓北极航线相互合作达成协议。2014 年 11 月,韩国水产部同芬兰交通通信部签署《韩芬海运合作谅解备忘录》,旨在加强与芬兰在海运物流领域的合作。该谅解备忘录指明,韩国与芬兰将通过海运合作会议、专家交流等方式,共享北极航线运营、海事安全、绿色海运等相关信息和技术,遵循建立伙伴关系的合作原则。2016 年 12 月,韩国同芬兰召开第二届双边经济共同委员会议。韩方代表表示,决定与北极邻国芬兰继续加强北极相关商务、航线开发等合作,并表示期望芬兰在 2017 年担任北极理事会主席一职后支持韩国在国际社会的北极相关活动。2018 年 2 月,韩国外交部长康京和同以平昌奥运会为契机访韩的芬兰外长蒂莫·索伊尼(Timo Soini)举行外长会谈,其间康京和评价了民主主义、自由贸易、多边主义等两国共享的价值观,表示在北极开发等领域将同芬兰进一步加强合作。2019 年 6 月,韩国文在寅总统访问芬兰,他在演讲中表示:"韩国对芬兰牵头解决气候变化、北极、可持续发展等人类共同问题表示感谢和敬意,韩国将与芬兰一起应对全球问题。"①2021 年 6 月,韩国海洋水产部长同芬兰开发合作贸易部长举行会谈,双方表示将以对海洋领域创新增长重要性的共识为基础,讨论智能港口、北极航线、环保船舶、极地合作等多种海洋合作方案。

---

① 《文在寅总统在芬兰国宴上致辞》,2019 年 6 月 10 日,https://www.korea.kr/briefing/speechView.do? newsId＝132031285。

（四）北极圈外围合作国：中国、日本等

东北亚国家尤其是中日两国，是韩国在北极圈外开展北极事务合作的重要对象国。中日韩三国兼具"近北极国家"的地缘身份以及"北极理事会观察员国"的平台角色，拥有开展战略对接、加强政策协调、推进规制创新的共同动力与诉求。

2013年5月，中日韩三国作为观察员同时加入北极理事会，助力东北亚地区层面的北极合作。2013年11月，中日韩三国举行首脑会谈并签订《东北亚和平合作共同宣言》，三方就北极合作问题进行充分会谈。"中日韩北极事务高级别对话"以及"中日韩商务峰会"作为三国间开展北极合作的重要平台，在推动韩国政府北极政策实施的过程中发挥着重要作用。

"北极事务高级别对话"已成为中日韩三国在北极政策领域协调各自立场，共同致力于维护北极和平、合作与发展的重要平台。"中日韩北极事务高级别对话"于2015年11月成立，首次会议于2016年4月在韩国首尔举行。在此次会议上，中日韩三国政府及研究机构代表就各国北极政策和北极活动的现状及计划、三国间北极科学领域合作事业的发掘、北极合作对话的未来发展方向、今后北极合作的可推进领域等广泛交换意见，为推进中日韩三国北极合作奠定基础。2017年6月，第二次"中日韩北极事务高级别对话"在日本东京举行。三国代表讨论各国北极政策和活动现状及计划，以北极科学领域为中心，持续加强三国北极合作。会议通过包含今后北极合作愿景的三方联合声明，确认将发掘三国共同推进的北极科学领域的具体合作项目，包括共同研究北冰洋太平洋地区环境变化及参与环北极海洋观测国际项目等，并在其他领域持续探索合作项目。2018年6月，第三次"中日韩北极事务高级别对话"在中国上海举行。此次会议发表联合声明，表示欢迎三国对外发表各自北极政策，同意加强三国在北极科学领域的合作并在其他领域继续探索合作项目，同意通过《北极公海非限制渔业防止协定》，分享各国国内程序和后续措施动向，共同认定北太平洋北极研究共同体（the North Pacific Arctic Research Community，NPARC）的创建是促进三国北极合作的重要成果。2019年6月，第四次"中日韩北极事务高级别对话"会议在韩国釜山召开。三国首席代表分享了各国北极政策和近期在国际舞台上的活动，代表们重申为北极理事会活动做出贡献的意志，表示将积极持续参与北极相关国际活动。

此外,三国还利用"中日韩交通物流部长会议""中日韩商务峰会"等机制,在北极交通物流领域积极推进协调合作。2014 年 8 月,第五届中日韩交通物流部长会议共同宣言表示,中日韩三方将为共享沿岸海运安全相关政策和管理三国间运行的国际客轮安全而共同努力,为北极航线商用化而加强合作。2019 年 12 月,韩国总统文在寅在中国成都参加第七届中日韩商务峰会时发表演讲表示:"在东北亚,如果以铁路共同体为起点,建立能源共同体、经济共同体和和平安全体制,将带来更多的企业商机,开辟新丝绸之路和北极航线,真正完成大陆和海洋的连接。"①2021 年 8 月召开的第八届中日韩交通物流部长会议达成了提升包括北极航线在内的物流运输网络灵活化、数字化、标准化以及环保化指数的共识。②

此外,韩国还通过多边外交实践丰富北极合作的实践经验,通过主动参与北极事务、抢占北极开发与利用先机,韩国在一众"近北极国家"与北极理事会观察员国中表现得尤为突出。

北极圈论坛(Arctic Circle)是与北极相关的最大国际论坛,政府、企业、研究机构、原住民社区等各种利益相关者参与其中,讨论气候变化、科学技术研究、可持续发展等广泛的北极问题。韩国积极参与并择机举办该论坛,着力推动"中日韩北极事务高级别对话"向机制化、常态化方向发展。2013 年 10 月,韩国外交部代表赴冰岛参加该论坛成立仪式,并以"大韩民国在北极"(The Republic of Korea in the Arctic)为主题发表韩国的北极政策及展望,表示韩国自 2013 年 5 月正式成为北极理事会观察员后,为推进系统的北极政策,制定了泛政府层面的《北极综合政策促进计划》。韩国计划以"地球村幸福时代"和"信赖外交"原则为基础,与国际社会加强合作,为北极地区的可持续发展做出贡献。2014 年和 2015 年,韩国代表继续出席北极圈论坛,宣示韩国北极政策和合作方案,意在加强与北极圈国家在北极航线商用

---

①　《第七届韩中日商务峰会主题演讲》,2019 年 12 月 24 日,https://www.korea.kr/briefing/speechView.do? newsId＝132031775。

②　参见韩国海洋水产部:《韩中日交通物流部长签署应对新冠疫情后物流环境变化的共同宣言》,2021 年 8 月 20 日,https://www.mof.go.kr/article/view.do? menuKey＝971&boardKey＝10&articleKey＝42716。

化及北极圈资源开发等今后进军北极问题上的合作。更加值得关注的是，此后，韩国仍然积极参与这一论坛，介绍政府的北极政策及愿景，提高政府对北极重要性的关注度，并表明韩国对促进北极稳定治理、可持续发展、应对气候变化等方面的决心。2022 年 10 月，韩国极地合作代表洪永基出席新一届的冰岛北极圈论坛，积极同与会国家开展环保造船及水产合作等双多边北极经济外交活动。

同时，近年来韩国通过参与以北极理事会高官会议（the meetings of Senior Arctic Officials，SAO）、北极前沿大会、东方经济论坛（Eastern Economic Forum）、北极全球领导力大会（GLACIER）为代表的各级会议，积极参与北极地区多边事务。2015 年 8 月底，韩国外交部长尹炳世应美国国务卿克里邀请出席美国举行的北极问题外长会议，这是韩国外长首次出席的北极相关国际会议。尹炳世在主旨发言中解释如何通过北极作为欧亚倡议的轴心加强欧亚大陆的互联互通，强调北极合作的重要性，使国际社会了解韩国政府为开发和保护北极所做的努力和贡献，为韩国进军北极做好准备。2016 年 1 月，韩国政府代表团出席在挪威举办的第 10 届北极前沿大会，重点讨论扩大观察员国专家参与北极理事会的方案，并对环境、渔业、资源等多个领域内北冰洋海洋合作的理想发展方向提出见解。2017 年 1 月，韩国政府代表团再次出席第 11 届北极前沿大会，韩国代表讨论了北极东北航线（Northern Sea Route，NSR）的经济可行性。韩国认为短期内东北航线商业运行并非易事，但从长远来看，东北航线的发展前景得到肯定。2017 年9 月，在"第三届东方经济论坛"召开期间，韩国海洋水产部与俄罗斯远东开发部、俄罗斯水产厅围绕扩大作业配额、建设水产品与物流加工综合园区及港口开发投资等与远东西伯利亚地区相关的水产、港口、海运物流以及极地领域的合作方案展开了讨论。海洋水产部转达了韩国企业对远东地区水产品物流加工综合园区建设项目的投资意向，提出了面临的现实困难，要求俄方给予关注和支持。双方讨论了韩国企业对远东地区水产品加工综合园区及主要港口开发项目投资的方案①，为韩国进一步深化对北极的产业开发与

① 参见韩国海洋水产部：《海洋水产部将与俄罗斯政府携手支援韩国企业进军远东地区》，2017 年 11月 6 日，https://www.mof.go.kr/article/view.do? articleKey = 17922&searchSelect = content&searchValue = %EB%B6%81%EA%B7%B9&boardKey=10&menuKey=971&currentPageNo=5]。

布局及港口利用奠定了良好基础。2018 年 9 月，韩国国务总理李洛渊参加在俄罗斯主办的东方经济论坛，一方面加强北极航线的建设活动，另一方面同各国开展"新北方政策"下的北极合作。2019 年 11 月，韩国外交部北极合作代表出席北极理事会高官会议，重点讨论观察员国的贡献和作用强化方案，并与 8 个北极理事会成员国开展北极合作网络建设活动等。

韩国还积极主办有关北极的多边活动。2017 年 12 月，韩国作为非北极圈国家，首次与北极经济理事会（Arctic Economic Council，AEC）共同在首尔举行主题为"北极海上运输的挑战和联系的必要性"（Challenges of Arctic Maritime Transportation and the Need for Connectivity）的合作研讨会。与会者讨论了北极航线的使用方案和民间经济合作方案，评价北极海上运输的发展潜力很高，但同时指出，今后为了搞活通过北极航线的海上运输，港口、造船、通信领域的基础设施扩充和服务开发非常重要，为此需要民间经济合作。同月，韩国外交部与海洋水产部在釜山港国际客运站会议中心举行为期 4 天的"2017 北极合作周"（Arctic Partnership Week 2017），来自韩国国内外 12 大机构的 1000 多名人员出席该活动，重点讨论推进双多边北极合作的具体方案。韩国海洋水产部赵承焕表示："北极海冰等环境变化正在带来新的机遇，需要国际社会紧密合作应对。期待通过北极合作周，以我国为中心加强北极相关知识网络，带动北极圈和非北极圈国家之间的真正合作。"①此后，韩国多次举行"北极合作周"活动，国内外北极专家围绕北极政策、科学技术、海运、能源和产业日常运营等方面开展积极对话和沟通。2018 年 12 月，韩国外交部、北极圈事务局、海洋水产部、极地研究所及韩国海洋水产开发院共同主办第 6 届"北极圈韩国论坛"，这也是东北亚国家首次举行该论坛，意在吸引北极圈国家对今后在北极开发和利用中发挥核心作用的东亚地区的关注，为韩国企业进军北极奠定基础，提高韩国北极外交的地位。2020 年 1 月，韩国为提高自身同北极圈 7 个国家之间的北极相关合作，成立"Arctic Club in Korea"作为非正式交流场所，意与在北极圈 7 个国家大使按季度举行聚会，讨论自由真诚的北极合作方案，以提高政府现有

---

① 韩国外交部：《12 月 12—15 日在釜山举行北极合作周（Arctic Partnership Week）活动》，2017 年 12 月 11 日，https://www.mofa.go.kr/www/brd/m_4048/view.do? seq=367787。

的双边和多边北极合作政策的效果。

三、战略支柱：多管齐下与全面发展

北极蕴藏着丰富的经济、科研价值，北极沿线国家均加强对北极的探索和开发，韩国亦是如此。依托韩国北极战略方针的路线指导，韩国北极战略的具体实施支柱涵盖诸多领域。韩国从发展北极经济、开展北极科学研究、构建深入北极的制度基础等多方面着手，不断探寻深入北极的方式和路径，充分利用北极发展的良好机遇，致力于发展成为北极沿线重要的国家，实现北极利益最大化。

（一）宽领域创造北极经济和商业价值

从经济利益的角度出发，充分利用北极价值，发展北极经济，是韩国实施北极战略的首要支柱。韩国从北极航线和物流体系、能源和造船、港口和极地城市建设、医疗等宽领域创造北极经济和商业价值。

自成为北极理事会观察员后，韩国致力于进军北极，发展北极海运物流体系。2013 年 10 月，韩国海洋水产部的 2014 年海运物流预算案编制 1861 亿韩元，比上年增加 6.6%，提出在海运物流领域发展北极航线新项目。该预算案新编制了 14 亿韩元的极地船员教育和加强与北冰洋周边国家合作的事业费，用于加速进军当年开始试运营的北极航线。同月，韩国籍现代船运公司打造的"Glovis 号"商船首次完成在北极航线开展长达 35 天的试运营航行，此次试航是韩国国内首次尝试经由北冰洋进行亚欧之间的商业运输，从开发新的北极商业模式来看意义重大。此后，海洋水产部一直致力于提高韩国企业对北极航线的利用度。该部门通过建立极地航运人才培养机制及北极航线航运船舶奖励等航运基础，通过与挪威等北冰洋沿岸国家的海运合作会议，强化国内外北极航线合作网络。2015 年 7 月，大韩通运公司利用北极航线完成从阿联酋穆沙法（Mussafah）到俄罗斯亚马尔半岛的油气离岸（offshore）航站楼建设装卸设备（4000 吨）的商业运营任务。在港口基础设施建设方面，韩国现代商船集团正计划在北极航道试运集装箱船只。集装箱船航线规划一旦完成，将极大地提升韩国商船企业的航运效率。目前，韩国浦项迎日湾港正申请更多项目支援，以打造北方物流基地港口；韩国江原道东海港正加紧完善道路基础设施，以提升其港口竞争力。可以说，

北极航道的良好愿景,极大地刺激了韩国疲软的航运业与造船业,激发了韩国相关企业的积极性,成为韩国经济复苏发展的新动力。

韩国国内能源匮乏,严重依赖进口,贸易通商是其实现经济腾飞的重要途径,因此其对能源与航路一直保持着堪称极端的重视度与敏感度;自韩国参与北极事务并正式获得北极理事会观察员身份之后,作为统合能源开发与航路利用复合体的"北极角色"便一直居于突出的位置。

一方面,韩国积极发挥自身在北极能源开发与航线利用议题上的主动塑造能力。2017 年 12 月,韩国外交部举办"韩国与北极理事会合作研讨会",与会者讨论了北极航线的利用方案和旨在加强北极互联互通的民间经济合作方案,包括北极航线的利用现状和北极海上运输的潜力及挑战,以及提升北极地区互联互通的技术水平。[①] 此举为推进"九桥战略"中北极航线、港口、造船等项目的具体实施,推动北极海上运输进一步灵活化、便利化打下了良好基础。此外,韩国海洋水产部还于 2017 年 12 月、2018 年 12 月先后在釜山召开第六届和第七届"北极航线国际研讨会",讨论了"北极资源向亚洲市场输送"以及"探索北极航线定期航线运营可能性"等与北极资源、能源及航线密切相关的事宜,参会方涵括大部分北极沿岸国家与近北极国家的政产学研各界代表。在韩国的主导下,会议涵盖北极航线货运量的现状和前景分析、北极资源的开发和运输、北冰洋运输基础设施建设需求和未来运营前景等议题。[②] 此举将进一步服务于韩国政府强化对北极航线的关注与研究力度,进而开辟更加广阔的商业运用前景。

另一方面,韩国积极开展与北极沿线国家在能源开发与航线利用上的沟通与合作。俄罗斯不仅蕴藏着丰富的能源资源,而且具备开发利用北极

---

① 参见韩国外交部:《举办"韩国与北极理事会(AEC)合作研讨会"》,2017 年 12 月 11 日,https://www.mofa.go.kr/www/brd/m_4080/view.do? seq = 367767&srchFr = &srchTo = &srchWord=%EB%B6%81%EA%B7%B9&srchTp=1&multi_itm_seq=0&itm_seq_1=0&itm_seq_2=0&company_cd=&company_nm=&page=5。

② 参见韩国海洋水产部:《为促进北极航路利用,国内外专家举行 12 月 14 日北极航线国际研讨会》,2017 年 12 月 13 日,https://www.mof.go.kr/article/view.do? articleKey = 18241&searchSelect = content&searchValue = %EB%B6%81%EA%B7%B9&boardKey=10&menuKey=971&currentPageNo=5;韩国海洋水产部:《海洋水产部在釜山举办第七届北极航线国际研讨会》,2018 年 12 月 12 日,https://www.mof.go.kr/article/view.do? articleKey = 24139&searchSelect = content&searchValue = %EB%B6%81%EA%B7%B9&boardKey=10&menuKey=971&currentPageNo=4。

航线的地缘优势,韩国则通过一系列双边合作机制深度参与俄罗斯的能源资源开发与北极航线利用。2016 年 6 月,韩国外交部为扩大与俄罗斯的北极航线开发合作,在北极航线据点城市圣彼得堡和摩尔曼斯克举行"欧亚—北极航线对接性活动",以推进通过陆上(铁路)增进联系的动力,延续到亚洲和欧洲之间最短距离的北极航线(海运)。2017 年 6 月、2018 年 5 月,第 11、12 届韩俄远东西伯利亚小组委员会会议召开,均集中讨论了为增加北极航线利用的港湾现代化、航线运用计划以及推进两国电网连接的"东北亚超级电网"构想;2017—2020 年,第一至四届韩俄北极协商会议接连召开,讨论参与北冰洋海上运输以及亚马尔项目(第二阶段)的可能性方案,商讨减免港口设施使用费等支持航线运营的制度化举措、港口现代化以及共同利用第二代破冰科考船等规划,在北极地区利用太阳能和风能生产的氢气为能源动力,建设环境友好型基地——"雪花"(Snowflake),加强在新型可再生能源尤其是绿氢生产等领域的合作成为韩国推进北极政策实施的重要选项;在 2019 年 9 月召开的第二届韩俄地方合作论坛上,两国地方政府及自治团体代表均表示将充分发挥地方自治团体在改善两国交通物流基础设施中的作用。① 韩国在能源开发与航线利用上已进一步推进次国家合作主体的多元化进程,积极释放多元行为体的合作动能。此外,在"第五届北极论坛"召开期间,时任俄政府副总理阿基莫夫以及俄远东和北极发展部部长卡兹洛夫提出了"到 2024 年使北极航线的货运量提升至 8000 万吨"的运营目标②,这为韩国进一步参与并融入北极航线开发提供了良好的合作基础。近年来,韩俄之间有关北极航线合作的实践,既关注航线本身的利用,也将港口的现代化升级、新型破冰船的建造以及海上通信网络的构建等配套基础设施建设项目纳入其中,提升了对北极航线综合性、系统性开发与利用的水平。就北极能源开采而言,韩国积极与俄罗斯探讨加入"亚马尔天然气项目"第二阶段的可能性与可行性。除传统能源外,在应对全球气候变化、推

---

① 参见韩国外交部:《第二届韩国与俄罗斯地方合作论坛召开》,2019 年 9 月 6 日,https://www.mofa.go.kr/www/brd/m_4080/view.do? seq = 369515&srchFr = &srchTo = &srchWord = %EB%B6%81%EA%B7%B9&srchTp = 1&multi_itm_seq = 0&itm_seq_1 = 0&itm_seq_2 = 0&company_cd = &company_nm = &page = 2。

② 参见中华人民共和国商务部:《俄远东发展部编译版:北极论坛热议北海航线货运量将达到 8000 万吨》,2019 年 4 月 22 日,http://www.mofcom.gov.cn/article/i/jyjl/e/201904/20190402855316.shtml。

动经济社会发展方式转型以及实现"碳达峰碳中和"等目标的驱动下,电力系统合作与电网相连以及在北极地区开发氢等清洁绿色能源的实践也开辟了韩国参与北极能源开发、拓展与俄罗斯开展北极能源项目合作的新空间。

除能源开发与航线利用外,北极造船、产业园区与自贸港建设以及医疗保健等也是韩国近年来重点关注的领域与实践项目。其中,造船、产业园区与港口建设以及环境保护又与其北极政策的重心——能源开发与航线利用密不可分,造船、科考与环境保护隶属传统优势项目,而产业园区与自贸港建设以及开展医疗合作则为新兴拓展项目。各领域由此呈现出互联互通、纵向深化以及横向拓宽的发展特征,为韩国经济增长开辟全新空间,提供全新动力。

造船业是韩国政府推进"新北方政策"中北极合作的先导。韩国认为,扎鲁比诺港的开发与韩国造船产业的结合,将使得北极航线成为开辟"新能源时代"的"新丝绸之路"。多年来,韩国一直在 LNG 船舶的建造与订单承揽上居于世界领先地位,已成为其最突出的"国家名片"之一。大宇造船是全球首个具备破冰型 LNG 船(该型船舶可以在没有破冰船帮助的情况下成功开展独立航行)建造能力的船企,韩国也是世界上首个掌握此类技术并投入运用的国家。① 早在 2014 年韩国就承揽了为俄罗斯建造 15 艘用于"亚马尔一期项目"的 LNG 运输船的订单,2017 年首艘该型船已正式交付俄方;2019 年三星重工也获得了"亚马尔二期项目"第一批 15 艘破冰液化天然气运输船中 5 艘的建造订单,未来上述订单的全部完成将标志着韩国取得打造极地造船领域"韩国国家名片"的突破性进展。此外值得一提的是,目前俄罗斯唯一拥有破冰型 LNG 船建造能力的"红星造船厂"即在大宇公司的技术支持下建设完成并投入生产,韩国在极地造船领域的强大实力可见一斑。

在港口和"极地城市"建设方面,韩国不断推进依托釜山港和釜山打造的"通往北极港口"和"极地城市"建设。釜山港作为韩国重要的全球性港口,因其特殊的地理区位及发展前景,是韩国推动北极航道开发获益最大的

① 参见韩国青瓦台:《东方经济论坛主题演讲》,2017 年 9 月 7 日,https://www1.president.go.kr/articles/944。

港口。同时,韩国也不断将釜山作为"极地城市"推进相关建设。2017 年,韩国决定在釜山市设立第二极地研究所。以此为契机,釜山市加快"极地城市"建设步伐。釜山市的"极地城市"规划面积为 2.3 万平方米,其中建筑面积为 1.8 万平方米,预算经费达 1600 亿韩元。同时,釜山市还将规划建设极地体验馆、极地博物馆等一系列大型博览馆,已成为韩国开展极地研究、极地教育和极地旅游的据点城市。2022 年 1 月,韩国海洋水产领域的重要人员在釜山港国际旅客终点站会议中心向总统候选人尹锡悦递交有关海洋水产领域的政策承诺提案书,其中包括培养极地旅游城市釜山的提案。为了应对环欧亚物流路线带来的大变革,开拓北极资源开发事业和资源运输的北冰洋韩国路线,釜山可能成为先起之秀。2023 年 3 月,海洋水产部表示将申办 2030 年釜山世博会。其中依托釜山港智慧港口建设,涉及高新数字技术在北极航线开发、韩国航运和物流业的生态环保性等方面的实践与应用。

最后,在后疫情时代,医疗、康养与保健议题的热度不断上升。鉴于此,韩国政府加大了对北极地区医疗康养项目的关注力度,实现了同北极开发与合作的有机融合。在"九桥战略 2.0"中,"K-防疫与保健医疗"被确定为八大推进领域之首,主要内容包括防疫经验与知识共享、加强医疗保健能力、提供基于信息与通信技术的医疗服务、扩大海外医疗队的规模、持续推进在医疗保健领域的官方发展援助,进而在长期范围内加强保健与医疗合作。[①]在传统合作项目停摆的现实困难面前,开展医疗合作将缓解韩国北极政策的实施困境,进而开辟并发掘全新的实践方案与合作潜力。

(二)提升北极勘探和开发技术

北极相关勘探和开发技术优势大多由北极圈国家掌握,韩国为此需付出高昂的使用成本。因此,作为高新技术强国,韩国也利用自身技术优势不断加强北极勘探和开发技术研发工作,从造船、海底勘探、海冰监控等方面不断提升自主建造技术,减少对海外相关技术的依赖。

一是提升北极造船技术。韩国依托 2009 年正式通航的首艘破冰研究

---

① 参见韩国北方经济合作委员会:《新北方政策八大领域七十大课题》,https://www.bukbang.go.kr/bukbang/policy/0004/0001/。

船"ARAON 号"开展丰富的北极破冰研究工作,如首次在北极东西伯利亚海发现巨型冰上证据,查明南极阿门健海冰架解冻原因等,取得诸多成果。然而,"ARAON 号"每年需运行 300 天以上,且以目前的破冰能力只能进入夏季海冰增多的地区,无法进入高纬度北极海域进行北极研究。另外,使用一艘船同时进行南极和北极研究很难满足韩国不断增长的北极研究需求。韩国海洋水产部为克服这些北极研究的局限性,提高国内北极研究水平,从 2015 年开始推进建造新一代破冰研究船。经过 3 次预备妥当性调查、组建和运营"新一代破冰研究船企划研究团"、召开相关听证会等,最终通过了预备妥当性调查。2019 年 4 月,韩国海洋水产部召开"第二破冰研究船建造推进听证会",讨论建造第二破冰研究船的必要性和有效利用方案。在此次听证会上,韩国相关官员、专家和民间人士对"建造第二破冰研究船的必要性"和"船舶的规模和规格"进行自由讨论。2021 年 6 月,韩国海洋水产部在举行的"国家研究开发事业评价总管委员会"上最终审议并表决通过"新一代破冰研究船建造事业"的预备妥当性调查。根据海洋水产部发布的信息,新一代破冰研究船破冰能力相比"ARAON 号"有所提高,总吨位为 15450 吨,船舶规模也扩大 2 倍以上。此外,新一代破冰船使用排放较少污染物的 LNG 和低硫油作为燃料油,实现在北冰洋航线上"绿色"运行。同时,新一代破冰船在设计时将以可拆卸的方式运用自主型无人潜水器等各种研究设备,提高空间利用率。新一代破冰研究船共投入 2774 亿韩元,将从 2022 年开始设计,完成建造后,将从 2027 年开始正式运营,专门负责北极研究。通过这种方式,可以在此前未能通过"ARAON 号"接近的北冰洋公海、巴伦支海等地进行气候、海洋、生物、资源、地质、大气、宇宙等多种研究,有望取得更有意义的北极研究成果。韩国海洋水产部官员表示:"如果今后投入新一代破冰研究船,期待我国作为负责任的国际社会一员,飞跃性地提高人类的北极研究水平。"[1]

二是提高北极海底勘探技术。长期以来,韩国海底资源勘探是通过其国内于 1996 年建造的 2085 吨级唯一的物理勘探研究船"探海 2 号"进行的。

---

[1] 韩国海洋水产部:《利用新一代破冰船实现北极研究飞跃式发展》,2021 年 6 月 28 日,https://www.korea.kr/briefing/pressReleaseView.do? newsId=156458655。

"探海 2 号"搭载获取三维地层影像的小规模 3D 流媒体设备,为韩国海底资源勘探做出了巨大贡献。但由于船舶和研究设备老化,韩国着手建造新的物理勘探研究船。2021 年 1 月,韩国产业通商资源部正式推进投资总事业费约 1900 亿韩元的 6000 吨级海底资源物理勘探研究船(暂称"探海 3 号")建设事业,预计于 2024 年正式通航。此次建造的新物理勘探研究船适用耐冰等级,勘探范围将从国内大陆架扩大到北极资源国际联合勘探等极地及大洋,并搭载了最新探测设备,提高了海底资源探测的效率和精度,有力促进韩国北极海底勘探能力的提升。韩国产业通商资源部资源产业政策官文东民表示:"此次尖端物理勘探研究船建造完成后,有望拓宽大陆架及极地海底资源开发的领域,成为进一步提高韩国海底资源勘探技术水平的契机。"[1]

三是加强北极海冰监控技术。韩国气象厅为了满足国民对全球变暖带来的北极海冰变化的关注,积极支援政府的北极综合政策,从 2013 年 8 月起通过网站向公众公开"北极海冰监视系统 1"。该系统使用微波卫星传感器(SSMIS 2)资料开发,提供海冰面积和表面粗糙度、海冰变化趋势、各海域海冰变化等多种信息。2015 年 11 月,韩国气象厅公开了新升级的"北极海冰监视系统"。新系统除了现有的卫星海冰监视信息,还增加了海冰展望信息、北极航线海冰环境信息,在移动环境下也可以轻松访问,提高了便利性。

同时,韩国政府还计划追加提供定期的《北极海冰分析报告》。该系统提供的资料将有助于制定各种北极政策,包括开拓北极海冰变化带来的北极航线、开发能源和资源、开发北极模式预测韩半岛极端天气、研究环境和气候变化等。同时,韩国多从他国高价购买并利用北冰洋航行环境信息,为提高北极海冰监控能力,韩国也加强了此方面技术研发工作。2015 年 10 月,韩国海洋科学技术院(KIOST)和附属的船舶与海洋工程研究所(KRISO)共同发布国家级研究开发项目"北极航线航行船舶用航海安全支援系统研究"的阶段性成果——北极可开发冰分布分析和预测技术。这是以卫星拍摄的北冰洋冰分布图为基础,可视化提供北冰洋东北航线区域冰

---

① 韩国产业通商资源部:《海底能源资源精密探测时代即将开启》,2021 年 1 月 28 日,https://www.korea.kr/briefing/pressReleaseView.do? newsId=156434192。

分布图的技术。该技术可以为韩国籍船运公司提供北极海域的冰分布信息,从而有利于韩国籍船只识别可航行海域并选择最佳航线。以此次研究成果为基础,韩国在 2018 年时已拥有自主研发技术,为北极海域航行船舶提供选定安全航线所需的冰况、冰冻边界信息,以及海洋、大气数值预测资料等北极航线航行安全信息,为海运船只提供便利。

（三）多方面强化北极科学研究

科学研究是韩国介入并参与北极事务的先导领域。多年来韩国依托"茶山"基地、"ARAON 号"极地科考船,不断加强对北极航线、环境、资源等方面的科学考察。近年来,韩国政府继续延续在北极科考领域开展布局与国际合作的势头,积极推进针对北极地区科学研究与考察的多边合作,其北极科考规划与活动呈现出愈加丰富多元的态势。2016 年,韩国海洋水产部分别耗资 196 亿韩元和 145 亿韩元,启动为期 4 年的北极科学研究项目"北冰洋环境变化综合观测及利用研究"和"北冰洋海底资源环境探测及海底甲烷释放现象研究",用于继续对东西伯利亚海进行观测和精密分析,为开辟北极航线提供必要的科学资料。此外,还计划扩大利用"ARAON 号"科考船的国际合作研究,为保护北冰洋水产资源、应对气候变化等国际共同悬案的解决做出贡献。韩国海洋水产部海洋开发科科长吴行录表示:"北极海冰减少是气候异常导致的,对人类构成严重威胁,但同时也提供了开辟北极航线和开发新资源的机会。今后将继续推进相关研究,为推进新北方政策奠定必要的科学基础。"[1]

2017 年 6 月召开的"第二届中日韩北极事务高级别对话"以北极科学考察合作为中心,明确指出科学研究是三国进行合作和开展联合行动最有潜力的领域,决定通过对太平洋一侧的北冰洋环境变化开展合作研究,重点为"北极太平洋扇区工作组（PAG）"做出贡献,并于 2020 年夏季在"北极全面调查（SAS）"项目下开展泛北冰洋观测活动。[2] 与此同时,韩国还注重从战略角度推进北极科学研究。2020 年 11 月,韩国海洋水产部在第 14 届科学

---

① 韩国海洋水产部:《"ARAON"号找到渡过北极航线"艰难航线"的线索》,2018 年 10 月 24 日,https://www.korea.kr/briefing/pressReleaseView.do? newsId=156300136。

② 参见《第二轮中日韩北极事务高级别对话联合声明》,2017 年 6 月 15 日,http://japan.people.com.cn/n1/2017/0615/c35421-29340570.html。

技术关系部长会议上发布《极地科学未来发展战略》文件。该文件指出,由于基础设施的限制,北极低纬度的研究范围有限;激活极地研究的制度不完善,多种研究主体参与极地研究的诱因不足等仍然是需要克服的问题。为此,韩国政府制定《极地科学未来发展战略》以克服这些局限性,从提高极地研究成果、扩大未知极地科学领土、构建极地科学开放式合作体系、构建极地科学发展支持基础等方面入手,助力韩国跃升为主导极地研究的全球领先国家。具体包括集中强化有关北极气候变化、环境保护等国民关注和共识较高领域的研究。利用破冰研究船、人造卫星等积累的数据,构建反映北极圈陆地、包括冰圈在内的海洋和大气等整个地球系统相互作用的预测模型[1],如在 2020—2022 年期间重点开发"基于北极气候变化的韩半岛灾害气象发生建模系统",开展北冰洋水产资源监测及变动预测研究。同时,系统培养应对北极航线活性化的极地航运专业人才,推进支援北极原住民奖学金等与沿岸国家的合作事业。另外,韩国还将挑战开拓北极高纬度及南极内陆等尚属未知领域的极地科学领土。为了将目前仅限于北冰洋周边的研究领域扩大到北冰洋中央公海,计划推进建造比"ARAON 号"破冰能力更高、更环保的"新一代破冰船"。

此外,韩国也积极通过开展北极科学研讨会、成立北极科研机构等方式加强北极人文交流活动,强化对北极科学研究的重视。韩国海洋水产部从 2011 年起每年在釜山举办"北冰洋航线国际研讨会",重点是同各国政府相关人士和专家讨论共同使用北冰洋航线时的困境及有效利用方案等。通过该研讨会,韩国意在了解北冰洋资源开发和航线运行的最新动向,支援韩国海运物流企业进军北冰洋,构筑北冰洋航线航运基础。2018 年 12 月,韩国海洋水产部举办"第七届北极航线国际研讨会",会议重点围绕北极航线的现状和展望、北极航线的班轮运营、北极航线运输量及运输基础设施需求分析等 3 个主题进行阐述和讨论。同时,为推进科学研究,韩国建立了北极研究机构。2015 年 12 月,来自韩国的 21 个与北极相关的产学研机构共同参与创建"北极研究财团"。"北极研究财团"是为了通过相关北极研究机构之

---

① 参见韩国海洋水产部:《极地是我们的未来! 极地科学未来发展战略颁布》,2022 年 11 月 18 日,https://www.mof.go.kr/article/view.do? articleKey＝36233＆searchSelect＝content＆searchValue＝%EB%B6%81%EA%B7%B9＆boardKey＝10＆menuKey＝971＆currentPageNo＝1。

间的合作,对此前各机构单独推进的北极研究进行政策、科学、产业等兼顾的融合复合研究,并从中长期角度进行系统的北极研究而创立的,有望成为扩大韩国作为非北极圈国家拓展北极经济价值的重要研究平台。

(四)多角度构建深入北极的制度基础

为了对深入北极提供充分的制度保障,韩国不断构建相关制度,从法律制度的角度为深入北极保驾护航。从 2015 年开始,韩国作为非北冰洋沿岸国家,同北冰洋沿岸的美国、俄罗斯、加拿大、丹麦、挪威 4 个国家和中国、日本、冰岛、欧盟等非北冰洋沿岸的潜在捕捞国和地区为防止在北冰洋公海非法捕捞,并进行水产资源联合研究,启动长达两年多的谈判工作并签署《预防中北冰洋不管制公海渔业协定》,该协定最终于 2021 年 6 月正式生效,有效期 16 年(可延长 5 年)。该协定的主要内容是,为保护和可持续利用中央北冰洋公海地区生物资源,限时暂停相关水域内的捕捞活动,同时开展共同科研活动。韩国于 2022 年上半年在国内举行《预防中北冰洋不管制公海渔业协定》的第一次当事国大会,计划在今后履行该协定的过程中,利用破冰研究船等主导参与北冰洋公海水域的海洋环境和水产资源生态系统调查,为国际社会关注并讨论北极水产、渔业资源保护和可持续利用做出贡献。

2021 年 3 月 24 日,韩国国会通过《极地活动振兴法》,填补了针对北极活动的法律空白,制定了振兴北极经济活动的具体政策。[①] 尽管极地具有很高的学术和经济价值,但此前韩国并没有法案支持整个极地的学术和经济活动,《极地活动振兴法》正是韩国为系统地培育和支援北极和南极多种极地活动而制定的法案。根据该法案的内容,韩国海洋水产部计划在充实研究开发活性化、基础设施支援等现有极地活动的同时,通过制定北极经济活动振兴政策、培养极地相关专业人才等,扩大极地活动的基础。韩国海洋水产部负责人表示:"通过此次制定和修改的法律案,有望在国家层面积极创

---

① 参见韩国海洋水产部:《制定促进南北两极极地活动的依据:本次会议通过〈极地活动振兴法〉等 10 部法律》,2021 年 3 月 24 日,https://www.mof.go.kr/article/view.do? articleKey＝38214&searchSelect＝content&searchValue＝％EB％B6％81％EA％B7％B9&boardKey＝10&menuKey＝971&currentPageNo＝1。

造极地的各种价值,保护海洋环境和水产资源。"①

　　韩国依托空间延展与能力提升的战略诉求、梯次推进与顺势而为的战略布局及多管齐下与全面发展的战略支柱,从战略、经济、科研、技术、制度各方面构建起综合性的北极实践能力塑造体系。

---

① 韩国海洋水产部:《奠定促进极地活动的基础》,2021 年 3 月 24 日,https://www.korea.kr/briefing/pressReleaseView.do? newsId＝156442723。

第五章　韩国南极政策与实践

南极大陆占地球陆地面积的 9.2%，是世界上寒冷、气候严酷、降水量少的地区。因自然环境特征及技术条件限制，人类对南极的开发利用较为有限。作为距离南极较远的国家，南极海域对于韩国而言属远洋海域。因而，相对于北极政策实践，韩国的南极政策实践显得较为薄弱。韩国对南极的考察和研究起步相对较晚，但起点较高。自 1986 年加入《南极条约》以来，韩国不断深入南极海域开展勘探和科考活动，出台和签署相关法律而建立起南极开发利用的制度安排，不断拓展南极实践活动。

第一节　韩国南极战略规划出台的背景与沿革

南极大陆于 1819 年首次被英国威廉·史密斯（William Smith）船长发现并公之于世。1911 年 12 月，挪威极地探险家阿蒙森（Roald Amundsen）首次征服南极点。此后，世界各地的探险家们纷纷前往南极点和南极大陆，但除部分区域外，南极大陆至今仍是一个未知的大陆。

随着涉足南极的国家逐渐增多，20 世纪 40 年代，对南极主权问题的讨论开始引起国际社会的争议，引发国家之间的摩擦。英国、澳大利亚、法国、挪威、阿根廷、新西兰、智利等 7 个国家一直主张对南极大陆按区域划分主权，所涉面积合计达到南极大陆的 85%，部分地区有重叠。自 1957 年起的两年间，由国际科学联盟理事会（International Council of Scientific Unions，ICSU）主办，以 12 个国家的 67 个科学考察站为基础，5000 多名科学家在南极进行了宇宙、磁学、冰川学、气象学、海洋生物学等领域的研究，并成功举行了国际地球物理年（International Geophysical Year，IGY）。但南极依旧存在许多问题与争议,各国政府就解决南极问题的必要性达成共识。以此为契机,1958 年,国际科学联盟成立了旨在协调南极科学国际合作的非政府组织"南极研究科学委员会"(Scientific Committee on Antarctic Research,SCAR)。当时的美国总统艾森豪威尔提议组织召开另外的国际会议,解决包括南极主权、科学研究等在内的南极相关问题。1959 年,美国、俄罗斯等12 个国家在美国华盛顿签名参与《南极条约》(The Antarctic Treaty,AT)。《南极条约》签订后,南极地区的科学研究、旅游等人类活动愈发频繁,南极地区的生态环境遭到严重破坏。南极的生态系统与其他地区的生态系统相比具有脆弱性,难以适应或抵抗人类活动,因此需要采取事前预防措施。[1]为应对南极生态环境污染,完善南极地区的法律制度体系,继 1959 年《南极条约》之后,1964 年《保护南极动植物议定措施》(The Agreed Measures for the Conservation of Antarctic Fauna and Flora,AMCAFF)、1972 年《南极海豹保护公约》(Convention for the Conservation of Antarctic Seals,CCAS)、1980 年《南极海洋生物资源保护公约》(Convention on the Conservation of Antarctic Marine Living Resources,CCAMLR)、1988 年《南极矿产资源活动管理公约》(Convention on the Regulation of Antarctic Mineral Resource Activities,CRAMRA)等相继出台,讨论了不同主体的保护措施。1991 年《关于环境保护的南极条约议定书》(The Protocol on Environmental Protection to the Antarctic Treaty,又称《马德里议定书》)的制定及其 1998 年正式生效,标志着全面、系统规范南极环境、生态系统保护的南极环境保护制度正式形成。

韩国的南极活动始于 20 世纪 70 年代。1978 年,韩国首次向南极海域派遣磷虾捕捞调查船,为开发南极水产资源而进行试捕作业,到 1988 年共派遣8 次。1985 年,韩国在试捕作业期间加入《南极海洋生物资源保护公约》。1986 年,韩国作为第 33 个成员国加入《南极条约》。1987 年 3 月,韩国海洋研究所内成立极地研究室,同年 8 月创立韩国南极研究科学委员会(Korea Scientific Committee on Antarctic Research,KOSCAR)。1988 年,韩国在南极乔治王岛建设南极世宗科学考察站,派遣了第一批越冬队。1989 年,韩国以南极科学活动为契机,成为世界上第 23 个获得南极条约协商国(Antarctic

---

Treaty Consultative Party，ATCP)地位的国家。1990 年,韩国成为南极研究科学委员会正式成员国。1995 年,第 19 次南极条约协商会议(Antarctic Treaty Consultative Meeting，ATCM)在韩国首尔召开。1998 年,《关于环境保护的南极条约议定书》生效,同年韩国加入此议定书。南极条约体系缔结与韩国加入情况如表 5-1 所示。

表 5-1　南极条约体系缔结与韩国加入情况(截至 2019 年 6 月 1 日)[①]

条约名称	签署	生效	韩国加入	加入国家
南极条约 (The Antarctic Treaty)	1959.12	1961.6	1986.11	54 个国家(29 个协商国,25 个非协商国),韩国于 1989 年取得协商国地位。
关于环境保护的南极条约议定书(马德里议定书)	1991.10	1998.1	1998.1	40 个会员国
南极海洋生物资源保护公约(CCAMLR)	1980.5	1981.4	1985.3	36 个会员国(25 个委员会国家和 11 个加入国)
南极海豹保护公约(CCAS)	1972.6	1978.3	未加入	16 个当事国
南极矿产资源活动管理公约(CRAMRA)	1988.6	未生效	——	——

与此同时,韩国国内对制定履行《南极条约》和《马德里议定书》规定义务的法律体系的必要性达成共识。2004 年,以韩国外交部为主导,多个部门联合制定《南极活动及环境保护相关法律》。同年,韩国海洋科学技术院(KIOST)附属的极地研究所(KOPRI)成立。《南极活动及环境保护相关法律》由总则、南极活动许可、南极环境保护、南极活动监察院提名与活动(指导与监督)、南极研究活动振兴、罚则等 6 章 27 项条文组成。该法的第 21 条明确规定要确立并实施南极研究活动振兴基本计划,该法实施令第 27 条规定制定年度实施计划。以韩国国内法律为依据,韩国政府于 2006—2022 年共发布四份《南极研究活动振兴基本计划》(见表 5-2)。

---

① 参见[韩]徐贤教:《韩国南北极基本计划综合方案与评价》,《韩国西伯利亚研究》2020 年第 24 卷第 1 期,第 71 页。

表 5-2　韩国南极相关法律与政策现状

政策名称	依据法律
《第一次南极研究活动振兴基本计划（2007—2011）》	《南极活动及环境保护相关法律》第21条
《第二次南极研究活动振兴基本计划（2012—2016）》	
《第三次南极研究活动振兴基本计划（2017—2021）》	
《第四次南极研究活动振兴基本计划（2022—2026）》	
《第一次极地活动振兴基本计划（2023—2027）》	《极地活动振兴法》第6条

一、四次《南极研究活动振兴基本计划》

《第一次南极研究活动振兴基本计划（2007—2011）》以《南极活动及环境保护相关法律》为法律依据，由科学技术部和海洋水产部共同制定，于2006年5月递交韩国国家科学技术委员会并通过审议。该计划作为"南极活动力量积蓄期"，以"为实现可持续性振兴，积极开展面向世界的极地研究活动"为目标，制定了4个部分的16个推进课题，如表5-3所示。

表 5-3　《第一次南极研究活动振兴基本计划（2007—2011）》①

	4个推进方向	16个推进课题
扩充研究基础设施	构建以现场为中心的研究基础	（1）扩充南极研究设施 （2）构建支持南极研究活动的输送体系 （3）实现极地研究所研究组织专业化，强化职能

---

① 参见韩国海洋水产部等：《第一次南极研究活动振兴基本计划（2007—2011）》,2006年,第13页。

续表

	4 个推进方向	16 个推进课题
加强极地基础科学 (P-Science)研究	增加投资并落实战略性研究	(4)极地地质与地球物理研究 (5)极地生物研究 (6)极地气候、海洋研究 (7)极地冻土与冰川研究 (8)极地大气与宇宙环境研究
积累应用技术实用化力量	根据优先顺序加强应用能力并积累开发力量	(9)发展水产资源勘探与利用技术 (10)开发生物遗传资源利用技术 (11)调查海底矿物资源 (12)开设极地航路与工学技术研究 (13)加强环境保护活动
加强网络化	加强合作与扩大基础	(14)构建产学研共同研究体系 (15)加强国际合作 (16)加强南极研究活动的国民宣传

政府在推进第一次基本计划的同时,着手张保皋科学考察站建设,扩充世宗科学考察站环保运营设备,建设"ARAON 号"破冰研究船,扩充南极研究基础设施,将世宗科考站附近的企鹅村划为韩国管理的南极特别保护区(Antarctic Specially Protected Area,ASPA),参与"2007—2009 国际极地年"项目(International Polar Year,IPY),扩大韩国国内南极学术研究基础,取得了多项成果。

第一次基本计划扩充了韩国南极研究的基础设施。为了世宗科考站环保运营,韩国修缮了该科考站污水排放与热电设备,研究空间由此前的 201平方米扩展至 291 平方米,研究人员也由 60 名增加至 100 名。2009 年,韩国建造"ARAON 号"破冰船,并在南极和北极试验航海。韩国还加强极地领域基础科学支持体系,为支持大学极地研究开展极地基础科学(P-Science)振兴项目,如表 5-4 所示。

表 5-4　P-Science 项目基本情况 ①

	大学(机关)数	总课题数	总参与人员	总预算
2006 年	7	10	50 名	10 亿韩元
2007 年	14	20	100 名	20 亿韩元
2008 年	19	26	130 名	28.5 亿韩元

韩国为保护极地特有物种,建设数据库,开发生物遗传资源利用技术。韩国正利用南极海洋生物进行开发抗氧化、抗糖尿病物质及低温洗衣剂添加物等研究。韩国还调查海底矿物资源与水产资源,积累基础调查资料。在国际合作方面,韩国在该计划的指引下加强极地国际合作,提升国民对极地的关心。韩国通过参与"国际极地年"项目,增加同南极研究主导国家的合作,参加 20 个国家共同参与的国际横穿南极科学考察计划(The International Trans-Antarctic Scientific Expedition,ITASE)。韩国还设立访问世宗科考站的南极研究体验团项目,2008 年有 4 名科学教师、2011 年有 10 余名艺术家访问了世宗科考站,进一步提升了韩国国民对南极事业的关注。

作为第一次基本计划的后续计划,韩国教育科学技术部、外交通商部、农林水产食品部、环境部、国土海洋部于 2013 年制定《第二次南极研究活动振兴基本计划(2012—2016)》。第二次基本计划被视为"南极活动飞跃期",以建设全球南极研究基础设施和创造优秀成果为目标,在南极大陆内开辟韩国航线(K-Route),推进以"ARAON 号"科考船和世宗科考站为根基的基础型、复合型研究,加强韩国国内外合作。建设南极张保皋科学考察站是该时期韩国最有代表性的基础设施建设成果。该计划的蓝图、具体目标与重点课题如表 5-5 所示。

表 5-5　《第二次南极研究活动振兴基本计划(2012—2016)》②

		主要内容
	蓝图	建设全球南极研究基础设施,创造优秀成果

① 参见韩国国土海洋部等:《第二次南极研究活动振兴基本计划(2012—2016)》,2013 年,第 3 页。
② 参见韩国国土海洋部等:《第二次南极研究活动振兴基本计划(2012—2016)》,2013 年,第 11 页。

	主要内容
具体目标	构建先进的基础设施与南极活动支持体系
	将南极研究活动提升至世界级水平
八大重点课题	扩建并运营环保研究基础设施
	改善研究活动支持体系,加强合作基础
	提升国民认识,培养专业人才
	加强环保活动,实现可持续研究
	研究南极气候变化,应对全球议题
	开展南极大陆研究,丰富极地研究领域
	使用应用研究与荒地调查
	开发极地复合研究与极地工学技术

韩国通过第二次基本计划扩建、运营新的研究基础设施,创造了世界高水平研究成果,不仅发展基础科学领域的研究,还积极推进在实用化、商业化领域的融合、复合研究。在第二次基本计划的支持下,韩国的南极研究活动跃升为世界领先水平。韩国"ARAON 号"科考船在南极海(罗斯海、阿蒙森海、威德尔海、中央海岭)平均每年进行 60 天以上的研究活动,创造世界顶尖水准的研究成果,并发表在《科学》杂志上。此外,韩国"ARAON 号"科考船于 2011 年救助俄罗斯"斯巴达号"、2015 年救助韩国"太阳星号"等在南极海域的遇难船舶,有力地提升了韩国的国际地位。2014 年,张保皋科考站竣工,韩国成为世界第 10 个拥有两个及以上南极常驻科学考察站的国家,保障韩国内陆研究及内陆通道支点。同年,韩国设立极地综合状况室,搭建了科考站、破冰科考船运营、运航、气象、人员、安全等实时监控系统。韩国从 2015 年起开始世宗科考站修缮工程,更换老旧设备,改善研究环境。

作为第二次基本计划的延续,未来创造科学部、外交部、环境部、海洋水产部在 2017 年 4 月制定了《第三次南极研究活动振兴基本计划(2017—2021)》。第一次和第二次基本计划以"ARAON 号"科考船和张保皋科考站等基础设施建设为重点,第三次基本计划建立在前两次计划成果的基础上,重点开拓面向南极点的内陆路线(又称韩国路线,K-Route),进行以南极罗

斯海地区海洋保护区(Ross Sea Region Marine Protected Area，RSRMPA)
为对象的生态系统研究，推进张保皋科考站附近岩石跑道等航空基础设施
建设等项目。第三次基本计划的蓝图、目标与推进课题等如表5-6所示。

表 5-6　《第三次南极研究活动振兴基本计划(2017—2021)》[①]

		主要内容
蓝图		成为南极研究领先国家，为解决全人类共同问题做出贡献
三大目标		应对气候变化、生态系统保护等全球性议题
		构建并运营安全的、可持续的南极研究活动支持体系
		提升韩国南极科学研究与治理的领导力
三大战略及七大课题	开启南极研究新篇章	通过南极研究预测并应对全球环境变化
		进入南极内陆，开拓未知的研究领域
		推进适应实用化、商用化及第四次产业革命潮流的融、复合研究
	夯实先进的南极研究支持根基	提升南极活动安全体系与研究基础设施水平
		为推进南极研究，扩充人力资源，扩大国民基础
	提升南极治理领导力	通过南极科学研究领域的国际合作强化伙伴关系
		探索并主导南极环境保护与研究合作议题

　　韩国第三次基本计划在独立开拓内陆路线、发现新的南极地幔、推行罗
斯海海洋环境保护、生物材料实用化等方面取得了较为显著的成果，具体表
现在以下五个方面。第一，在环境研究方面，韩国提出了改变世界学说的创
新性研究成果。2017年，韩国提出冰架稳定程度新标准；2019年，韩国发现
南极新地幔；2022年，韩国发现冰架崩塌过程中融冰水减缓崩塌的新作用。
韩国研究团队的南极研究成果创造了世界学术界通用的"学界先导型研究
成果"。第二，在生物资源应用方面，韩国研发出改善国民生活的极地生物
成果。如2018年，可长期保存血液的"血液冷冻保存剂"技术转让；2019年，
2型糖尿病治疗剂技术转让；2020年，韩国利用极地植物的遗传物质，开发
耐寒耐旱的作物。韩国利用极地生物资源，为糖尿病、血液冷冻保存等国民

---

① 参见韩国海洋水产部等：《第三次南极研究活动振兴基本计划(2017—2021)》,2017年,第15页。

健康领域的研究做出贡献。第三,在挺进南极内陆方面,韩国将建设世界第七条南极内陆通道。目前,美国、法国、意大利、俄罗斯、中国、日本等6个国家有能力进行内陆研究。韩国从张保皋科考站向南极内陆探索,但受新冠疫情因素影响,通道建设进程稍有放缓,2024年1月2日,韩国极地研究所宣布K路线科考队抵达南极内陆极地候选地点。此次勘探,科考队发现一条连接张保皋科考站和南极内陆基地候选地点、全长1512千米的陆路路线。① 第四,在配套保障方面,韩国着力打造安全、开放的基础设施运营基础。2019年,韩国利用IT技术与其国内医疗资源,构建了世界最高水平的"远程医疗协诊系统"与配套利用体系。2021年,韩国设立并运行极地活动基础设施共同利用委员会。第五,在治理方面,韩国致力于成为主导南极治理议题的国家。2016年至今,韩国主导《南极条约》相关核查与外来物种议题的提出与讨论;2017年,开始进行南极海洋保护区生态系统研究;2021年,成为南极研究科学委员会首位亚洲议长。韩国积极参与南极条约体系及环境相关议题的提出、解决过程,发挥领导作用,为成为南极议题主导型国家奠定基础。

虽然韩国在南极研究领域发表了许多学术论文,取得了较多的成果,但是受观测装备有限、研究体系的封闭性、新冠疫情等主客观因素影响,韩国南极研究第三次基本计划仍存在许多问题。第三次基本计划的代表性成果与不足如表5-7所示。

表5-7　第三次基本计划的代表性成果与不足②

	代表成果	不足
战略1:开启南极研究新篇章	2017年制定冰架稳定度评价标准;2019年发现南极新地幔,独立开拓南极内陆通道(1740千米);2018—2019年研发血液冷冻保存剂、痴呆治疗药物等极地生物材料	恢复过去100万年的气候(内陆研究基础需要→保障K路线后推进);勘查极地环境,2021年着手装备、机器人、通信技术开发

① 参见《韩国科考队抵达南极内陆基地候选地点,开辟独立陆路》,2024年1月2日,https://www.yna.co.kr/view/AKR20240102045700030? input=1195m。
② 参见韩国海洋水产部等:《第四次南极研究活动振兴基本计划(2022—2026)》,2022年,第11页。

续表

	代表成果	不足
战略 2：夯实先进的南极研究支持根基	2019 年构建世界最高水平的南极远距离医疗协诊系统； 2018 年改善世宗科考站破旧环境； 2021 年构建极地基础设施共同利用体系	建立重现极地环境的实用合作中心（因首都圈整备委员会审议日程而推迟）
战略 3：提升南极治理领导力	2019 年第 13 届南极地球科学国际研讨会在韩国举行； 2020 年韩国担任"南极研究科学委员会"主席； 2021 年主导南极特别保护区增加	主导以南极合作中心为基础的国际共同研究开发（国际合作应对不足→在第四次基本计划中完善）

为解决南极研究的现实问题，提升韩国南极研究能力，韩国海洋水产部联合科学技术信息通信部、外交部、环境部于 2022 年 4 月制定《第四次南极研究活动振兴基本计划（2022—2026）》。第四次基本计划以构建韩国样本、加强南极疑难问题研究、活跃开放与合作、加强伙伴合作等为主要推进方向，韩国政府有信心在正式的南极内陆研究、南极研究合作平台、全球领导力等方面取得突出成果。第四次基本计划的蓝图、目标等如表 5-8 所示。

表 5-8　《第四次南极研究活动振兴基本计划（2022—2026）》[①]

	主要内容	
蓝图	进入南极研究十大领先国家行列	
目标	加强南极研究力量，为解决难题做出贡献，成为南极治理领先国家	
"2＋1"推进战略	扩充核心研究基础设施，主导南极新议题	提升解决南极疑难问题的研究能力
	扩大南极治理基础	

---

① 参见韩国海洋水产部等：《第四次南极研究活动振兴基本计划（2022—2026）》，2022 年，第 18 页。

	主要内容		
具体推进课题	扩充核心研究基础设施： 确立南极内陆研究三大基地； 完善南极勘探支持基础； 营造韩国国内南极研究积极氛围	提升南极研究能力： 加强应对未来气候变化的研究； 扩充综合性南极环境、生态研究力量； 开发南极特色应用技术	扩大南极治理基础： 主导国际合作议题 培养人才与提升国民认识

第四次基本计划以"扩充核心研究基础设施,主导南极新议题""提升解决南极疑难问题的研究能力""扩大南极治理基础"为"2＋1"推进战略,最终实现"进入南极研究十大领先国家行列"的目标。海洋水产部是第四次基本计划的主管部门,韩国极地研究所是主管机关,科学技术信息通信部、外交部、环境部是合作部门。由极地科学专家、海洋政策专家、科学技术政策专家和极地政策专家组成的专家委员会为第四次基本计划和韩国的南极研究提供专业性支持。此外,包括韩国海洋科学技术院、韩国海洋水产开发院、韩国天文研究所、国立环境科学院、国土地理信息院等机构在内的研究合作机关,极地研究相关大学、海洋水产科学技术振兴院等产学研合作,共同为韩国的南极研究与战略演进提供助力。韩国南极研究中长期推进战略如表5-9所示。

表5-9　韩国南极研究中长期推进战略①

	第一次至第二次 （2007—2016）	第三次 （2017—2021）	第四次 （2022—2026）	第五次以后 （2027—）
时期划分	力量积蓄期	飞跃期	领先国家建设期	南极研究主导期
主要方向	以扩充南极研究基础设施为中心	正式启动南极研究,确立研究中心未来方向	构建韩国样本,提升解决问题能力,促进开放与合作,加强国际合作等战略转换	保障南极内陆科考站,进行学说导向型研究,主导国际性议题

---

① 参见韩国海洋水产部等:《第四次南极研究活动振兴基本计划(2022—2026)》,2022年,第17页。

	第一次至第二次 （2007—2016）	第三次 （2017—2021）	第四次 （2022—2026）	第五次以后 （2027—）
代表成果 （预期成果）	张保皋科考站、破冰科考船等基础设施	保障内陆通道、保护环境、开放等核心问题	正式的内陆研究、南极研究合作平台，保障国际领导力	着手内陆基地与支持体系，韩国主导南极国际共同研究

二、韩国南极、北极基本计划的比较

韩国官方的南极政策是以《南极活动与环境保护相关法律》为基础，每 5 年制定一次的《南极研究活动振兴基本计划》。韩国的北极政策是由海洋水产部联合各部门于 2013 年成为北极理事会观察员国后制定的《北极政策基本计划（2013—2017）》、2018 年制定的《北极活动振兴基本计划（2018—2022）》和 2021 年出台的《2050 北极活动战略》。

韩国外交部、环境部、海洋水产部是《南极研究活动振兴基本计划》的主管部门，但仍需注意的是，《南极活动与环境保护相关法律》明确规定，政府应当制定《南极研究活动振兴基本计划》，该法的其他条款规定外交部是南极活动结果报告、南极活动许可、采纳南极环境影响评价书等南极活动的主管部门。但考虑到南极科学研究活动是由海洋水产部下属的极地研究所带头进行的，因此事实上是海洋水产部主导《南极研究活动振兴基本计划》的制定。《北极活动振兴基本计划（2018—2022）》的主管部门也是海洋水产部。南、北极基本计划都有相关的条约，比如与南极相关的有《南极条约》《南极环境保护议定书》《南极海洋生物资源保护公约》等，与北极相关的有《预防中北冰洋不管制公海渔业协定》《斯瓦尔巴条约》《北极海空搜救合作协定》等。另外，《南极研究活动振兴基本计划》以《南极活动与环境保护相关法律》和《极地活动振兴法》作为法律基础，但是韩国的北极基本计划除依据《极地活动振兴法》外，缺少更有针对性的法律基础。

从基本计划的内容看，南极基本计划以科学研究为中心，将研究计划与科学外交活动计划、研究基础设施建设与运营作为重点，从 2007 年起共发布 4 次,但具体的推进课题一直在根据现实情况调整。然而,北极基本计划在包括研究活动与构建研究基础设施等的基础上,还包括经济与产业活动、全球问题应对、国际组织活动等内容,与南极相比包括了更多、更广泛的议题。另外,有韩国学者认为,韩国的北极政策是以"加强国际合作""加强科学研究""创设经济与产业""基础构建"为四大战略轴心,后续计划也都是围绕着四大轴心进行调整,基本形态保持稳定。[①]

　　韩国的南、北极基本计划都是以 5 年为单位,截至 2023 年,南极基本计划共制定 4 次,北极基本计划共制定 2 次。南极基本计划的目标是保护环境与促进研究活动,北极基本计划则是以加强科学外交与保障国家利益为首要目的。南极相关的政府间国际会议有"南极条约协商当事国会议""南极环境保护委员会""南极海洋生物资源保护委员会"等,北极则是以"北极理事会"为最典型的代表。韩国的南、北极基本计划比较如表 5-10 所示。

表 5-10　韩国南、北极基本计划特征比较

	南极研究活动振兴基本计划	北极活动振兴基本计划
主管部门	外交部、环境部、海洋水产部	海洋水产部
参与部门	多部门	多部门
相关条约/协定	《南极条约》《南极环境保护议定书》《南极海洋生物资源保护公约》等	《预防中北冰洋不管制公海渔业协定》《斯瓦尔巴条约》《北极海空搜救合作协定》《北极海洋石油污染合作协议》等
国内法律基础	《南极活动与环境保护相关法律》《极地活动振兴法》	《极地活动振兴法》
主体/范围	以科学研究为焦点,包括科学研究、外交(国际合作)、基础建设等内容	政治、经济、科学、外交等全领域,包括科学研究、外交(国际合作)、经济与产业、基础建设等内容

---

① 参见〔韩〕徐贤教:《韩国南北极基本计划综合方案与评价》,《韩国西伯利亚研究》2020 年第 24 卷第 1 期,第 85 页。

续表

	南极研究活动振兴基本计划	北极活动振兴基本计划
制定沿革	共 4 次： 第一次南极研究活动振兴基本计划(2007—2011) 第二次南极研究活动振兴基本计划(2012—2016) 第三次南极研究活动振兴基本计划(2017—2021) 第四次南极研究活动振兴基本计划(2022—2026)	共 2 次： 北极政策基本计划(2013—2017) 北极活动振兴基本计划(2018—2022)
目标	以韩国南极环境保护与振兴研究活动为目的(南极研究领先国家)	以加强韩国北极科学外交,保护国家利益为目标(极地领先国家)
政府间国际组织/会议	南极条约协商会议(ATCM) 南极环境保护委员会(CEP) 南极海洋生物资源保护委员会(CCAMLR)等	北极理事会(Arctic Council)和相关工作组(WG)等

第二节 《第一次极地活动振兴基本计划》中的南极政策

2020 年 11 月,为摆脱现有极地研究的限制,适应国家与国民的发展需要,韩国海洋水产部联合相关部门制定《极地科学未来发展战略》,提出四大具体推进战略。一是提升极地科学研究成果。通过扩大国民参与型研究和实用型研究,挖掘新的商业发展潜力。二是扩大未知的极地科学领土。韩国通过独自开拓南极内陆基地 K-Route 项目,抢占南极研究最佳地点,推进天文观测、海洋生物等多领域的科学研究。三是构建极地科学开放型合作体系。韩国计划组建极地基础设施共同利用委员会,扩大基础设施的开放性。四是构建极地科学发展支持基础。韩国支持专业人才培养项目,计划制定《极地活动振兴法》与基本计划,在海洋水产部内部组建极地专门组织,提升政策性、制度性基础。

　　2021 年 10 月,韩国制定并实施《极地活动振兴法》,确定了韩国极地活动的未来发展宏图与今后 5 年间(2023—2027)的具体实践课题,这同时也是第 41 个国政课题"海洋领土守护与可持续的海洋管理"的重要组成部分。韩国《极地活动振兴法》第 6 条规定,为振兴极地活动,海洋水产部应和相关中央行政机关协商,每 5 年制定一次极地活动振兴基本计划(以下简称"基本计划")。基本计划中与振兴南极研究活动相关的事项应和《南极活动与环境保护相关法律》第 21 条规定的《南极研究活动振兴基本计划》相联系。基本计划应包括基本方向、推进体系与战略、推进目标与财政支持、极地科学技术发展方案、高科技研究装备开发、专业人才培养与研究机构支持等内容。

　　2022 年 11 月,韩国公布了《第一次极地活动振兴基本计划(2023—2027)》,这是韩国包括南、北极在内的极地活动泛政府最高法定计划。结合 2020 年 11 月《极地科学未来发展战略》、2021 年 11 月《2050 北极活动战略》、2022 年 4 月《第四次南极研究活动振兴基本计划(2022—2026)》等此前制定的战略,以及韩国国内外形势变化,适时调整韩国极地活动目标与课题,挖掘具有挑战性的新课题。

　　《第一次极地活动振兴基本计划(2023—2027)》与《南极研究活动振兴基本计划》密切相关,但是侧重点略有不同。《南极研究活动振兴基本计划》的重点是与南极相关的科学、技术研究,研究机关与人力培养,运营科考站,开发先进研究装备等,而《第一次极地活动振兴基本计划(2023—2027)》除研究活动外,新增国际合作、认知提升等全面的活动支持体系(见表 5-11)。

表 5-11　《第一次极地活动振兴基本计划》与《南极研究活动振兴基本计划》的联系①

《第一次极地活动振兴基本计划》	《南极研究活动振兴基本计划》
极地科学、技术研究	南极相关的科学、技术研究
开发先进研究装备	开发南极先进研究装备
培养专业人才,支持研究机关	支持南极研究机关,培养南极研究人才
北极经济活动	—

① 参见韩国海洋水产部等:《第一次极地活动振兴基本计划(2023—2027)》,2022 年,第 4 页。

续表

《第一次极地活动振兴基本计划》	《南极研究活动振兴基本计划》
运营极地活动基础设施	运营南极科学考察站与设施
国际合作	—
运营综合信息系统	—
极地环境保护与安全管理	南极环境保护研究
认知提升	—

《第一次极地活动振兴基本计划（2023—2027）》涉及大量南极开发利用的相关内容。关于进军未知领域。为了主导南极深冰层、冰底湖钻探技术和天文宇宙观测技术，韩国在内陆地区需要抢先涉足其他国家难以挑战的课题。目前，已有29个国家在南极建立了84个基地，其中20个国家建立了41个常设基地，但只有6个国家建立了5个内陆基地（美国1957年，俄罗斯1957年，日本1995年，法国、意大利1997年，中国2009年），有能力开展内陆研究。内陆研究往往需要举全国南极研究之力才能实现，因此，是否拥有内陆基地和能否开展内陆研究是评判一国是否是南极研究先进国家的重要指标。韩国计划在2030年年底前建成全球第六个南极内陆基地。

关于气候、环境保护。一是通过南极冰川和海洋沉积物钻探还原地球过去的气候和环境变化资料，探索极地环境下生命存在的可能性。南极地下2000米的冰底湖在数百甚至数千万年间处于孤立的环境中（黑暗、低营养、高压状态），可利用深海水下机器人开展清洁灭菌钻探，探测水下生态系统，了解其特点和变化情况。通过开展科学基地周边海洋调查支持海洋探测和海图制作活动，通过"极地航海安全"系统提供信息。探测4000米以下的冰下地形，绘制冰下地形图。随着气候转暖导致冰川融化，韩国对此开展全球海面上升预测，以及朝鲜半岛沿岸海水入侵危险度评估。以火山活动、地幔和地壳变动等地质结构研究为基础捕捉灾害发生征兆，预测地质活动后变化情况。预计到2027年张保皋基地基础地球物理观测网累计40个，达到国际最高水平的50%；到2032年地球物理观测网累计60个，达到国际最高水平的75%。二是提高海洋保护区和特别保护区的管理实效性。在海洋保护区方面，为了提高罗斯海海洋保护区的保护效果（2018年罗斯海被指定为海洋保护区),韩国生态界推进健康性综合评价,综合分析环境变化和保护措施的执行对生态界健康性的影响。与此同时,韩国作为东亚唯一共同发起国参与"海洋保护区支持国部长级会议",响应欧盟的提议将东部南极海和威德尔海指定为保护区,表明其共同参与指定新保护区工作的意志。在特别保护区管理方面,韩国研究现有保护区(世宗基地附近)的保护效果,推进新保护区(张保皋基地附近)的生态调查。采集样品后分析保护区内有害重金属等污染物、空气污染度等变化,为制定管理计划提供依据。在生态环境预测方面,随着南极渔业、旅游等人类活动的增加,船舶涂料、渔具等引起的海洋微塑料持续增多,2022年还在南极降雪中首次发现微塑料,韩国积极开展西南极地区流入海洋的微塑料现状、对生态环境的影响及治理方案的研究。预计到2027年监控领域扩大到罗斯海北部,监控对象达到6个种类,达到国际最高水平的80%;生物观测与装备、分析技术开发达到国际最高水平的60%。到2032年,追加指定南极海洋保护区数量及新指定海洋保护区研究水平达到国际最高水平的80%;完善生物信息数据库,主导生态环境变化预测技术,达到国际最高水平的80%。[①]

关于打造极地产业发展的基础。开发可克服极低温环境的模块化、能量收集技术,利用载人宇宙基地建设技术。为开拓极地和未来宇宙探索和运输路线,开发最适合极地环境的钻探、可评估地基强度的无人装备。开发极地物联网及无人移动技术,迅速处理远程探测数据,最大限度地减少人类活动带来的环境影响。构建南极观测资料(冰川、地质等)大数据平台和极地环境信息大数据系统。通过产学研机构需求调查,与民间企业共同开发极地特定装备,并通过技术转让推动商业化。为了开展负责任的渔业活动,韩国向南极犬牙鱼等韩国极地渔业提供海洋管理委员会(Marine Stewardship Council,MSC)相关信息等认证支援,目前已有两家远洋企业获得《南极海洋生物资源保护公约》规定水域的海洋管理委员会认证。提升极地生物资源有用物质探测及检测技术,开发增进国民健康的新型抗菌、免疫功能调节物资。为了提高国民生活质量,开发极地生物资源应用技术,计划利用从南极微藻中提取的天然物质,开发具有防晒、改善皱纹等功能的天然功能性化

---

① 参见韩国海洋水产部等:《第一次极地活动振兴基本计划(2023—2027)》,2022年,第33页。

妆品。利用极低温环境下生存的鱼类基因组信息开发防止冷害等危害的耐低温鱼类。

关于构建国内国际多元合作生态圈。首先,通过与智利、新西兰等主要南极圈国家的双边对话,加强南极条约体系内的环境保护、科学合作等政策合作。韩国与智利每年在南极条约协商会议召开期间举行双边政策对话,与新西兰不定期举行双边政策对话。通过定期与南美国家举行共同研讨会,加强科学合作。与智利、乌拉圭、阿根廷开展南极科学基地基础共同研究。其次,通过召开南极主要国际会议,奠定主导议题的基础。韩国于1995年首次举办南极条约协商会议,2027年将第二次举办南极条约协商会议,将通过包括南极环境保护、应对气候变化等在内的"首尔宣言"。最后,推动国内民官国际合作多样化。为了共享科学、环境、国际法等各领域动向,提供国内外合作渠道,韩国创立"首尔南极论坛",计划隔年召开一次。"首尔南极论坛"预计延续与现有研讨会相关的"国际极地科学研讨会""极地法学术大会"。"国际极地科学研讨会"主要通过发表和讨论的方式共享国内外科学研究动向及探索国际共同研究双边、多边合作渠道。"极地法学术大会"主要开展南极相关国际条约体系、国际法(海洋法)相关专家学术交流。此外,论坛还新设"南极环境政策会议""模拟南极条约协商会议""南极知识对话"。"南极环境政策会议"由部长主持,国内外南极相关科学、水产研究机构、环境非政府组织等专家齐聚一堂,讨论南极环境保护的政策方向及表明韩国的立场。"模拟南极条约协商会议"是以国内外极地科学家、国际法专业大学(院)生为对象的《南极条约》专家培养项目。"南极知识对话"是以全体国民为对象的南极话题、研究现状和贡献度等的专家脱口秀。

第三节　韩国南极政策的具体实践

多年来,韩国从未停止对南极的开发与利用,不仅加大对南极水产生物的捕捞力度,积极保护南极海域的海洋环境,还寻求建立南极内陆基地,强化对南极的控制与利用,为其进一步深入南极奠定重要基础。

一、加强南极海洋科考活动

韩国对南极的科学研究始于 20 世纪 80 年代末。1985 年 11 月 16 日，韩国首位南极观测探险队员成功抵达南极巴顿半岛（乔治王岛），将韩国国旗插入南极大陆，实现了韩国踏入南极的第一步。1986 年，韩国正式加入《南极条约》之后，不断加强深入南极的步伐。迄今，韩国已建成两大南极科学考察基地，依托这两大基地和"ARAON 号"科考破冰船在南极开展多项科学考察活动，其中一些科学调查活动已显现出定期化的趋势。

自加入《南极条约》后，韩国开始在南极大陆建设科考基地。1988 年，韩国在南极巴顿半岛（乔治王岛）建成首个南极科学基地——世宗科学基地（又称"世宗站"），这也使韩国成为世界上第 16 个拥有南极科考基地的国家。南极世宗站位于南纬 62 度的低纬度地区，物资运输便利，气候较为温和，具备开展生物研究的优势条件。多年来，该基地成为韩国在南极唯一的科学考察站，承担气候变化、生物多样性保护、海洋、大气、臭氧层等研究工作和气象观测、南极特别保护区运营等任务，为韩国监测南极提供重要的数据和资料。世宗站所在的地区地势平坦，干燥洁净，规划整齐，布局合理，设施一应俱全，海边还有一座 10 多米长的钢筋混凝土码头，可供船只停泊卸货使用。

然而，由于世宗站地处低纬度地区，受极光、地磁等方面的影响较大，因而也存在地域局限性。为此，韩国开始考虑兴建第二个南极科考站——张保皋科学基地（又称"张保皋站"）。韩国政府于 2002 年制定了"极地科学技术发展计划"，提出在南极建立第二个科学基地以加强极地研究活动，并建设"ARAON 号"破冰科考船为其提供支持。2005 年韩国开始规划建设第二个南极大陆基地，从 2006 年起历时 3 年进行实地考察，选出基地候选地址。随后，在 2010 年 3 月最终确定基地建设地点为特拉诺瓦湾。2012 年 6 月，在第 35 次南极条约协商会议上韩国获批建设张保皋站。该基地拥有 16 栋建筑，总建筑面积 4500 平方米，最多可容纳 60 人[①]，重点开展太空、天文、冰

---

① 参见［韩］金阳秀：《南极张保皋科学极地竣工》，2014 年 2 月 10 日，https://www.korea.kr/briefing/policyBriefingView.do? newsId=148773719。

川、陨石等国际共同研究。随着张保皋站的建设,韩国将成为世界上第 10 个在南极洲运营两个永久性基地的国家。利用世宗站、张保皋站两大南极科学基地和大型极地科考破冰船"ARAON 号",韩国已成功实施多次南极海洋科考活动。

首先,韩国加强对南极航道的科学调查。由于南极航道环境复杂,在南极航行的海洋调查船、研究船、远洋渔船等韩国船舶因南极海图和浮冰等信息不足,往往在安全航行方面面临诸多困难。2015 年 12 月,韩国籍远洋渔船"太阳星号"正是由于缺乏足够的航行信息在南极搁浅。为实现南极海域航行安全,韩国从 2016 年开始对南极罗斯海(Ross Sea)一带进行现场考察。2017 年,韩国投入三维扫描仪、无人机、水下声呐等调查设备对该海域开展第一次南极综合航道调查。2018 年 12 月至 2019 年 5 月,韩国加强对张保皋基地附近海域的航道调查,新投入 200 公斤级无人船舶和 1 吨级测量专用船。其中,由无人船舶及测量专用船对张保皋站附近 100 米以下低水深带开展调查,由"ARAON 号"破冰船对张保皋站附近的 100 米以上深度的海域开展调查。同时,利用高精度全球导航卫星系统(Global Navigation Satellite System,GNSS)浮标和雷达水位计等进行潮汐观测,用于收集准确的潮汐信息。

其次,韩国不断增加对南极海底地形的科学调查。2019 年至 2020 年 8 月,韩国国立海洋调查院开展第一次南极综合海洋调查,重点对南极世宗科学基地周边的海底地形、海岸线等进行科学调查。2021 年 1 月,韩国再次通过"ARAON 号"对南极海域进行为期约 15 天的精密海底地形调查。此次调查发现诸多海底冰川痕迹和峡湾地形的 U 形溪谷,还同时发现距离世宗科学基地 274 千米的高达 400 米的新海山,韩国计划推进用韩语登记国际海底地名。此次南极海域精密海底地形调查,有利于制作反映最新水道测量资料的精密海图,将为南极研究活动和船舶航行等提供极大帮助。[①] 2021 年 12 月,韩国海洋水产部国立海洋调查院与极地研究所合作在南极世宗科学基地附近实施海洋调查活动,作为第三次南极海洋调查。此次调查积极

---

① 参见韩国海洋水产部:《确保南极周边航路安全》,2021 年 5 月 6 日,https://www.korea.kr/briefing/pressReleaseView.do? newsId=156450348。

利用无人调查船、无人机等设备,重点调查现有调查船难以接近的浅海区域的海底地形,并完成韩国南极研究的枢纽——世宗科学基地周边的海图。韩国此次南极海洋调查是为了在新冠疫情等危急情况下,支援在南极活动的韩国研究人员而实施的。南极世宗科学基地周边海图完成后,可以为南极海洋研究和极地海上交通安全提供所需的航行信息,进一步提升韩国的南极研究活动能力。[1]

最后,韩国已组织南极科学基地越冬研究队赴南极开展科考工作。越冬研究队由研究员、基地运营人员、医疗支援人员等组成,分别被派往南极世宗科学基地和张保皋科学基地,在基地停留一年,执行极地科学研究和基地维护任务,次年 11—12 月将由下一批越冬研究队进行换班。2020 年 10 月,韩国南极科学基地越冬研究队乘坐"ARAON 号"破冰船进行了长达 139 天的南极航行,进行越冬研究队换班工作。换班结束后,"ARAON 号"破冰船搭载研究队赴张保皋科学基地周边的罗斯海海洋保护区收集南极海洋生物资源的分布资料,赴世宗科学基地周边海域收集分析南极地震现象所需的海底地形雷达信息。

二、加大南极渔业捕捞

因地理位置特殊,南极蕴藏着诸多珍贵稀有的海洋生物,以犬牙鱼、磷虾等为主的渔业资源丰富。为此,韩国致力于加强南极渔业资源的捕捞工作,尽可能地获取南极经济价值,在南极捕捞竞争中抢占优势。

南极渔业捕捞并非在总许可捕捞量范围内按国家分配捕捞配额的形式,而是以试验渔业的形式进行。需要参与捕捞的国家每年向南极海洋生物资源保护委员会(Commission for the Conservation of Antarctic Marine Living Resources,CCAMLR)申请入海,由该委员会在年度会议上通过对各国守法投产能力及管理能力等进行评估,再决定是否批准申请船舶入海。2018 年 11 月,韩国经第 37 届南极海洋生物资源养护委员会年度会议的评估,共获批可在南极开展捕捞作业的犬牙鱼捕捞船 6 艘、磷虾捕捞船 3 艘,

---

[1] 参见韩国海洋水产部:《南极海洋调查,用无人装备进行更精密的调查》,2021 年 12 月 2 日,https://www.korea.kr/briefing/pressReleaseView.do? newsId=156484110。

成为当年在南极海域捕捞作业最多的国家。

韩国通过"渔业生产动向调查"对主要水域生产(捕捞)的水产品的生产动向进行调查和公布。根据其公布的数据,2017年韩国远洋海域的南极磷虾(49.6%)捕捞量从2016年的99吨增长到111吨,同比增长11.7%。① 犬牙鱼是韩国远洋渔船在南极海域直接捕捞的深海鱼,是一种营养丰富又美味的高级食材。随着美国、中国等主要对象国需求的增加,韩国犬牙鱼出口量和价格都有所上升。韩国农林畜产食品部和海洋水产部数据显示,2021年韩国犬牙鱼类捕捞量同比增长16.9%,2022年全年出口增长两倍多。②

三、建立南极制度安排

为更好地开发和利用南极,韩国积极制定相关法律为各项活动提供法律依据。2004年9月,韩国政府制定了《南极活动及环境保护相关法律》,用以履行《南极条约》规定的南极环境保护义务。但该法的局限性在于更多地强调南极环境保护义务,禁止科学研究以外的活动。因此,为了鼓励在南极进行科学研究,振兴多种经济活动,韩国又出台了其他法律制度。2021年3月24日,韩国国会通过《极地活动振兴法》,该法为韩国强化南极基础设施建设、培养极地相关专业人才、扩大极地活动的基础提供法律依据。韩国此次制定和修改法案旨在积极创造极地的各种价值,保护海洋环境和水产资源。③ 该法案还提出"2050年极地愿景",指出要以5年为单位制定"南极研究活动振兴基本计划"。值得一提的是,韩国还不断根据现实需要调整相关法律。2017年12月,两艘韩国远洋渔船在南极水域渔场关闭通知下达后依旧继续捕捞。对此,美国向韩国发出警告并表示,若两年内韩方的改进措施不尽人意或尚未完成,则将被正式列为"非法捕鱼国"。为防止今后类似事件再次发生,2019年韩国完成《远洋产业发展法》的修订,引入行政处罚(罚款)等措施。

---

① 参见韩国统计厅:《2017年渔业生产动向调查(暂定)报道资料》,2018年2月22日,https://www.korea.kr/briefing/pressReleaseView.do? newsId=156255198。

② 参见韩国海洋水产部:《再次展示K-Food的潜力》,2023年1月3日,https://www.korea.kr/briefing/pressReleaseView.do? newsId=156546143。

③ 参见韩国海洋水产部:《韩国准备激活南北极极地活动》,2021年3月24日,https://www.korea.kr/briefing/pressReleaseView.do? newsId=156442723。

四、保护南极海洋环境

南极是地球上唯一一块没有常住人口的大陆，保护南极环境是全人类的共同责任。韩国也在开发利用南极海洋资源的同时保护南极海洋环境。设立南极特别保护区是保护南极环境、自然、科学、美学价值的重要方式。南极条约协商国提议指定南极特定地区为保护区，南极条约协商会议将讨论并批准其可行性。南极某地区成为保护区后，提出指定的国家将主导制定并实施生态系统调查、环境管理、出入境人员控制等管理计划。2009年6月，经南极条约协商会议批准，韩国在南极世宗科学基地附近指定了第一个南极特别保护区，命名为"企鹅村"。韩国环境部和韩国极地研究所研究人员在"企鹅村"开展鱼类、微生物和企鹅相关等信息采集活动，并进行生态系统监测和废物收集等保护活动，以保护极地生物资源。[①] 2019年7月，韩国同中国、意大利在参加南极条约协商会议时讨论起指定"难言岛"为南极特别保护区的提案。2021年6月，该提案正式在第43次南极条约协商会议上通过。韩国环境部自然生态政策科科长俞浩表示："指定'难言岛'南极特别保护区对国际社会应对极地气候变化具有意义，今后将与共同提议的国家合作，积极推进岛屿的保护和管理。"[②]

韩国还积极推动南极冰川研究，以应对南极气候变化问题。南极冰川融化影响着全球气候变化等一系列环境问题，韩国作为海洋国家将受到较大影响。其中，位于西南极的思韦茨冰川（Thwaites Glacier）地区冰面低于海平面，容易渗透温暖的环南极深层水，导致海冰加速融化。如果这种现象持续下去，将导致整个西南极冰的崩塌。当前，该冰川已处于崩塌且被认为已达到不可逆的状态。如果西南极冰盖崩塌，海平面将上升至4.8米，成为未来地球海平面上升的最大诱因，将对韩国产生直接影响。因此，韩国积极推进南极冰川研究。2018年，韩国设置四年200亿韩元的研究预算，进行西南极思韦茨冰川突发崩塌引发的海平面上升预测，并派出"ARAON号"破

---

① 参见《南极企鹅村被指定为韩国首个特别保护区》，2009年4月19日，https://www.nocutnews.co.kr/news/576991。

② 韩国环境部：《继企鹅村之后，韩国指定南极难言岛为保护区》，2021年6月25日，http://me.go.kr/home/web/board/read.do? boardMasterId=1&boardId=1461760&menuId=286。

冰船开展研究。从 2019 年开始,韩国与美国、英国共同推进南极思韦茨冰川变化研究,该项研究也被世界著名学术杂志《自然》选定为 2019 年最值得关注的首个科研项目。

此外,韩国在南极不断探索可利用的新资源、新空间。一是积极推进南极海洋生物医药的转化和利用。2018 年 6 月 27 日,韩国极地研究所公布世界首个利用南极海洋微生物中发现的新物质开发的血液保存剂,极地研究所利用此次开发的血液冻结保存剂,成功进行了 6 个月的血液长期冷冻保存实验,使原本可以冷藏 35 天的血液的保存时间延长了 5 倍以上。这可用于血液保存,也可以解决稀有血液的稳定供应和他人血液输血引发的感染问题,开启血液保存的新模式。二是为进一步探索南极内陆,寻求在南极大陆建立新的科学基地。探索南极内陆需要国际上难以达到的高水平勘探技术,例如避免冰川裂缝造成的缝隙等难题。目前全世界范围内只有美国、俄罗斯、日本、法国、意大利、中国 6 个国家在南极内陆建立了基地。2022 年 1 月,韩国政府公布《第一次极地活动振兴基本计划(2023—2027)》,宣布计划到 2027 年选择南极内陆研究最佳基地作为备选基地,之后全面推进基地建设,到 2030 年在南极内陆建成世界第六个基地。三是不断开发新的南极空间。2023 年 2 月,韩国公布《第二次海洋水产科学技术培育基本计划(2023—2027)》,该计划推出十二大有关国家海洋水产战略技术的重大课题。其中第六大课题为“通过开拓海洋、极地扩大海洋科学领土”,即为确保应对气候变化等全球问题,将在“2027 年前建立北极综合观测网及南极内陆三大研究据点”,确保极地研究基础设施健全化;计划将海洋矿物、生命资源勘探扩大到深海、极地和新资源的探索,并开发可将人类难以接近的海底空间用作居住和休闲的空间设计、施工、运营、维护管理等方面的核心技术。

总之,北极和南极作为地球上的一方净土,早已成为世界各国争相开发利用的对象。韩国多年来不断探索深入极地的路径,力求提升自身在南、北极资源开发利用中的竞争优势,最大限度地在极地开发利用方面获取利益。